常用实木 WOOD 鉴别手册 地板卷

IDENTIFICATION GUIDE – FLOORING

王　满　叶克林
姜笑梅　吕　斌　著

中国林业出版社

图书在版编目（CIP）数据

常用实木鉴别手册. 地板卷 / 王满、叶克林、姜笑梅、
吕斌 著. -- 北京 : 中国林业出版社, 2010.9
ISBN 978-7-5038-5945-8
Ⅰ. ①常… Ⅱ. ①王… ②叶… ③姜… ④吕… Ⅲ.
①木质地面材料-鉴别-手册 Ⅳ. ①S781-62 ②
TU531.13-62
中国版本图书馆CIP数据核字(2010)第189378号

责任编辑 纪 亮
装帧设计 曹 来

出 版 中国林业出版社
(100009 北京西城区德内大街刘海胡同7号)
E-mail cfphz@public.bta.net.cn
电 话 (010) 83227711
发 行 全国新华书店
印 刷 恒美印务（广州）有限公司
版 次 2010年10月第1版
印 次 2010年10月第1次
开 本 210mm*260mm 1/16
印 张 15.75
字 数 280千字
定 价 180.00元

编著单位

中国林业产业协会

中国林产工业协会

中国林业科学研究院木材工业研究所

参著单位（按单位名称首字笔画排序）

大自然地板（中国）有限公司

久盛地板有限公司

安信伟光（上海）木材有限公司

绍兴市彬彬木业有限公司

浙江世友木业有限公司

浙江富得利木业有限公司

《常用实木鉴别手册——地板卷》

编委会名单

主　　编　王　满

执行主编　叶克林

副 主 编　姜笑梅　吕　斌

编委会成员（按姓氏笔画排序）

丁路常　于学利　王　槟　石　峰　卢伟光　付跃进　刘　波

孙伟圣　佘学彬　沈乃强　张立非　张彦娟　张恩玖　孟荣富

陈　静　周　宇　姜金法　倪方荣　殷亚方　寇文正　虞华强

主　　审　徐永吉　陈旭东

审 稿 人（按姓氏笔画排序）

方崇荣　冯　弦　刘一星　孙书冬　林金星　赵广杰　徐　峰

前 言

每一棵树木都是大自然的恩赐，每一块板材都是大自然的结晶！不同种类的木材被大自然赋予了不同的花纹、色泽和特性，所以真材实料是每一位实木地板用户的基本要求，但鉴别地板用材名称需要很强的专业知识。

本书收入实木地板常用树种103种/类，隶属于37科98属，翔实描述了每种木材宏观特征和微观特征，并附其宏观和微观照片（5张）。同时专门制作了样板箱，内含50个实木地板用材的样板。

本书由中国林业产业协会、中国林产工业协会和中国林业科学研究院木材工业研究所组织编著，由参著企业提供103种/类地板常用树种的木样，经中国林科院木材工业研究所、南京林业大学、江苏张家港进出口检验检疫局三地专家同步鉴定，再经来自全国各地的行业专家会审，最后由中国林科院木材工业研究所专家精心整理编撰而成。

大自然地板（中国）有限公司、久盛地板有限公司、安信伟光（上海）木材有限公司、绍兴市彬彬木业有限公司、浙江世友木业有限公司和浙江富得利木业有限公司等企业大力支持本书的编写，为本书供样并完成实木样板的制作。

本书的出版将为我国实木地板的生产、销售、使用和监管提供可靠的科学依据，为实木地板产业健康有序发展提供技术支撑。

本书编委会

目 录

木材是当今世界四大材料（钢材、水泥、木材、塑料）中唯一可再生和再循环利用的生物木质材料，它不仅可以从天然森林中获得，而且可以从人工培育的森林中获得。经过科学经营，合理采伐，森林资源可以实现“越采越多，越采越好”，成为取之不尽、用之不竭的材料，符合人类社会可持续发展的战略构想。同时，木材又是一种环境友好的低碳材料，具有加工能耗少、环境污染小、可自然降解和回收利用等显著的环境特性，符合人类社会关注和重视材料环境协调性的发展趋势。因此，木材以其独特的可再生性及环境协调性，在21世纪对人类生存和发展将起到不可替代的作用。

只有正确地认识木材，才能更好地利用木材。目前我国市场上约有200余种商品材，而用于木地板加工的木材更是种类繁多，大多数是进口的阔叶树材。每种木材都有不同的外观特征、物理力学性质、加工性能以及价格，所以只有在生产和购买时正确识别木材种类，才能保证科学、合理和高效地加工与利用各种木材。

1.木材知识简介

1.1 木材的特性

1.1.1使用木材是低碳生活方式

当今低碳生活和低碳经济是应对全球气候变化的有效行动，也是世界各国最推崇的健康与环保的生活方式。众所周知，树木每生长1 m^3木材，平均吸收1.83 t二氧化碳，释放1.62 t氧气。因此，为减缓全球气候变化，大力发展林业、积极植树造林已成为我国的国策。同时，由于木材中固定有大量二氧化碳，使用储碳的木材也是低碳生活方式之一。有人称使用木质地板是将碳踩在脚下。

1.1.2可再生及可循环利用的天然生物材料

应用最广泛的钢材、水泥、木材、塑料四大材料中，木材是唯一可再生的绿色材料和生物资源，是应用最广泛的材料之一。建筑、装饰、造纸、家具、包装、交通、农业等主要领域中，木材的年消耗量相当于钢、铝和塑料年消耗量的总和。

材料类别	能耗／（$GJ \cdot m^{-3}$）	碳释放量／（$kg \cdot m^{-3}$）
木材	1.2	-228
胶合木	4.5	-168
混凝土	7.3	182
铝材	362.0	6325
钢材	448.0	8117

1.1.3易于加工，节约能源，并有储碳作用

木材用简单的手工工具就可以加工。木材具有储碳的重要作用，且木材的生产能耗比钢、铝、混凝土产品的分别低373、301、6倍。

1.1.4与人类和环境友好的材料

木材可调节生物的生理量和心理量，使之正常。白鼠试验表明，木材对人体健康有益。木材不仅是一种人们可以利用的天然材料，而且具有其他材料无法比拟的环境学特性。据调查研究，长期居住在木造住宅中人的寿命较钢筋混凝土造住宅居住者高9～11岁。木材木纹美丽、色泽柔和、风格自然，会使人们感到舒适和温馨，从而能够提高工作、学习效率以及改善人们的生活质量。

1.1.5强重比（强度/重量）高

木材的强重比较一般金属高，即木材轻而强度高。以抗拉强度为例，鱼鳞云杉木材强重比为351.8，而钢材只有251.3。

1.1.6良好电、热绝缘材料

气干材是良好的电、热绝缘材料。可用于一般器具的把柄，如螺丝刀、大勺柄等。

1.1.7可吸收能量，是弹性－塑性体，使用有安全感

木材有吸收能量的作用。如枕木，火车在木枕铺设的铁轨上运行比在水泥枕铺设的铁轨上运行，减震效果更好，乘客感到较为舒适。而且木构件在损坏时一般会有一定的预兆，给人以安全感。如矿柱损坏时除了会发出声音，外形也会出现裂纹等迹象。

1.1.8湿涨、干缩

木材含水率在纤维饱和点以下变动时，其尺寸也随之变化。由于各向异性，在木材各个方向上干缩湿胀率存在着差异，可能导致木材发生开裂、翘曲等缺陷。如传统家具中预留伸缩缝是常用的解决方法。

1.1.9木材易腐朽与虫蛀

木材在一定的温度和条件下，容易被腐朽和虫蛀。这就需要做好防腐和防虫的处理。但木材可以自然生物降解，不污染环境，这是其他材料所不能比拟的。如在室外使用，可以采用物理或化学处理方法提高木材的耐久性能。

1.1.10具有天然缺陷

如树节、斜纹、油眼等。这些不可避免的各种天然缺陷，会降低木材的强度。在使用设计中要进行强度折减，以保证木材的使用安全。

1.2 木材的来源和基本概念

1.2.1木材来源和各向异性

树木是一个有生命的植物体，由树根、树干和树冠三部分组成。众所周知，木材来源于树木的树干部分（图1）。

树根：树木地下部分，占树木总体积的5%～25%；主要功能是吸收水分和矿物质，使树木固定在土壤中。

树干：树木的主体，占树木体积的50%～90%；主要功能是为全树输导养分，从树根沿边材→枝叶，叶子→树木各个部位；还具有支撑树木的作用。树干由树皮、木质部和髓心三部分构成，在树干的横断面用肉眼可容易区分。在树皮和木质部之间，还有一层极薄、不易为人们用肉眼分辨的形成层。正是形成层细胞不断分裂和分化，向外形成韧皮部（树皮），向内形成木质部（木材）。

树冠：树木最上侧部分，指树枝和树叶，占树木总体积的5%～25%，主要功能是光合作用（水＋二氧化碳→碳水化合物），产出有机养分。

树木长高长粗，是高生长（顶端生长，初生生长）与直径生长（次生生长）共同作用的结果。

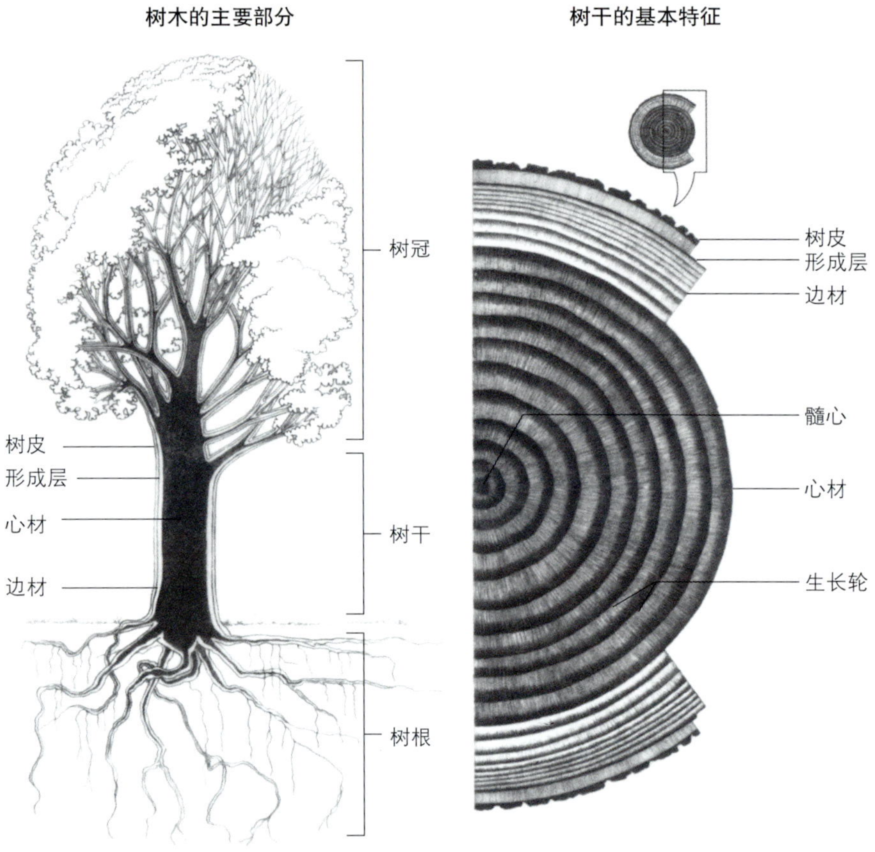

图1 树木和树干（木材）主要组成示意图

来源：《木材鉴定—采用简单工具得到正确的结果》（R.Bruce Hoadley著）

木材是由无数不同形态、不同大小、不同排列方式的细胞组成，其构造复杂，具各向异性。

1.2.2基本概念

横切面(X)：与树干主轴相垂直的切面，即树干的端面或横断面。

径切面(R)：顺着树干轴向，通过髓与木射线平行或与生长轮垂直的切面。

弦切面(T)：未通过髓心的树干纵切面，即与木射线垂直或与生长轮平行的切面（图2）。

边材：位于树干外侧靠近树皮部分的木材，一般含有生活细胞和储藏物质（如淀粉等），颜色较心材浅。

心材：在木材横切面上，靠近髓心部分，颜色较边材深，由边材转化而成，通常生活细胞已

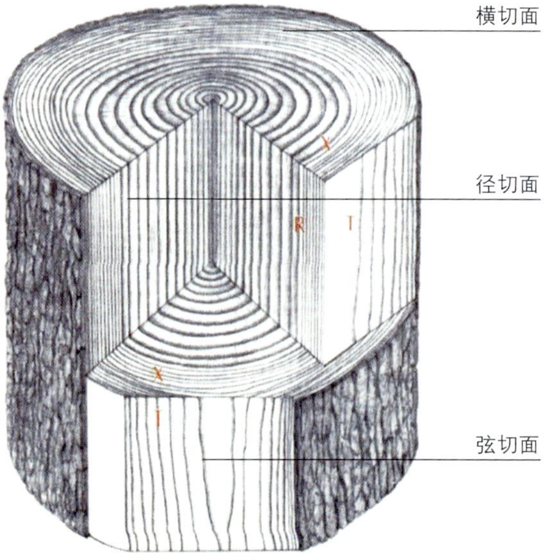

图2 示木材的横、径、弦三个切面

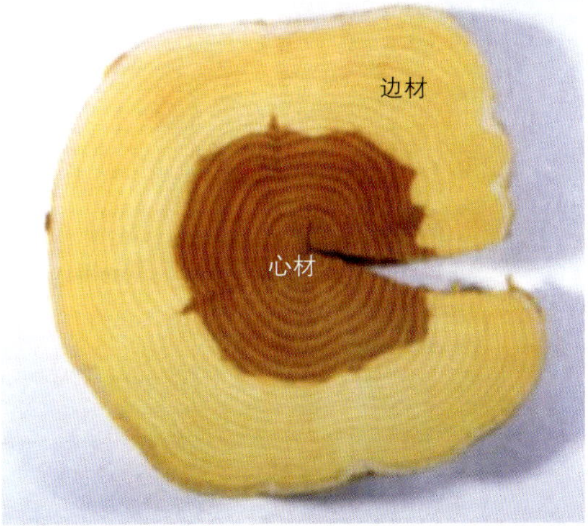

图3　示边、心材

死亡（图3）。

髓心：位于树干的中心，多数树木的髓心很小，通常呈圆形，仅有少数树木的髓心较大(如泡桐)。

生长轮：树木形成层在每个生长周期所形成的，可在树干横切面上看到的围绕着髓心的同心圆环。

年轮：在一年中温带和寒带树木形成层分生形成的一层木材。

早材：在生长季节早期（春季）所形成的木材，细胞大，壁薄，材质较疏松，材色浅，称为早材。

晚材：在生长季节晚期（秋季）所形成的木材，细胞小，壁厚，材质较致密，材色深，称为晚材。

材色：木材的细胞壁和细胞腔内，可含不同颜色的有机物质，如单宁、树脂、色素、树胶、油脂等，而使不同树种木材特别是心材显现出特征性的颜色。如紫杉心材紫红色，蚬木为黄褐带黄绿色调。

纹理：木材内部轴向分子（如木纤维、管胞、导管）排列方式的宏观表现形式，可分为直纹理、斜纹理、螺旋纹理、波形纹理和交错纹理等类型。

结构：由木材解剖构造及生长轮的宽度和排列形成的一种木材可视特征。由于木材细胞的大小或差异程度不同，木材结构有粗细与均匀或不均匀之分。如阔叶树材结构(导管平均弦向直径，mm) 分甚细 (<0.1)、细 (0.1～0.2)、 略粗 (0.2～0.3)、粗 (>0.3) 4个等级。

花纹：木材表面因生长轮、木射线、轴向薄壁组织、树节、树瘤、纹理、材色以及锯切方向不同而产生的种种木材图案。如带状花纹、波形纹、鸟眼花纹、泡状花纹和卷曲花纹等。花纹在装饰工艺、家具制造和细木工等方面有很大实用意义。

气味：由于木材中含有各种挥发性油、树脂、树胶、芳香油及其他物质，所以随树种的不同，可产生各种不同的气味，特别是新砍伐的木材较浓。如松木的松脂气味，柏木的柏木香味；雪松的辛辣气味和樟科木材具樟脑味等。

滋味：一些木材具有特殊的味道，它是木材中所含的水溶性抽提物中的一些特殊化学物质。如板栗具有涩味；肉桂具有辛辣及甘甜味；黄连木、苦木具有苦味；糖槭具有甜味等。

气干密度：木材在一定的大气状态下达到平衡含水率时的重量与体积比，一般指含水率在12%时的木材密度值。阔叶树材分3个等级：轻（≤0.5g/cm³）、中（0.5～1.0g/cm³）、重（≥1.0g/cm³）。

硬度：指木材抵抗其他刚体压入木材的能力。日常生活中用手指甲或小刀在木材表面划刻痕，根据手的感觉和刻痕的深浅来估计硬度大小，但精确的硬度要通过仪器来测量得出数据。一般分为软、中、硬、甚硬等4个等级。

耐磨性：是表征木材表面抵抗摩擦、挤压、冲击和剥蚀，以及这几种因子综合作用所具有的耐磨能力。

尺寸稳定性：在温度或湿度变化的环境中，木材保持其原有尺寸和形状的能力。

干缩：木材由于含水率降低导致其尺寸缩小的现象。

木材力学性质：木材承受外力荷载或抵抗变形的性能。

木材腐朽：木材细胞壁被腐朽菌（多数为真菌）或其他微生物分解引起的木材腐烂和降解的现象，通常包括白腐、褐腐和软腐。

1.3 木材名称

1.3.1植物（树木）的“双命名”法

植物的分类系统：门、纲、目、科、属和种来划分。

以桢楠为例如下：

门...种子植物门 Spermatophyta

纲...双子叶植物纲 Dicotyledoneae

目...樟目 Laurales

科...樟科 Lauraceae

属...桢楠属 *Phoebe*

种...桢楠 *Phoebe zhennan*

一般情况下，最常采用的分类单位为科、属和种。种是植物分类中最基本的分类单位。植物“种”的学名是按《国际植物命名法规》命名并被国际采用的植物（树木）名称。由于它是用拉丁文书写，所以称为“拉丁植物学名”，简称“学名”或“拉丁名”。

“双命名”法是指一个植物（树木）的学名必须用“属名”加“种加词”来构成，在后面再加定名人的名字，一般缩写。例如：

桢 楠（*Phoebe zhennan* S. Lee et F. N. Wei）

拉丁学名 = 属名 + 种加词 + 定名人

由于属名通常是名词，书写格式为第一个字母大写，种加词是形容词，全部小写。属名和种加词为斜体，表示拉丁文；定名人为正体，是英文，姓氏缩写后加点。

“双命名”法的主要规则是：一种植物只有一个正式学名，一旦确定，不得随意更改，只有国际植物大会有权进行新种的命名和原来植物名称的修订。“双命名”法具有简便性和广泛性，在全世界所有的语言中可通用，避免了翻译的困难，对促进全世界植物名称的交流和统一，起到了至关重要的作用。

正确使用植物的拉丁学名很重要，特别在国际进出口贸易中尤为重要。2008年5月修订的美国《雷斯法案》明确规定：进出口植物，包括木材及木制品，必须提供其学名（含属、种）及来源。同时在买卖双方的合同中用拉丁学名对植物（含木材）加以约定，避免在用材方面产生不必要的经济纠纷与投诉。所以，了解和掌握有关植物的拉丁学名知识，在促进进出口贸易，规避技术性贸易壁垒和保护木材市场的健康和谐发展方面都具有重要意义。

1.3.2木材归类与名称

众所周知，木材是植物/树木的茎干部分，木材的树种名称自然应当采用其植物的学名。但木材名称还有自己的特点，因为植物的分类与命名主要是依据植物的花、果实、种子、根、茎、叶等形态特征来确定的，但是如果只有茎干部分，很难鉴别至种。木材的分类是按照植物分类的属为基本单位，将性质和用途相近的木材归为一类。木材名称多采用属名，个别为类（亚属）。例如：落叶松、杨木。

为了规范木材市场，中国林业科学研究院木材工业研究所的研究人员在过去50多年科研成果的基础上，对木材树种进行分类和命名，科学制定了以下三个有关木材名称的国家标准：

1.3.2.1《中国主要木材名称》国家标准（GB/T16734-1997）

该标准主要收载我国380类（个）木材名称（中、英文）及其树种名称（包括中名、别名、拉丁名）、科别和产地。380类木材名称是由907个树种归纳而来。其归纳原则是以树木学（或植物学）的属为基础，把材性和用途相近木材树种名称统一，以便木材的生产、利用、贸易、造林、营林、科研和教学等应用。国产木材的命名应以此标准为依据。

1.3.2.2《中国主要进口木材名称》国家标准（GB/T 18531—2001）

该标准内容包括：木材名称（即商品材名称）及其树种名称（树种中文名和拉丁名），国外商品材名称、科别、材色及密度、主要产地等。该标准收录世界各国423个（类）木材名称，由1010个树种归纳而来，它们隶属于366属（针叶树材19属，阔叶树材347属）84科（针叶树材4科，阔叶树材80科），基本包括了世界各国重要商品材树种。进口木材的命名应以此标准为依据。

1.3.2.3《红木》国家标准（GB/T 18107-2000）

国家标准中指出红木并不是植物（树木）分类学上的一个树种的名称，而是约定俗成的名称，用于目前制造红木家具或其他红木制品的8类特定树种商品材的集合名词。经分类比较研究确定了33个树种，归为紫檀木、花梨木、香枝木、黑酸枝木、红酸枝木、乌木、条纹乌木和鸡翅木8类，分别隶属于紫檀属、黄檀属、柿属、崖豆属及铁刀木属。除柿属隶属于柿树科外，其余上述各属均隶属于豆科。红木各类木材的命名应以此标准为准。

1.3.3 当前木材市场中木材名称存在的问题

市场中木材名称存在的问题主要表现在两方面：一是木材名称标识错误，张冠李戴，名不副实，甚至“以次充好”，有欺诈嫌疑。如将蚁木标为紫檀，西南桦称为樱桃木，铁线子称为“红檀”，古夷苏木标识为“巴西花梨”等；二是部分木材商品仅标识木材的俗称。如金不换、波罗格、白象牙、柚木王等俗称，虽然在市场上有所使用，但并不符合国家标准规定的名称，如果不标明木材的正确名称，容易导致消费者误认为是新的木材树种。

目前在北京的木材市场，由于北京市工商局的重视，经过连续几年的抽检，其木材名称的规范已大有改进。但仍有少数厂家，未使用正确的名称。由于不同树种的木材其外观特征、物理力学性能和经济价值不一样，国家有关标准要求木材及木制品应按照国家标准准确标识木材的正确名称。这样既可以避免消费者、生产企业和经销商因树种问题所造成的不必要纠纷与损失，也保障了我国的木材及木制品市场的健康发展。

1.4 实木地板用材对木材性质的要求

实木地板是由天然树木制成，因而“环保”是其一大特点。在崇尚自然、返璞归真的今天，人们居住的卧室、客厅、书房等地面常见它的身影。实木地板因温馨雅致、温暖柔和、隔热保温、降低噪音、脚感舒适、富有弹性等优点，深受到消费者的青睐。

人们经常用手或脚接触家具，木材给人以某种触觉感觉，包括冷暖感、粗滑感、干湿感、轻重感、软硬感、舒适与不适感等。这与木材的组织构造方式密切相关，不同树种的木材，其触觉特性也不同。日常生活中有很好利用木材触觉特性的例子，非木质地板无论是乙烯树脂地板，还是聚氨酯涂装的地板其结露值都较大，由于结露而光滑导致发生事故的例子很多，而木质地板难于结露，比较安全。利用木质的颤动（触觉特性）而设计适当硬度的地板，可使运动时的外伤事故率急剧减少。如NBA篮球场地使用的特殊设计的木地板价值可达100万美元。

实木地板用材主要使用阔叶树材，其用材对木材性质的要求为：有抵抗磨损与破坏的能力，不易变形；应有较高的装饰价值；强度方面主要考虑抗弯强度和抗剪强度，其次为横纹抗压与硬度；并要求耐腐、抗虫。阔叶树材抵抗破坏的能力并不完全取决于木材密度和硬度，也受木材构造的影响，尤其是管孔的排列、大小和分布。速生环孔材树种，晚材带的比例大，对表面破坏有更大的抵抗力。针叶树材不及阔叶树材美观和结实，用晚材率的多少可以表示其耐用性能。

2. 常用木材微观鉴别特征

2.1 阔叶树材主要细胞类型

木本双子叶植物（极少数单子叶植物）的木材统称阔叶树材，或称有管孔材。阔叶树材结构比较复杂，由轴向木纤维（纤维管胞、韧型木纤维、环管管胞）（占30%～60%以上）、导管（10%～30%）、轴向薄壁组织（包括星散、星散—聚合、带状、环管束状、翼状、聚翼状、轮界状等类型）及径向薄壁细胞（木射线）或泌脂细胞等组成（图4）。

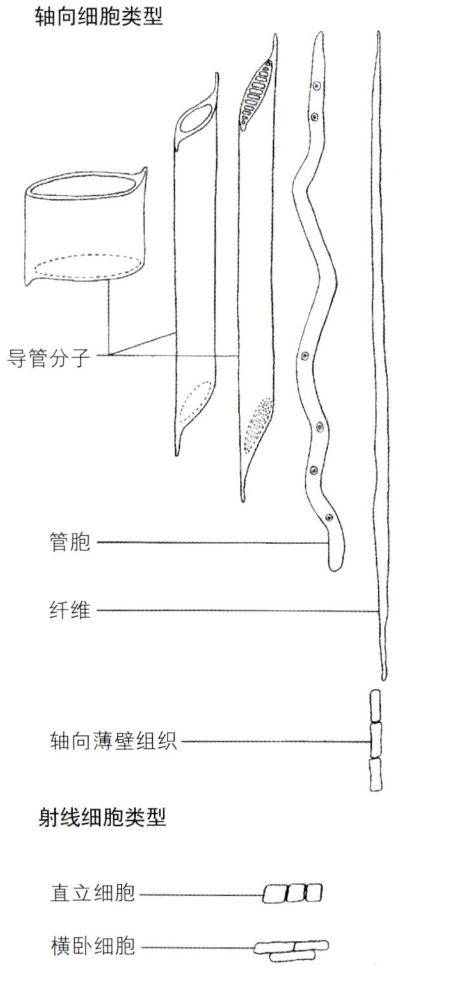

图4　阔叶树材中各类细胞的相对大小和形状

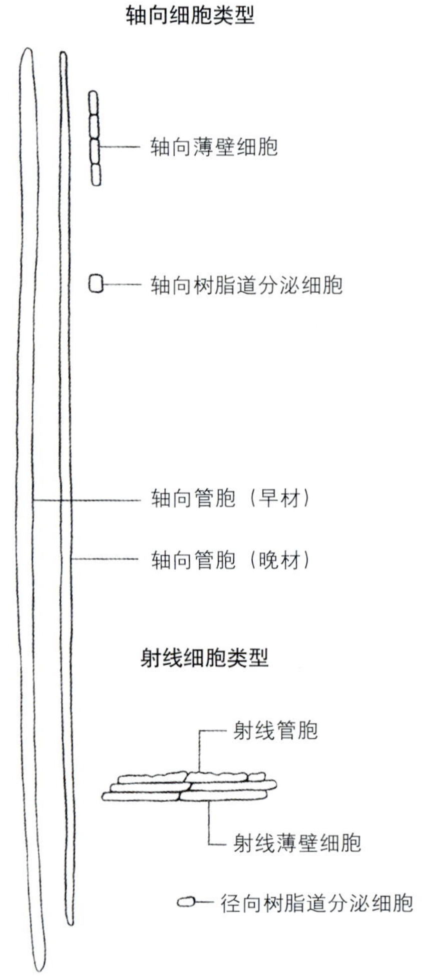

图5　针叶树材中各类细胞的的相对大小和形状

来源：《木材鉴定—采用简单工具得到正确的结果》（R.Bruce Hoadley著）

2.2 针叶树材主要细胞类型

裸子植物的茎干（次生木质部）统称针叶树材，或称松杉（柏）材，或称无管孔材。针叶树材结构比较简单，由轴向管胞（占90%以上）、轴向薄壁细胞（含泌脂细胞）及径向薄壁细胞（含泌脂细胞）或射线管胞组成（图5）。

2.3 阔叶树材微观鉴别特征说明

导管：由若干个两端穿孔的导管分子连接，且纵向连成串，长度不定的管状结构，导管壁具有具缘纹孔，是阔叶树材的主要输导组织。

管孔：指导管在横切面上呈现的孔穴状，其管孔大小以弦向直径为准。

环孔材：木材的早材管孔明显大于前一生长轮和同一生长轮的晚材管孔，并形成一个明显的带或环状，急变至本生长轮的晚材。如红栎、白栎、山核桃、山合欢、桑树、榆木、白蜡木、水曲柳、柚木等。

散孔材：整个生长轮中管孔直径大致相同的木材。如桦木、槭木、杨木、桃花心木、木兰科、金缕梅科、樟科等大部分树种。

半环孔材：环孔材和散孔材之间的类型。即早材管孔明显大于前一生长轮晚材管孔，但在同

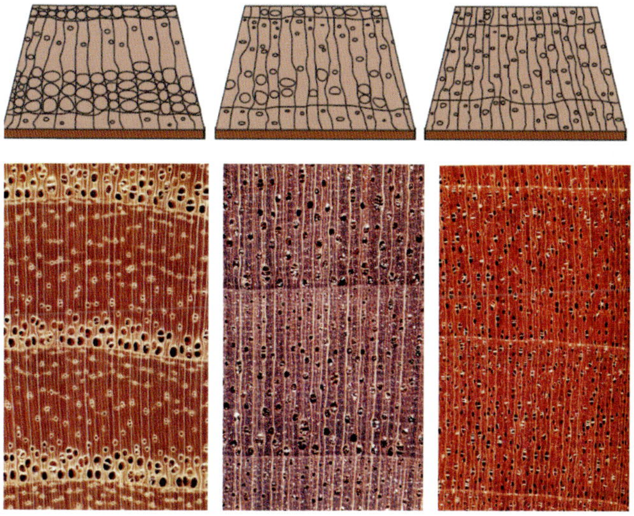

环孔材（白蜡木）　半环孔材（黑胡桃）　散孔材（桦木）

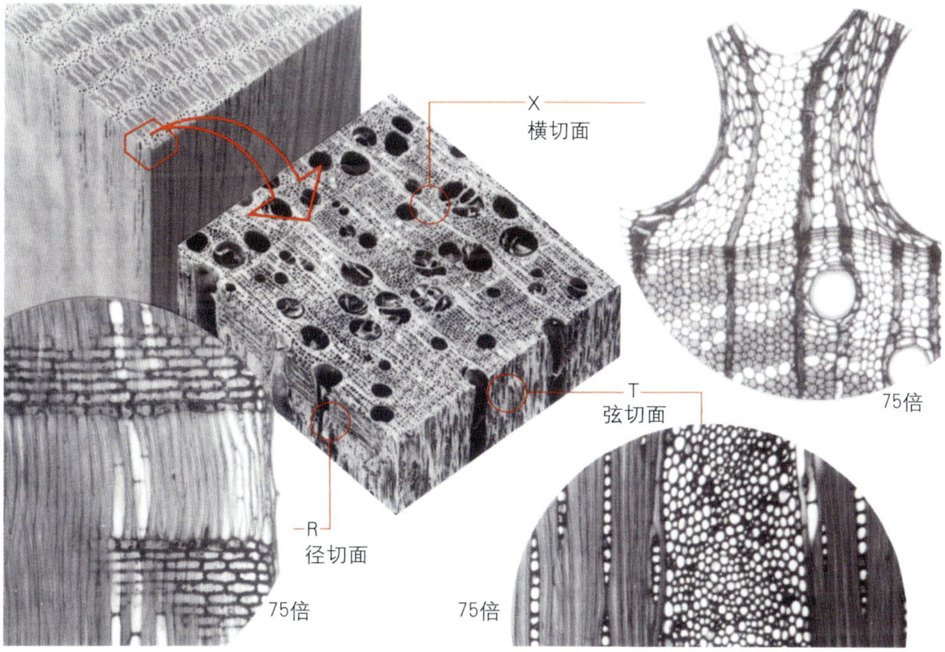

图6 阔叶树材材横径弦三个切面示意图

来源：《木材鉴定—采用简单工具得到正确的结果》（R.Bruce Hoadley著）

单管孔

径列复管孔

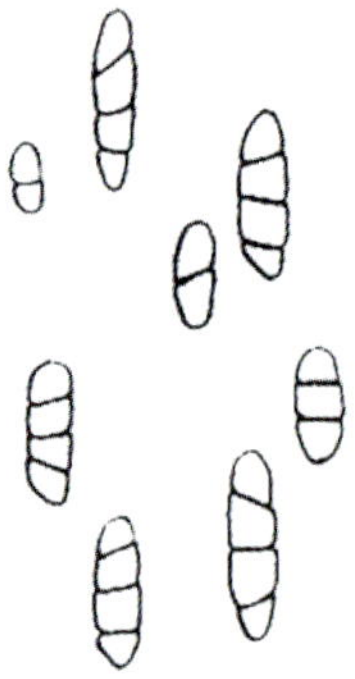

管孔链

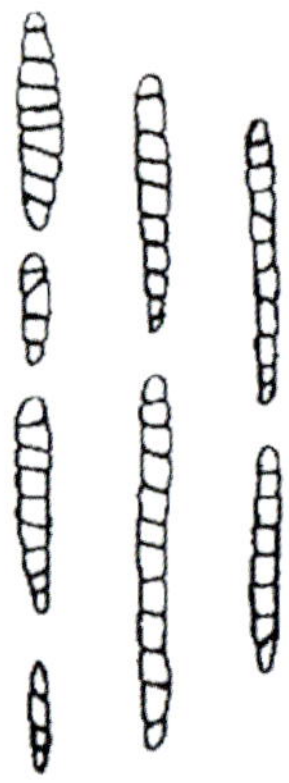

管孔团

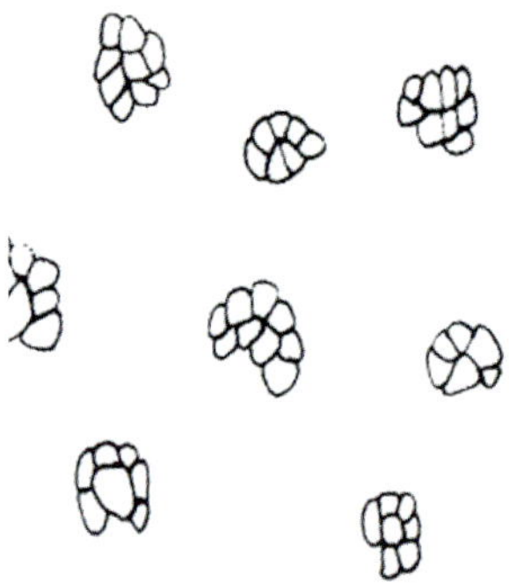

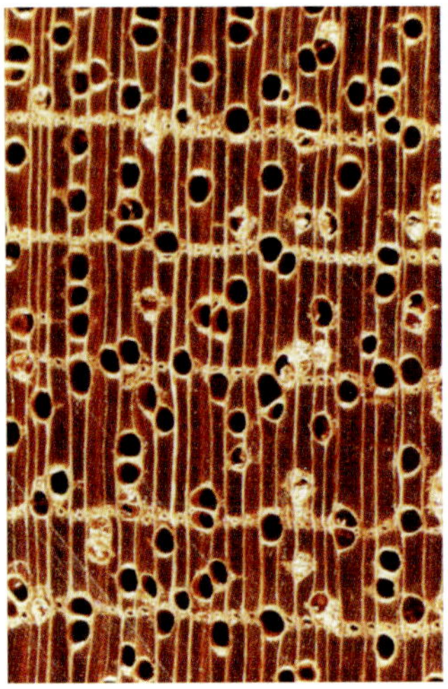

单管孔

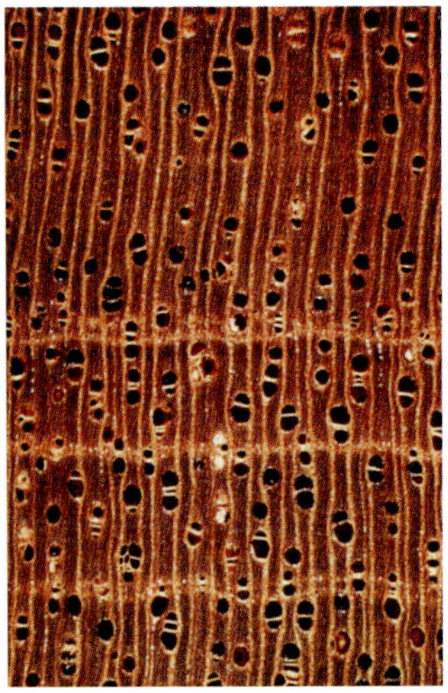

径列复管孔

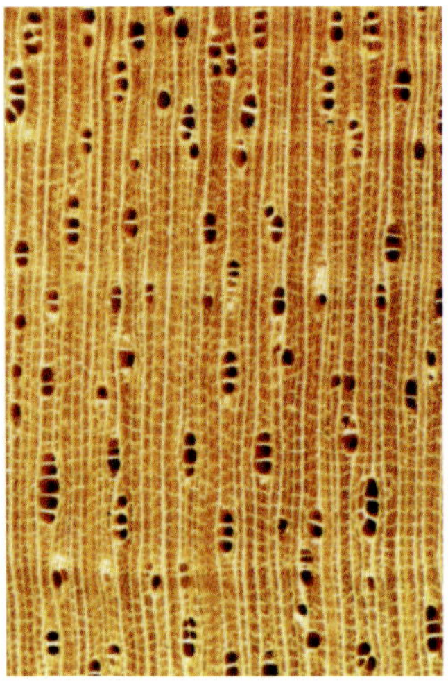

管孔链

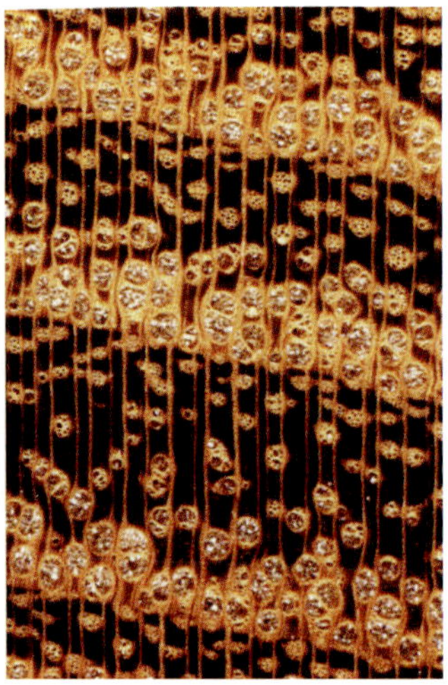

管孔团

一生长轮内从中部至晚材管孔逐渐变小。如核桃木、印度紫檀、山毛榉等。

单管孔：在横切面上，有90%或以上的管孔完全被其他分子所围绕，不与其他管孔相接。如桉树属、五椏果、青冈属、盾籽木、藤黄木、荷木属等。

径列复管孔：大多数或全部管孔为2～4个或4个以上沿径向相连排列。如黄梁木、椴木等。

管孔链：管孔相互排列成径向链，但每个管孔仍保持其原来形状，如冬青木、山榄属等。

管孔团：三个以上管孔组合在一起呈鸟巢状。如桑木、榆木的晚材等。

单穿孔：上下两个大的导管分子，其侧壁直角相连，横壁几乎水平，穿孔缘为圆形或卵圆形，几乎与穿孔的形状近似，穿孔底壁几乎全部成为一个孔隙的穿孔为单穿孔。此穿孔板称单穿孔板。

复穿孔：导管分子底壁衔接部分倾斜，顶端部分呈细舌状，穿孔板的轮廓为椭圆形、卵形或长椭圆形，在连接部分横壁上有时存在2个以上穴孔，或近似阶梯状，称复穿孔。

管间纹孔的排列：管间纹孔指导管分子之间的纹孔。

管间纹孔互列：指圆形或多角形纹孔，上下

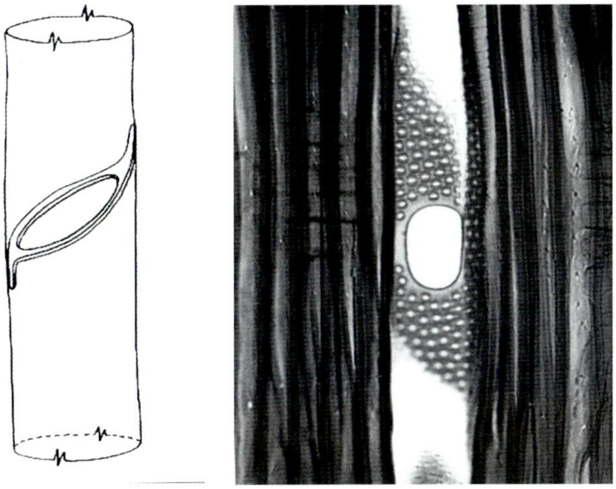

单穿孔（单穿孔板）

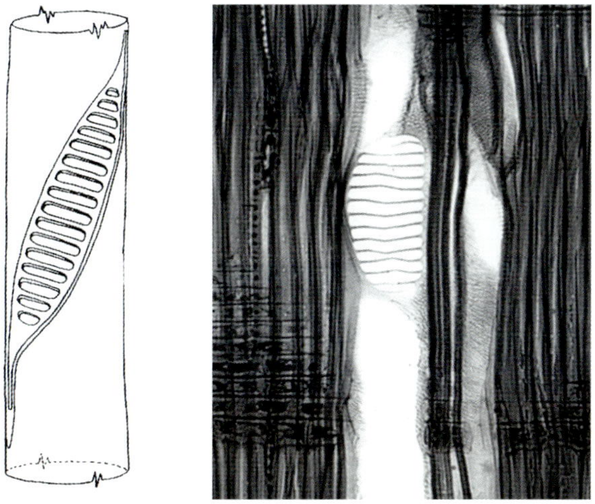

复穿孔（梯状穿孔板）

管间纹孔互列

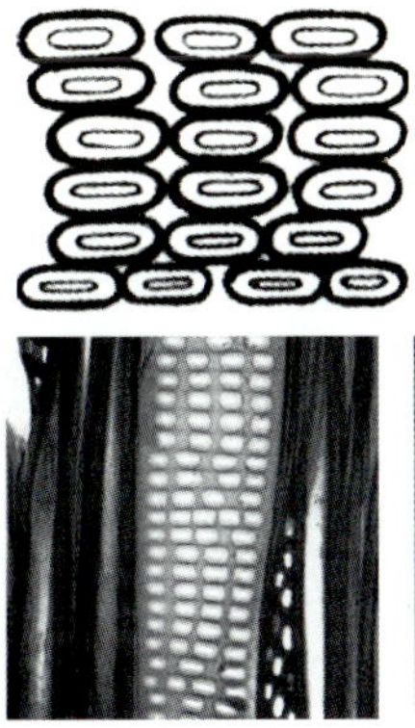

管间纹孔对列

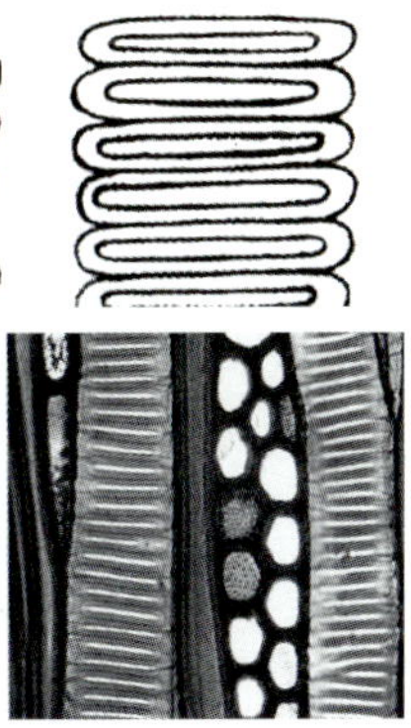

管间纹孔梯状

左右交错排列。如香樟、杨木等。

管间纹孔对列：指方形或长方形纹孔上下左右对称的排列，呈水平对列或短水平列。如鹅掌楸等。

管间纹孔梯状：以梯状排列的伸长或线形的纹孔与导管长轴作垂直排列，其长度通常与导管直径相近。如木兰等。

轴向薄壁组织：由形成层纺锤形原始细胞所形成的沿树干轴向相连成串的、一般具单纹孔的薄壁细胞群。分为离管类及傍管类薄壁组织两大类。

离管类薄壁组织：轴向薄壁组织在通常情况下，不依附导管者，分星散、星散聚合和带状等。

傍管类薄壁组织：指与导管或维管管胞相连接的轴向薄壁组织。可分为稀环管状、环管束状、翼状、聚翼状和单侧傍管状薄壁组织。

星散状：单一的离管轴向薄壁细胞数量较少而零星分布，肉眼下不见。如桦木、樱桃木、荷木等。

星散—聚合：离管轴向薄壁细胞，有集合成短弦线的趋势，如柿树等。

带状：轴向薄壁组织与生长轮平行，组成较宽的带状。如黄檀、红豆木、鸡翅木等。

环管束状：轴向薄壁组织环绕于导管周围，有全部包围呈圆圈状，也有仅包围管孔一部分者。如香樟、楠木、白蜡木、大果阿那豆、楝木属。

翼状：轴向薄壁组织环绕管孔，两侧向外延伸，状如鸟翼。如泡桐、格木、皂角木、印茄木等。

聚翼状：上述翼状轴向薄壁组织相互沿弦向连接，称为聚翼状。如泡桐、刺槐、红豆木等。

轮界状：轴向薄壁组织分布在生长轮末缘，呈连续或断续的细线，肉眼下略明显或在放大镜下明显。如杨属、柳属、木兰属、鹅掌楸、古夷

薄壁组织排列

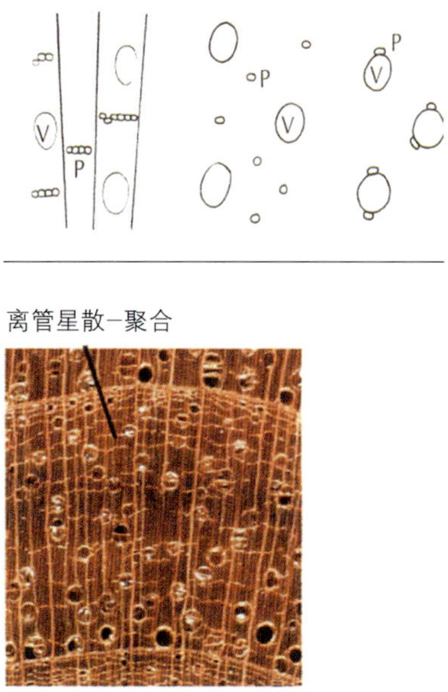

示离管星散-聚合、离管星散、傍管疏环管

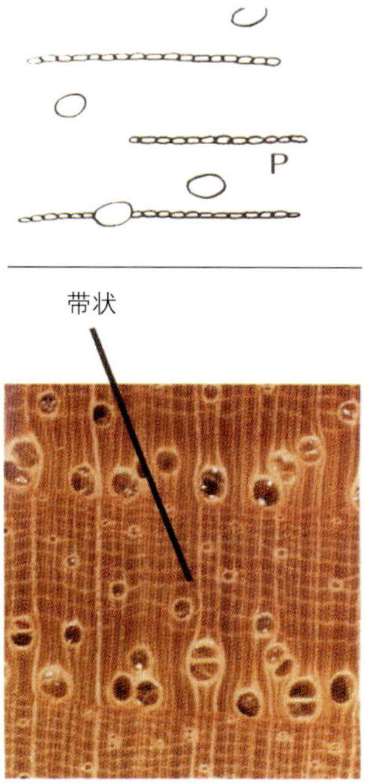

带状轴向薄壁组织

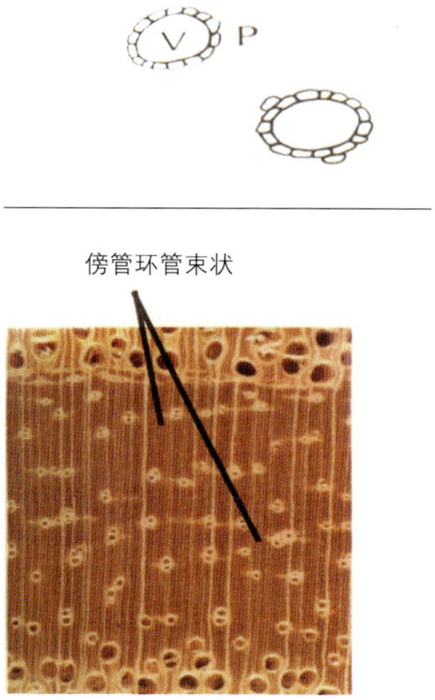

傍管环管束状

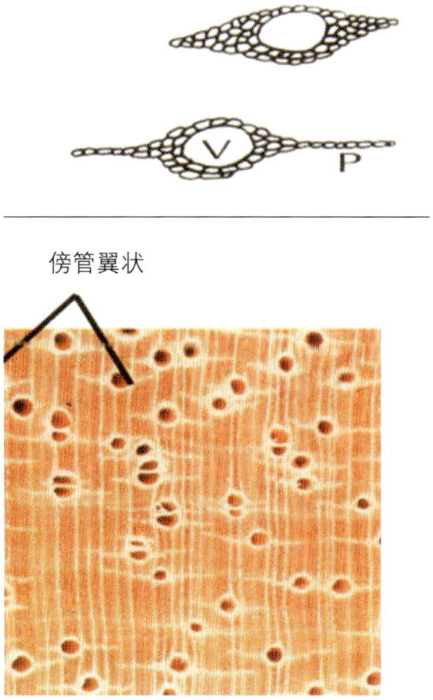

傍管翼状

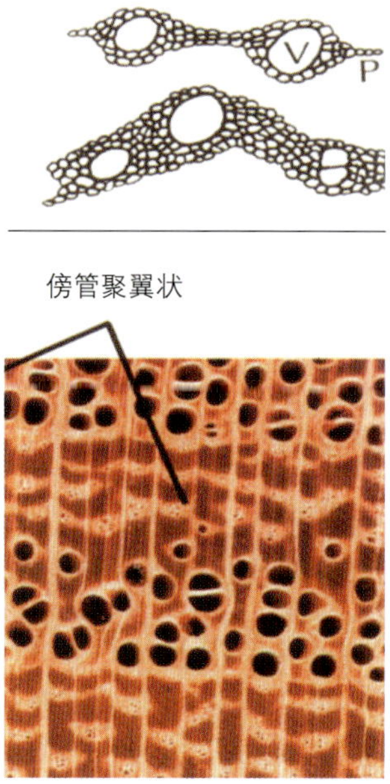

傍管聚翼状

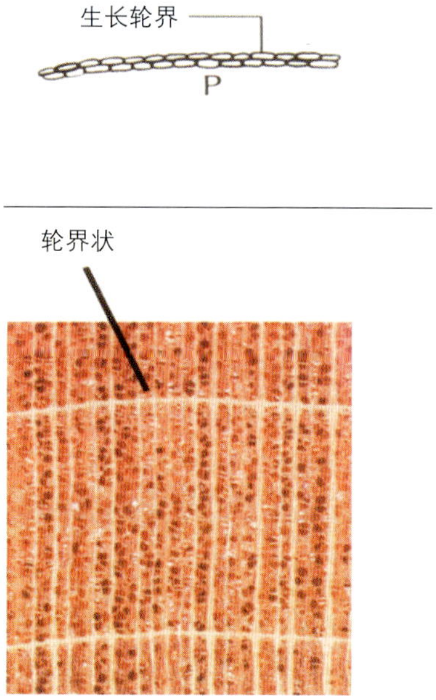

轮界状

来源：《木材鉴定—采用简单工具得到正确的结果》（R.Bruce Hoadley著）

苏木等。

以上各种类型可以一种或多种形式出现在同一树种中。

木射线：在木材横切面上从由髓心向树皮呈辐射状排列的射线薄壁细胞构成，浅色线条，是树木中的一种贮藏组织。阔叶树材的木射线全部由射线细胞组成，主要类型有：横卧细胞、直立细胞和方形细胞。从排列形式分单列、双列、多列；从细胞组成分同形和异形射线组织。

横卧射线细胞：指径切面上射线细胞的长轴呈水平方向；

直立射线细胞：指径切面上射线细胞的长轴呈轴向，一般位于射线的上下边缘。

方形射线细胞：指径切面上射线细胞为方形，通常位于射线的上下边缘。

同形射线组织：射线全部由横卧射线细胞组成。分为3类：

①同形单列：射线全为单列，仅由横卧射线细胞组成，偶尔出现两列的射线细胞，亦视为单列射线。如杨属。

②同形多列：射线全为2列以上，仅由横卧射线细胞组成，偶尔亦出现单列射线。如石梓、泡桐属。

③同形单列及多列：兼具有同形单列和同形多列两类射线组织。如桦木属、槭属等。

异形射线组织：射线组织由方形或直立射线细胞和横卧射线细胞共同组成，分为5类：

①异形单列：射线全为单列，由横卧和直立或方形射线细胞组成。偶尔出现两列的射线细胞，亦视为单列射线，如垂柳、山乌桕。

②异形多列：射线全为2列以上，由横卧和直立或方形射线细胞组成，偶尔亦出现单列射线。如密花树、马桑。

③异形I形：在弦切面上，多列射线的单列尾部比多列部分长；在径切面上，直立和方形细胞部分高于横卧细胞部分；单列射线全由直立或直立与方形细胞组成。如水东哥、九节木、天料木等。

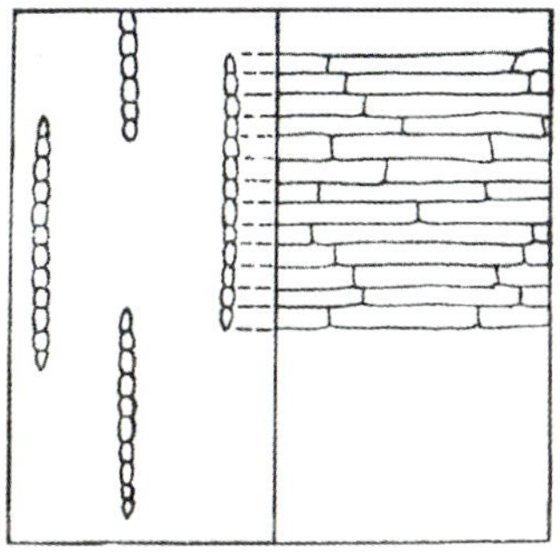
同形单列示意图

大青杨同形单列弦切面

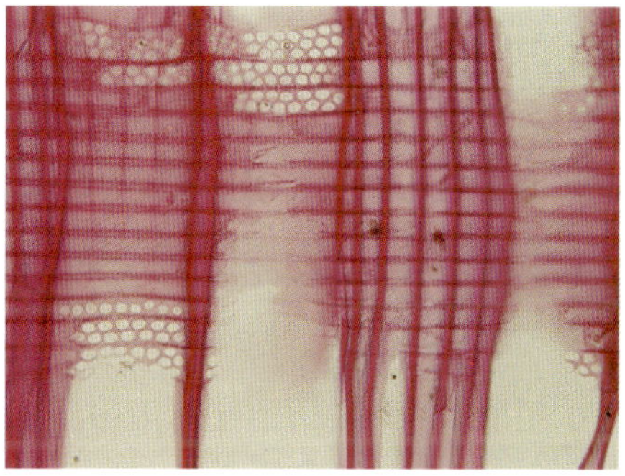
大青杨同形单列径切面

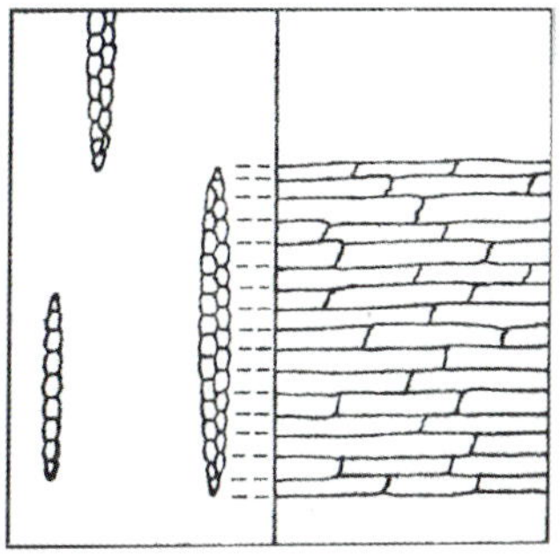
同形多列示意图

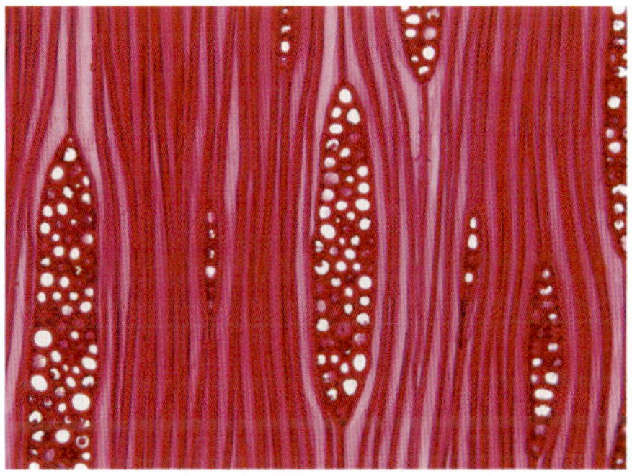
槭木同形多列弦切面

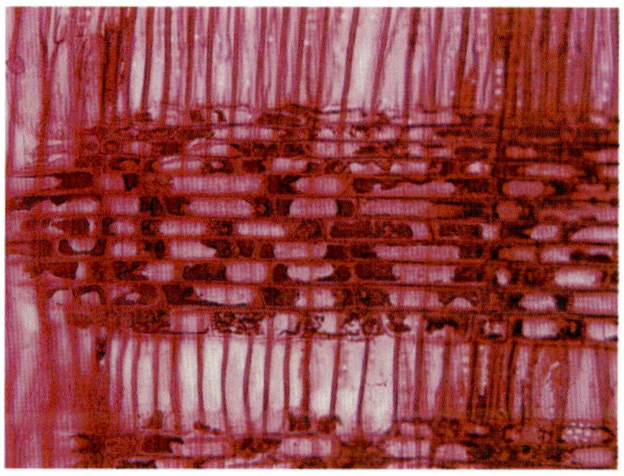
槭木同形多列径切面

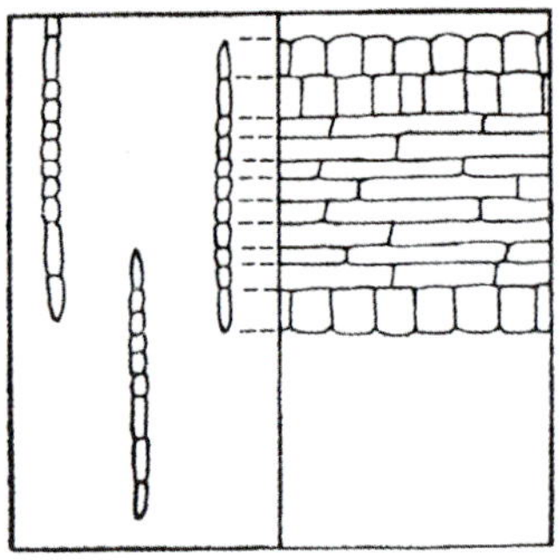
异形单列示意图

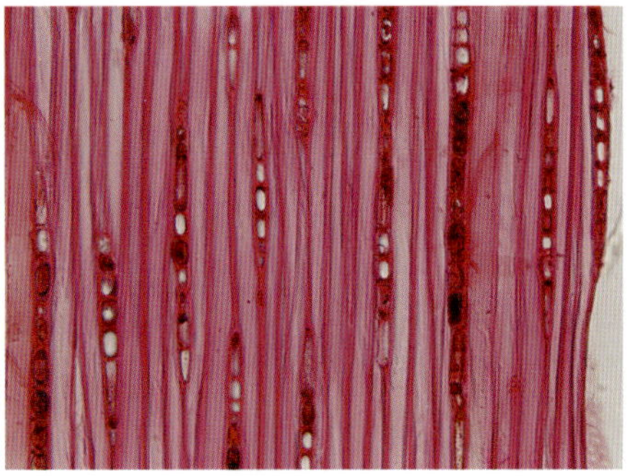
黄花柳异形单列弦切面

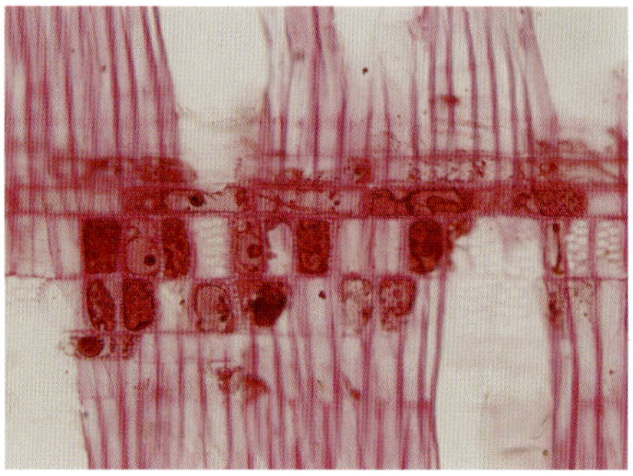
黄花柳异形单列径切面

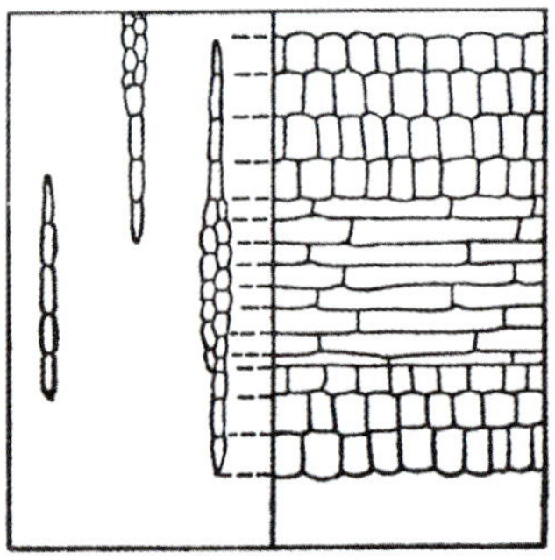
异形Ⅰ型示意图

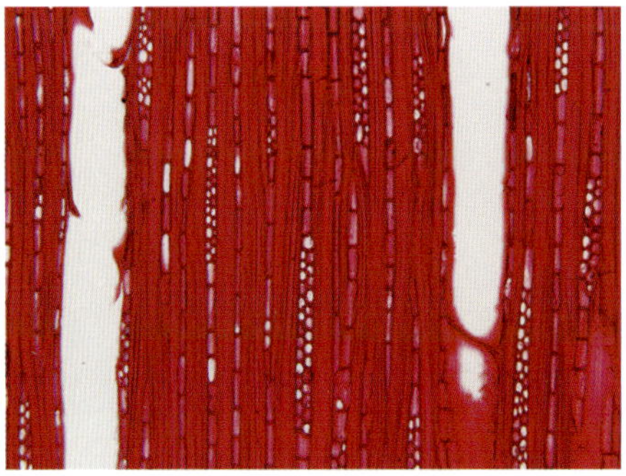
天料木异形Ⅰ型弦切面

天料木异形Ⅰ型径切面

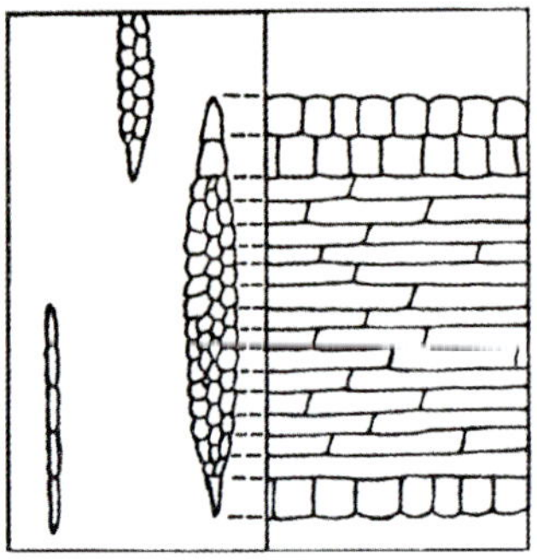
异形Ⅱ型示意图

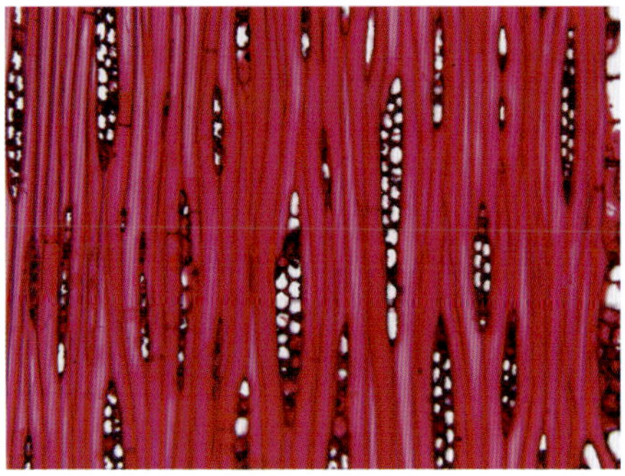
黄桤异形Ⅱ型弦切面

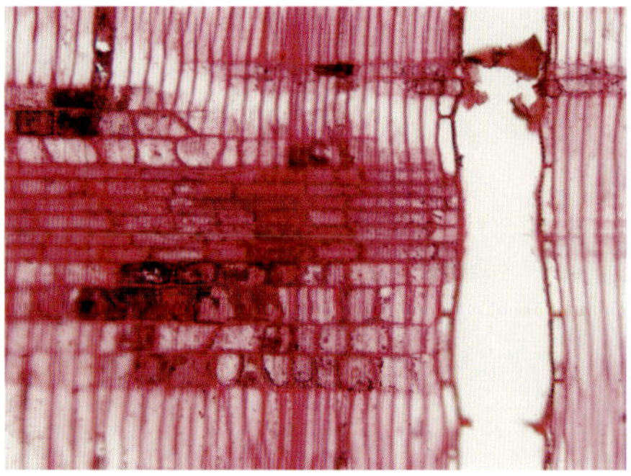
黄桤异形Ⅱ型径切面

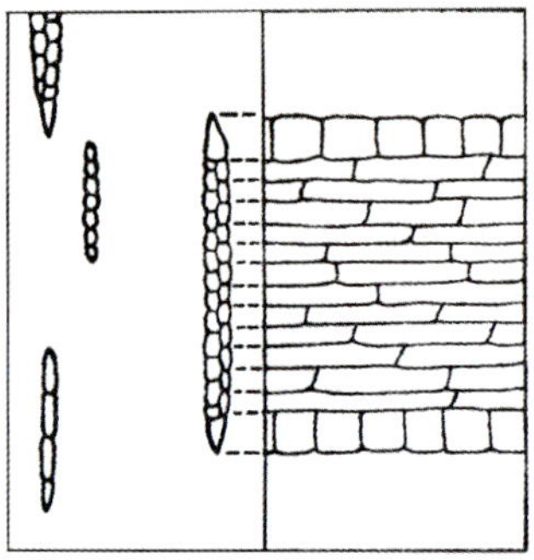
异形Ⅲ型示意图

木莲异形Ⅲ型弦切面

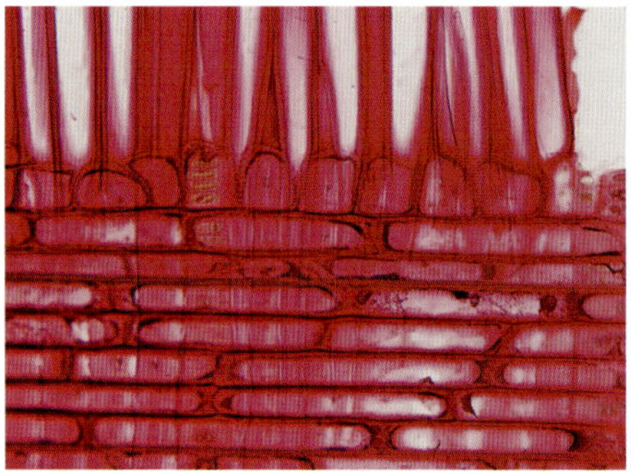
木莲异形Ⅲ型径切面

④异形II型：在弦切面上，多列射线的单列尾部比多列部分短；在径切面上，直立与方形细胞部分低于横卧细胞部分。单列射线有的全由直立或直立与方形射线细胞组成。如黄杞属、朴属、翻白叶属。

⑤异形III型：在弦切面上，多列射线的单列尾部通常仅具1列方形边缘细胞，在径切面观察，多列射线上下缘通常仅具一列方形边缘细胞。单列射线有的全由横卧细胞组成，有的由方形细胞或方形与横卧细胞混合组成。如山核桃、小叶红豆、木兰科、樟科、橄榄科等。

叠生射线：在弦切面上，射线呈水平弦向整齐排列，有的在肉眼下形成波痕。如黄檀属、花梨木、柿木等。

树胶道：也称胞间道。存在于部分阔叶树材中，也分为轴向和径向两种。前者在横切面多为弦向分布，少数为单独星散状，由于个体较小，应注意与管孔的区别。如龙脑香科和苏木科木材具有正常轴向树胶道；漆树科部分树种具正常径向树胶道存在于木射线中，在弦切面呈纺锤形树胶道。

侵填体：宏观下，是管孔内一种具光泽的泡沫状填充物。如刺槐、麻栎、榉木、檫木等。

树胶或其他沉积物：在管孔内有树胶、矿物质或其他沉积物，不如侵填体有光泽。呈不定形块状物。如楝科、漆树科有些树种常含红色或深红褐色树胶，柚木管孔中具白垩质沉积物，巴西进口的蚁木具黄绿色内含物，可作为木材识别特征。

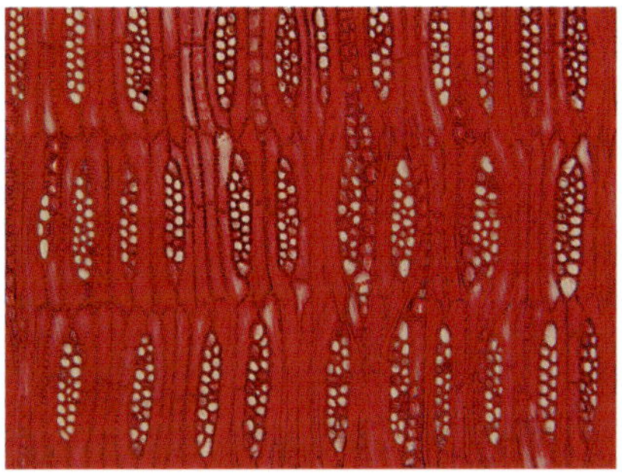
酸枝木双列射线叠生

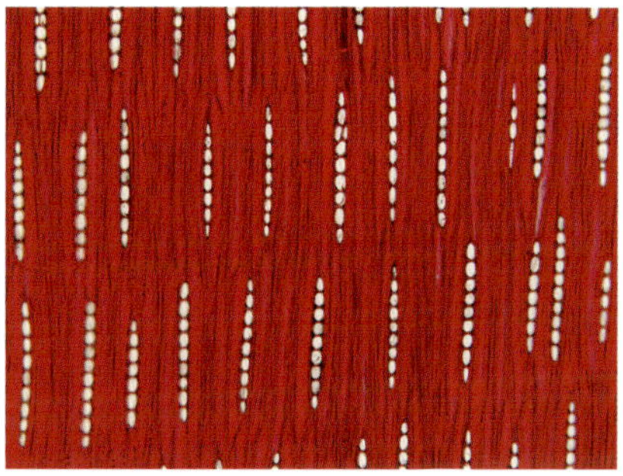
花梨木单列射线叠生

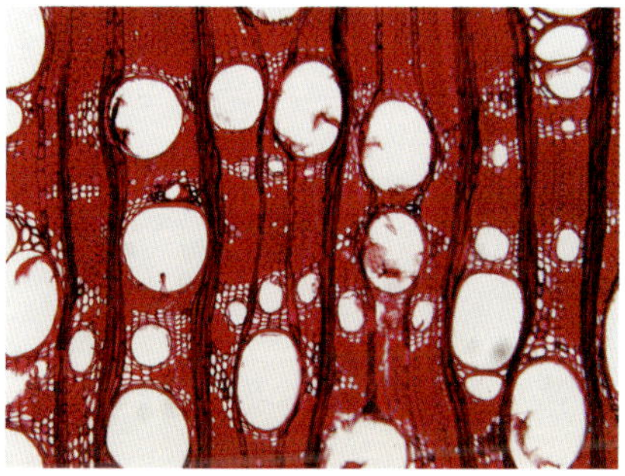
娑罗双轴向树胶道弦向排列

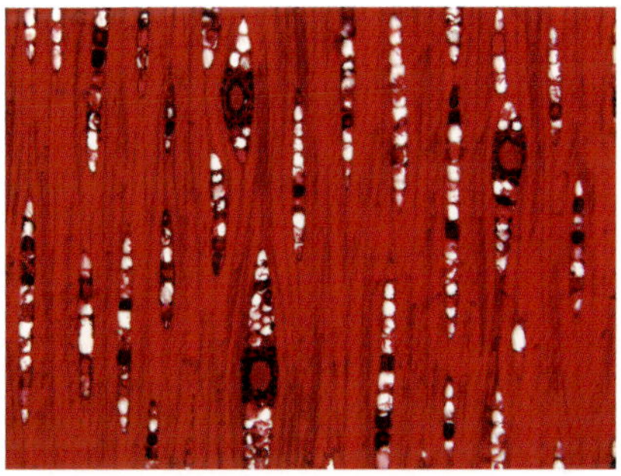
任嘎漆径向树胶道

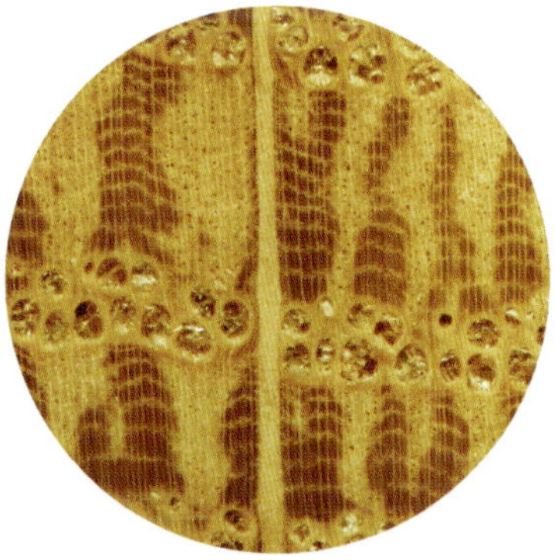
白栎早材管孔充满侵填体

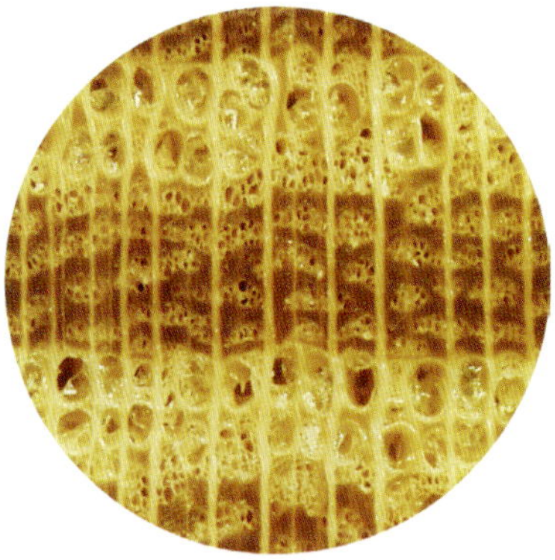
刺槐早材管孔充满侵填体

2.4 针叶树材微观鉴别特征说明

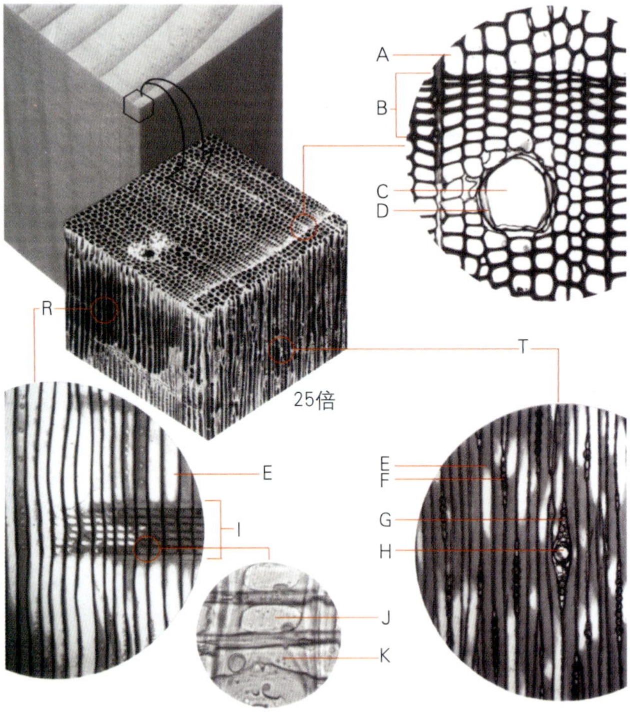

图7 针叶树材横径弦三个切面示意图

①右上图横切面，A: 早材 B: 晚材 C: 轴向树脂道 D: 泌脂细胞。②右下图弦切面，E: 管胞 F: 射线细胞 G: 纺锤射线 H: 径向树脂道。③左下图径切面，E: 管胞 I: 射线。④下中图为I区域的放大，J: 窗格交叉场纹孔 K:射线管胞。

来源：《木材鉴定—采用简单工具得到正确的结果》（R.Bruce Hoadley著）

管胞：主要存在于针叶树材与部分阔叶树材中的一种具有具缘纹孔的木质化闭管木材细胞，是针叶树材的主要组成细胞。

交叉场：在针叶树材中，单根射线薄壁细胞和单根轴向管胞相交处的细胞壁区域。

交叉场纹孔：在交叉场上的纹孔排列方式，早材部分观察到，通常贯穿于整个射线中(主体和边缘细胞)。主要有窗格型、松木型、云杉型、柏木型、杉木型、南洋杉型。窗格型主要存在于松属木材中，松木型在白皮松和西藏长叶松中存在；云杉型主要出现在云杉属、落叶松属、黄杉属、铁杉属等木材中；柏木型主要可在柏科木材（崖柏除外），以及罗汉松科和红豆杉科的一些木材中观察到；杉木型在杉科冷杉属、雪松属等材中可见；南洋杉型主要存在于贝壳杉属和南洋杉属木材中。

螺纹加厚：为管胞内壁的一种加厚形式，以逆时针方向盘旋，盘旋角度随树种及管胞宽度和壁厚而异。如黄杉属、银杉属、紫杉属、榧属、粗榧属、穗花杉属等。管胞壁上是否有螺纹加

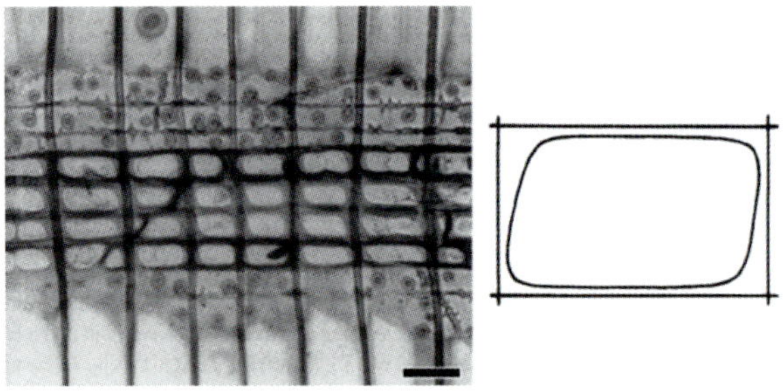

窗格型

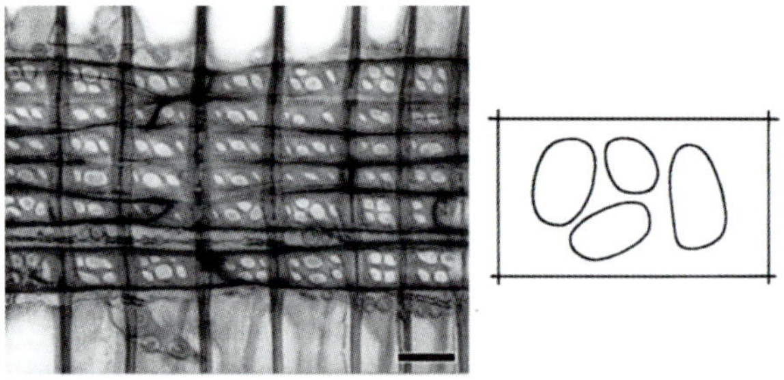

松木型

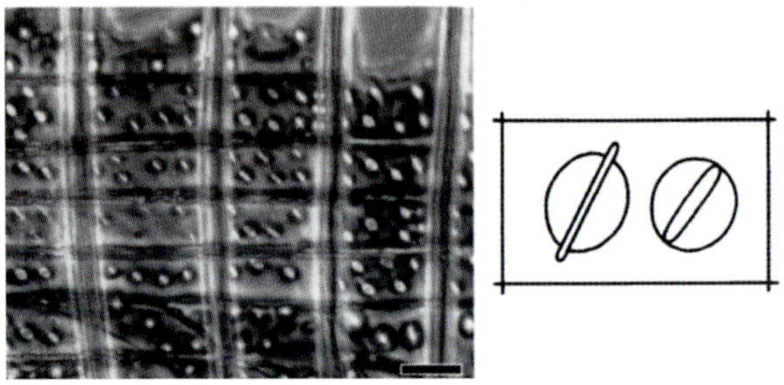

云杉型

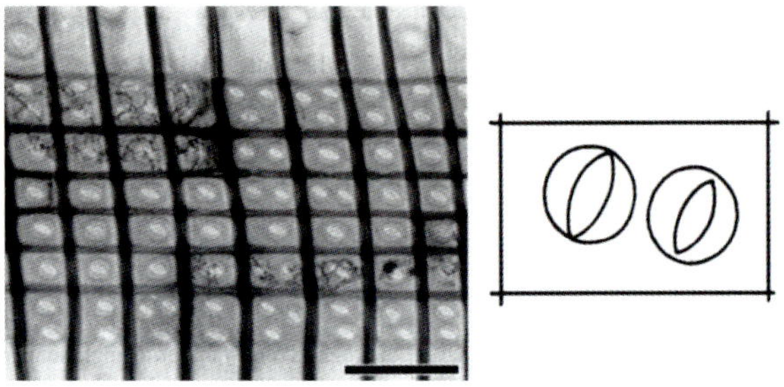

柏木型

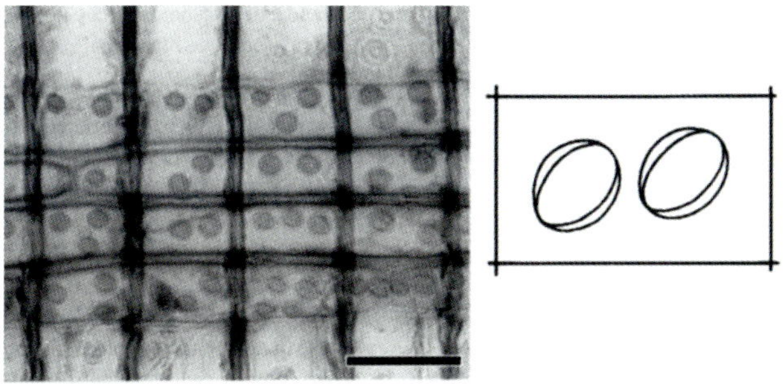

杉木型

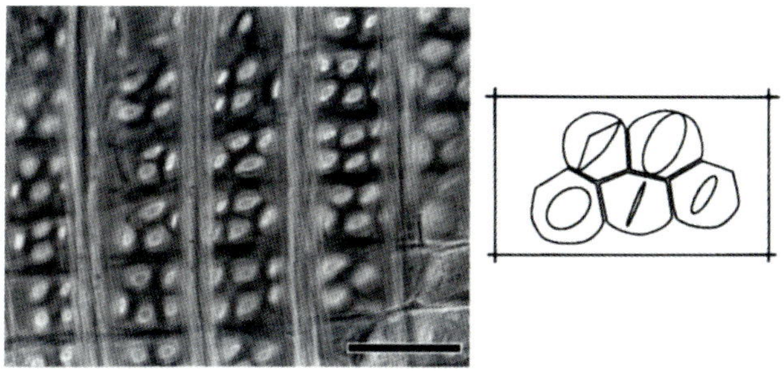

南洋杉型

单根螺纹加厚

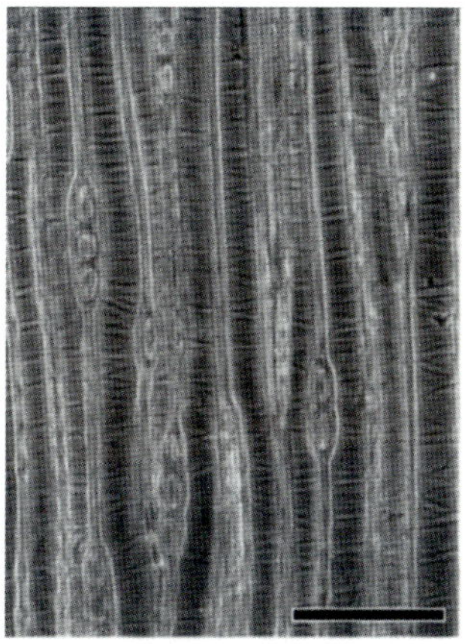

螺纹成对排列

树脂道分布在晚材带

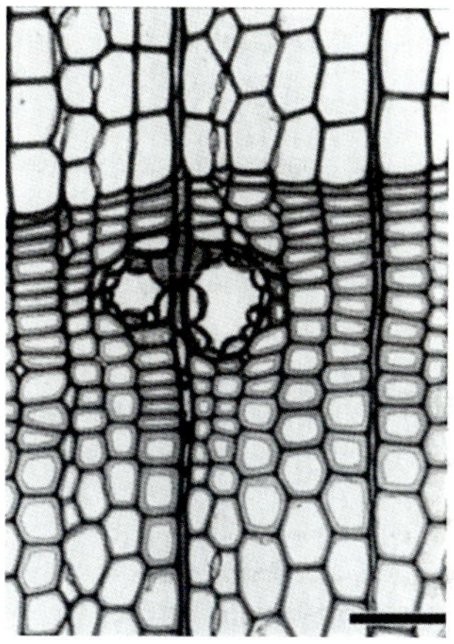

树脂道及泌脂细胞

厚，是木材鉴别的重要特征之一。

树脂道：指由具分泌功能的泌脂细胞所围成的管状细胞间通道，称树脂道，也称胞间道。泌脂细胞是毗邻胞间道的单层细胞，其外侧的其他薄壁组织和束状管胞则是辅助细胞。管状通道、泌脂细胞和辅助细胞共同构成了完整的胞间道复合体。针叶树材中有正常树脂道的仅有松科的松属、落叶松、云杉、黄杉（轴向和径向均有）、油杉属（只有轴向），是鉴别针叶树材的重要解剖特征之一。

射线管胞：射线管胞是射线组织的组成细胞之一。针叶树材的射线有全部由射线薄壁细胞组成的，也有由射线薄壁细胞和射线管胞两者共同组成。射线管胞存在于松科的松属、落叶松、云杉、黄杉、油杉和铁杉属；柏科黄柏属等。射线管胞内壁光滑或齿状加厚的特征是松属两个亚属木材（硬木松和软木松）识别的重要特征。

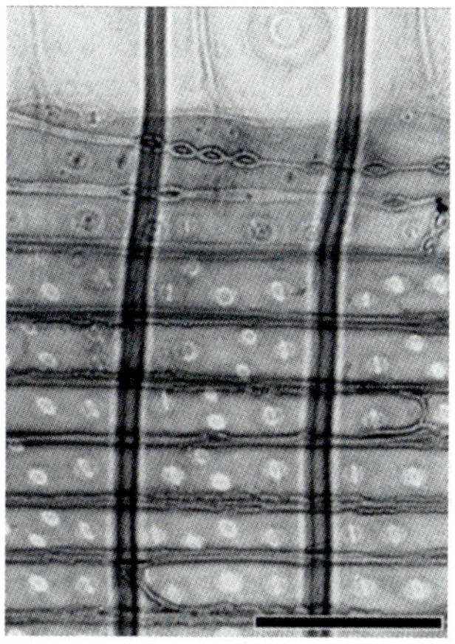

射线管胞内壁平滑

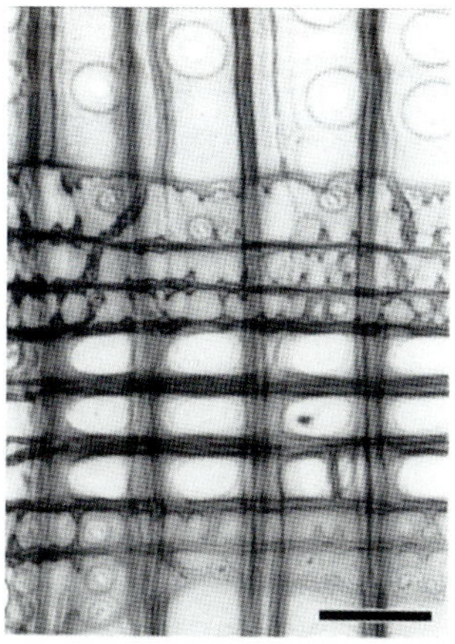

射线管胞内壁齿状加厚

来源：《IAWA针叶树材显微特征识别一览表》（IAWA著）

3. 木材鉴别方法

3.1 宏观鉴别方法

宏观鉴别：主要采用肉眼或10倍放大镜观察木材试样。一般先用锋利的小刀削光木样部分端面（横切面），并用清水润湿，通过观察木材外部表观特征以及横切面宏观解剖特征来识别木材。从横切面可观察木材心边材、生长轮以及导管、射线及轴向薄壁细胞的大小和排列方式；同时结合木材的材色、光泽、纹理、结构、花纹、气味、滋味、木材重量和硬度等特征来综合判断鉴别木材。

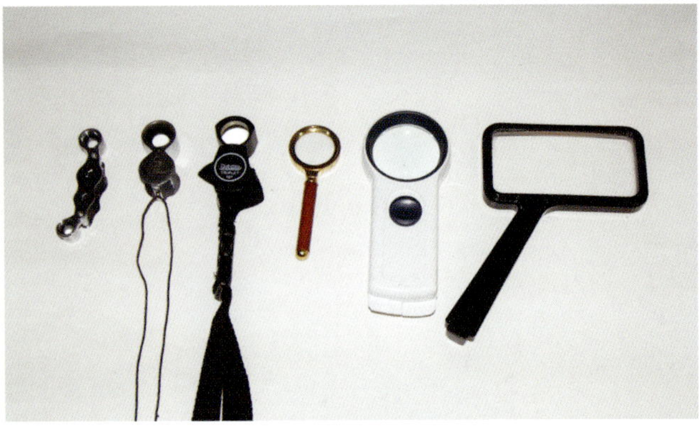

各种放大镜

放大镜的正确使用方法

此法简单易行，可用于海关和质检等执法部门现场检查和鉴别。但在鉴别进口的热带材树种时存在一定困难，还不够准确，往往只能大致鉴别到大类。

3.2 微观鉴别方法

由于木材是各向异性的天然材料，要从组织和细胞水平全面认识与了解其结构，需要3个切面即横切面、径切面和弦切面。微观鉴别首先需从送检的木样上按照木样纹理切取尺寸不小于2cm(长)×2cm（宽）×2cm（高）的试样，置于蒸馏水中，再放到60℃烘箱中，排除试样中的空气并软化。

将软化好的试样放在切片机上切出15～20μm厚的3个切面的切片，再经染色、脱水、透明和封片等流程制成光学显微切片。

将切片置于光学显微镜下观察其木材微观解剖特征，即组成木材的各类细胞和组织的形态及排列特征。微观鉴别方法所涉及的木材识别特征较多，结果比较准确。但由于需制备切片，实验

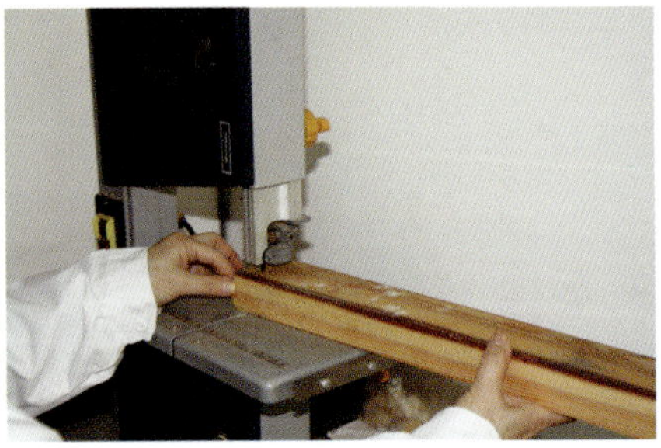

锯木样

按照纹理取正试样

木材切片置于载玻片上

在显微镜下观察切片特征

与标本馆正确切片比对

与标本馆正确定名标本比对

流程较复杂。

为了做到鉴别结果准确，特别是对难辨认或有争议的木材，必须将宏观和微观特征有机结合，并与标本室经正确定名的木材标本以及切片仔细比对，综合判断。

3.3 鉴别木材的仪器和工具

取样工具：微型小带锯、小圆锯、手锯、木凿子、切片刀等。

切片制备：滑走切片机、切片刀、一次性刀片、化学药品及生物染料、玻璃器皿、载玻片。

鉴别仪器：光学显微镜。

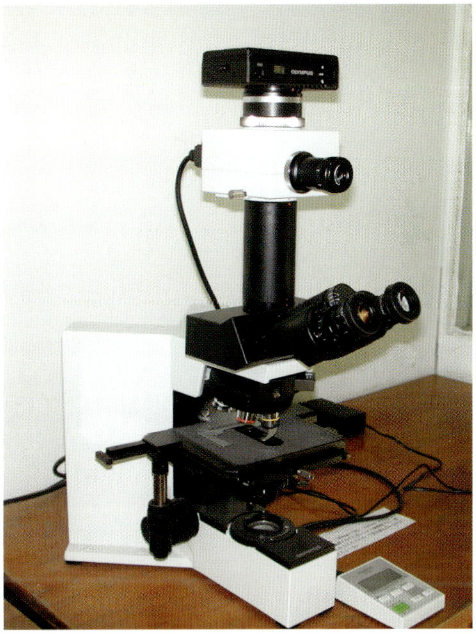

带数码相机的光学显微镜

滑走切片机

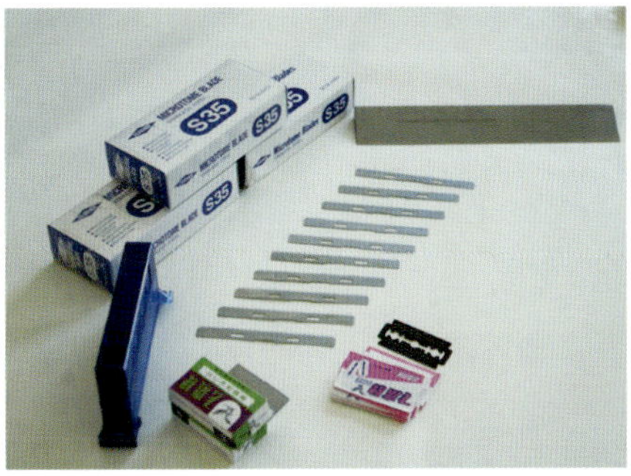

滑走切片机的一次性刀片及其他刀片

制备光学显微切片的载玻片与盖玻片

常用木材的鉴别特征描述

按照科属排序

槭　木 *Acer* spp.

槭树科 Aceraceae

属　　名　槭树属 *Acer* L.

常见树种　槭木*A. mono* Maxim., 樟叶槭*A. cinnamomifolium* Hayata, 白牛槭*A. mandshuricu* Maximm., 糖槭*A. saccharum* L. ,黑槭*A. nigrum* Michx. F.

国外名称

Maple, Hard maple, Black maple, Sugar maple

主要产地

北美洲、亚洲东部与中部、欧洲及北非。我国以西南及中南分布为多。

以槭木 *A. mono* Maxim.为例，描述如下

宏观鉴别要点

散孔材；木材黄褐色或浅黄褐色，心边材区别不明显。生长轮略明显。管孔在放大镜下略明显；轴向薄壁组织放大镜下可见。木射线细至略细，在肉眼下可见。

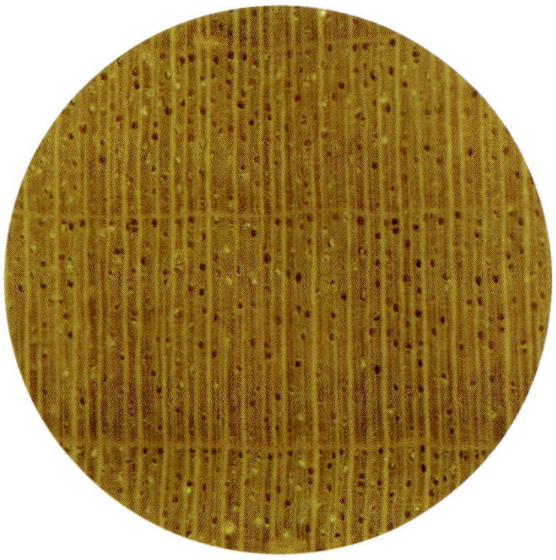

横断面12.5倍

实木照片

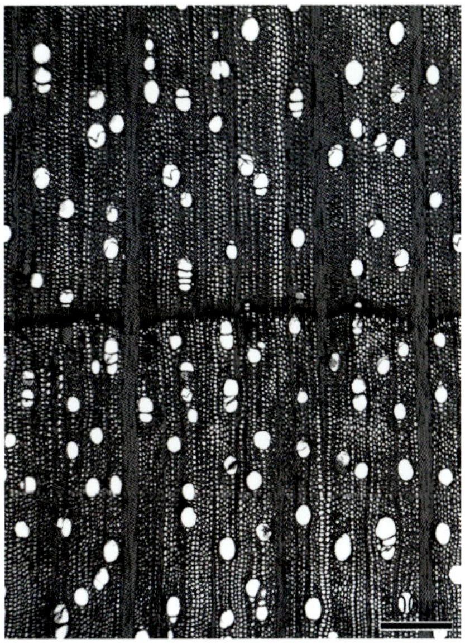

横切面

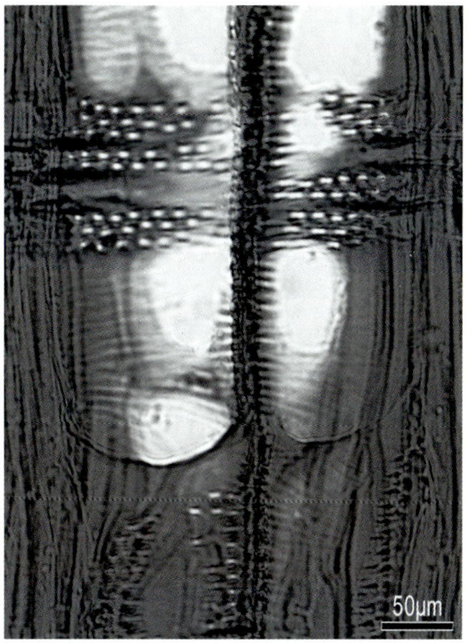

径切面

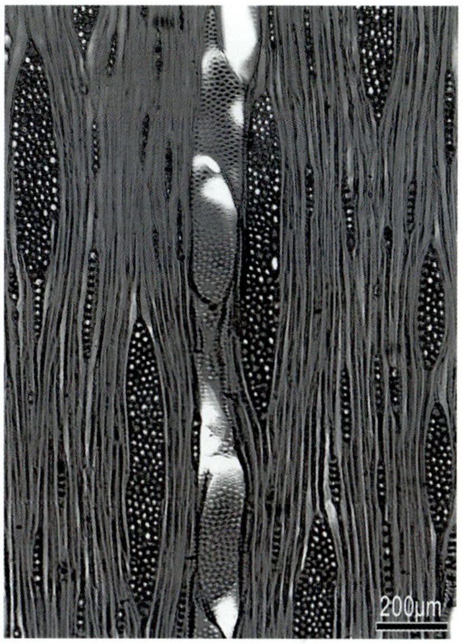

弦切面

微观鉴别要点

单管孔及短径列复管孔。导管内壁螺纹加厚明显。管间纹孔式互列，单穿孔，导管与射线间纹孔式类似管间纹孔式。轴向薄壁组织量少；轮界状及环管状。单列射线较少，多列射线多数宽2～4细胞。射线组织同形单列及多列。

木材主要性质

结构甚细，均匀。气干密度0.50～0.80g/cm³。强度低至中，稍耐腐。干燥容易，速度中等。易开裂和翘曲。加工较容易，刨面光滑，油漆性能优良，握钉力强。

木材主要用途

地板、家具、室内装修、单板与胶合板、文具、箱盒、运动器械、乐器等。

斑纹漆 *Astronium* spp.

漆树科 Anacardiaceae

属　　名　斑纹漆属 *Astronium* Jacq.

常见树种　烈叶斑纹漆 *A. graveolens* Jacq., 莱蔻斑纹漆 *A. lecointei* Ducke,乌隆斑纹漆 *A. urudeuva* （Fr. All.）Engl.

国外名称

Goncalo-alvez, Muiracatiara, Guarita, Gusanero, Palo de culebra

主要产地

中美洲、亚马孙及南美洲。

以斑纹漆 *Astronium* sp.为例，描述如下

宏观鉴别要点

散孔材。心材新锯解时，橘黄或红褐色，具暗褐色条纹，久则变成暗红褐色具黑色条纹，与边材区别明显。生长轮略明显。管孔肉眼可见。轴向薄壁组织放大镜下可见，环管束状。木射线放大镜下略见；窄。

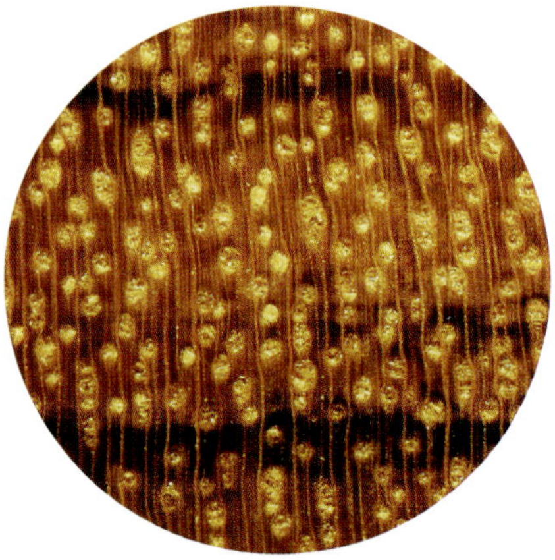

横断面12.5倍

实木照片

横切面

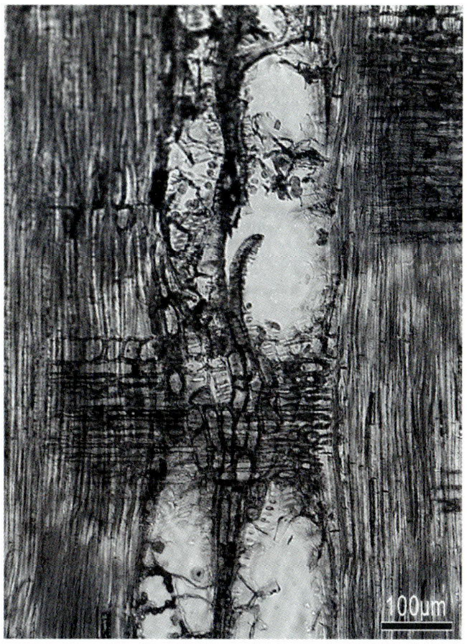

径切面

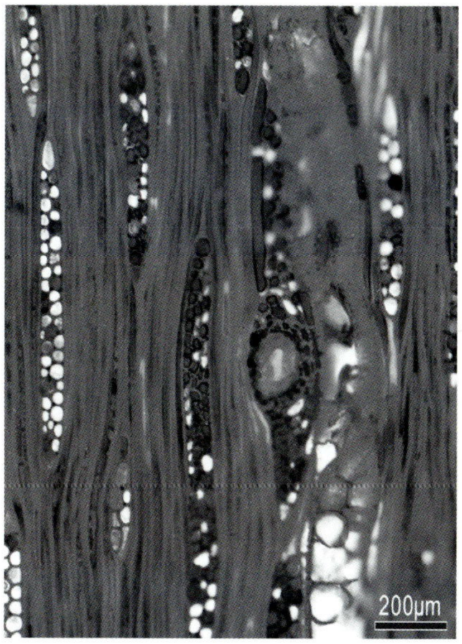

弦切面

微观鉴别要点

单管孔及径列复管孔；侵填体丰富。管间纹孔式互列，单穿孔，导管与射线间纹孔式刻痕状或大圆形。轴向薄壁组织轮界状及疏环管状。分隔木纤维普遍。单列射线少，多列射线宽2～4细胞，射线组织异形Ⅱ型。径向胞间道位于射线中部。

木材主要性质

结构细，均匀。气干密度0.80～1.10g/cm³。强度高，耐腐。干燥困难，但效果好，无开裂和翘曲。加工较容易，切面光滑，耐磨性能优良。钉钉需预先打孔。

木材主要用途

地板、家具、车辆材、运动器械、细木工等。

山　枣 *Choerospondias axillaris*

漆树科 Anacardiaceae

属　　名　山枣属 *Choerospondias* B. L. Burtt et A. W. Hill

常见树种　山枣 *C. axillaris* B. L. Burtt et A. W. Hill

国外名称

Axillary choerospondias

主要产地

我国南部，印度、日本也产。

以山枣 *C. axillaris* B. L. Burtt et A. W. Hill 为例，描述如下

宏观鉴别要点

环孔材。心材红褐色，与边材区别明显，边材黄褐或浅黄褐色。木材有光泽；生长轮明显。早材管孔中至略大，连续排列成明显早材带(2～3个管孔)，侵填体丰富；晚材管孔略小，散生或斜列。轴向薄壁组织放大镜下不明显，傍管状。木射线稀少，极细。

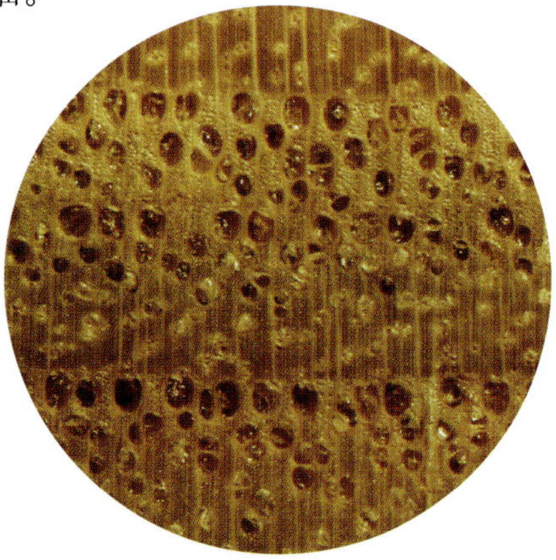

横断面12.5倍

实木照片

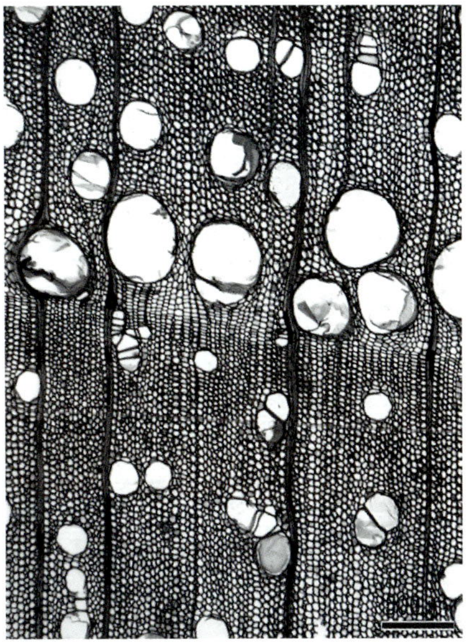

横切面

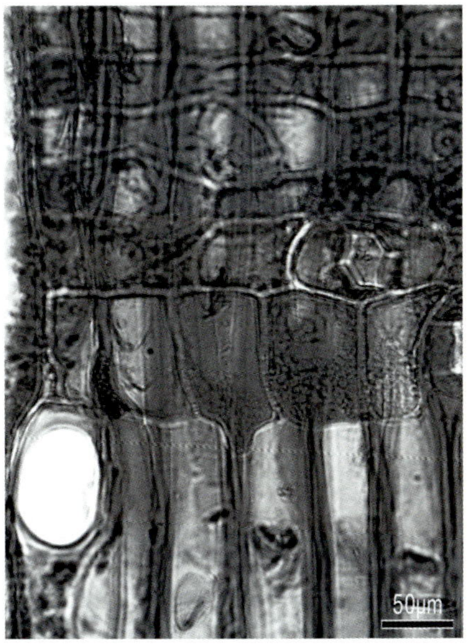

径切面

弦切面

微观鉴别要点

早材导管主为单管孔，晚材多呈管孔团。管间纹孔式互列，单穿孔，导管与射线间纹孔式大圆形、刻痕状。轴向薄壁组织环管束状及环管状，轮界状。分隔木纤维普遍。木射线非叠生，单列射线少，多列射线宽2～6细胞，射线组织异形Ⅱ型。径向胞间道位射线中部。

木材主要性质

结构中，不均匀。气干密度0.60g/cm³。强度中等，耐腐。干燥不难，少开裂和翘曲。加工较容易，切面光滑，胶合和涂饰性能良好。握钉力中。

木材主要用途

地板、家具、室内装修、单板与胶合板、房屋建筑、船舶材等。

任嘎漆 *Gluta* spp./*Melanochyla* spp./*Melanorrhoea* spp.

漆树科 Anacardiaceae

属　　名　胶漆树属 *Gluta* L., 乌汁漆树属 *Melanochyla* Hook. f., 黑漆树属 *Melanorrhoea* Wall.

常见树种　胶漆树 *G. renghas* L., 耳状乌汁漆树 *Melanochyla auriculata* Hook. f.,黑漆树 *Melanorrhoea usitata* Wall.

国外名称

Rengas, Inhas, Thitsi, Burma varnish tree, Son, Rengas tembaga, Pak

主要产地

东南亚地区。

以胶漆树 *Gluta* sp.为例，描述如下

宏观鉴别要点

散孔材。心材红褐色，有时具黑色条纹，与边材区别明显。生长轮明显。管孔在放大镜下可见，甚少至少，略大。轴向薄壁组织在肉眼下可见，量多，轮界状、带状及环管束状。木射线放大镜下可见，中至密；窄。

横断面12.5倍

实木照片

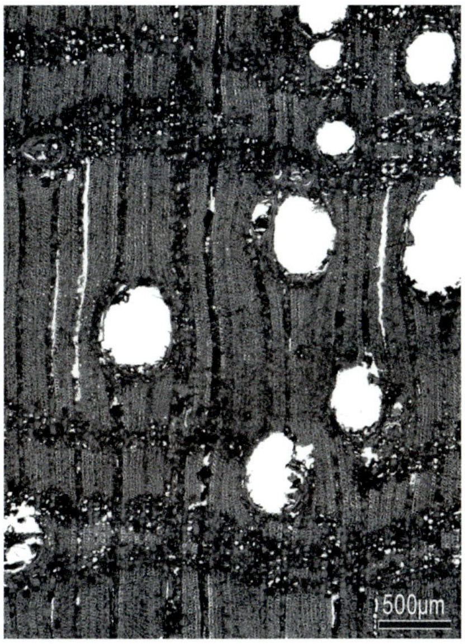

横切面

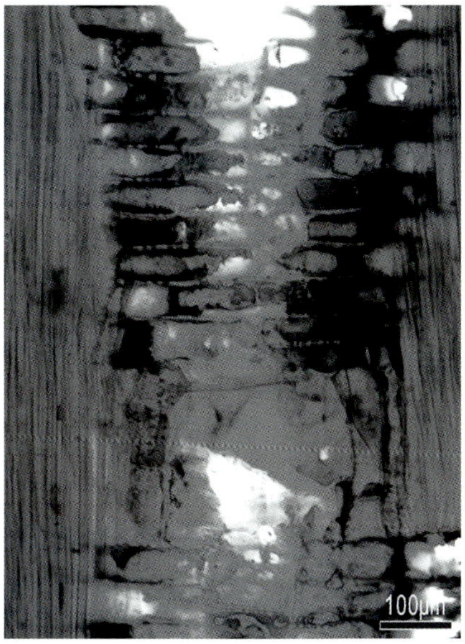

径切面

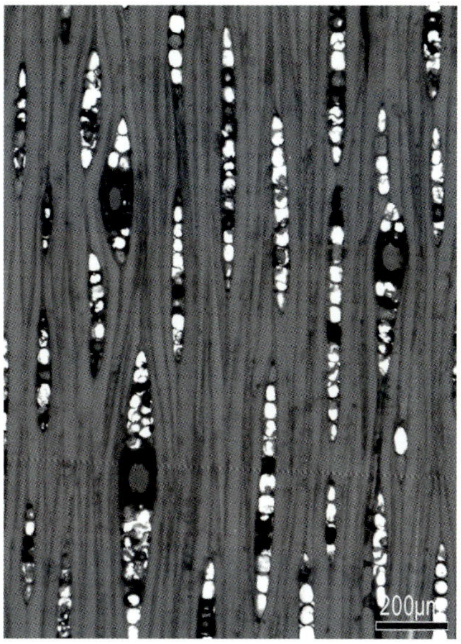

弦切面

微观鉴别要点

单管孔，少数短径列复管孔。管间纹孔式互列，单穿孔，导管与射线间纹孔式大圆形及刻痕状。轴向薄壁组织轮界状、带状（2～4细胞）、环管束状。木射线非叠生，单列射线高2～19个细胞，射线组织同形单列。径向胞间道位于射线中部。

木材主要性质

结构粗至细，均匀。气干密度0.60～0.80g/cm³。强度中等，略耐腐。干燥速度稍慢，略有扭曲。加工较难，切面略光，成品很少使用填料。握钉力强。

木材主要用途

地板、家具、室内装修、木船龙骨、刨切单板、车工制品、工具柄等。

斯文漆 *Swintonia* spp.

漆树科 Anacardiaceae

属　　名　斯文漆属 *Swintonia* Griff.

常见树种　多花斯文漆 *S. floribunda* Griff., 彭式斯文漆 *S. penangiana* King, 奇特斯文漆 *S. specifera* Hk. f.

国外名称

Merpauh, Civit, Boilam, Merpau, Selan, Moum, Taungthayet

主要产地

印度、马来西亚、缅甸、泰国、孟加拉国、巴基斯坦、斯里兰卡、印度尼西亚。

以多花斯文漆 *S. floribunda* Griff.为例，描述如下

宏观鉴别要点

散孔材。心材灰褐色至粉红褐色带红，与边材区别不明显，边材浅褐色带灰或粉红。生长轮略明显。管孔肉眼下明显，甚少至少，略大至中。轴向薄壁组织肉眼下可见，量多，带状，细线状略明显。木射线放大镜下可见，密度中，甚窄。

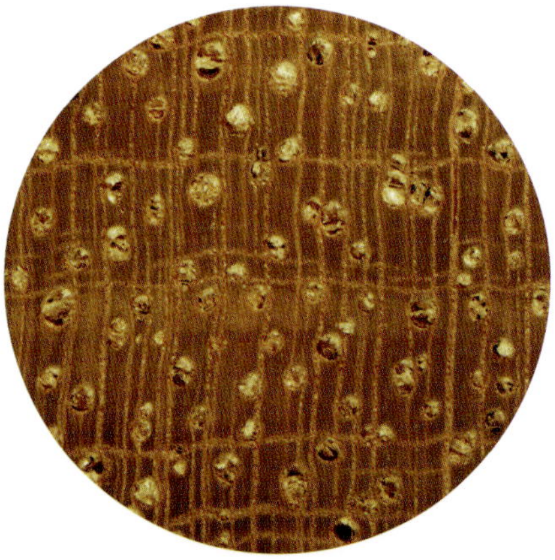

横断面12.5倍

实木照片

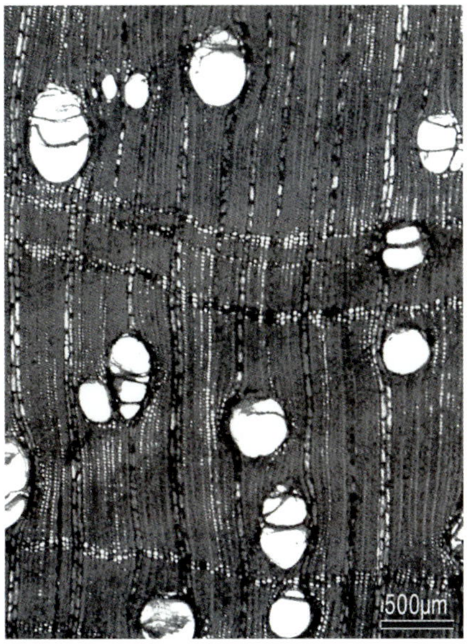

横切面

径切面

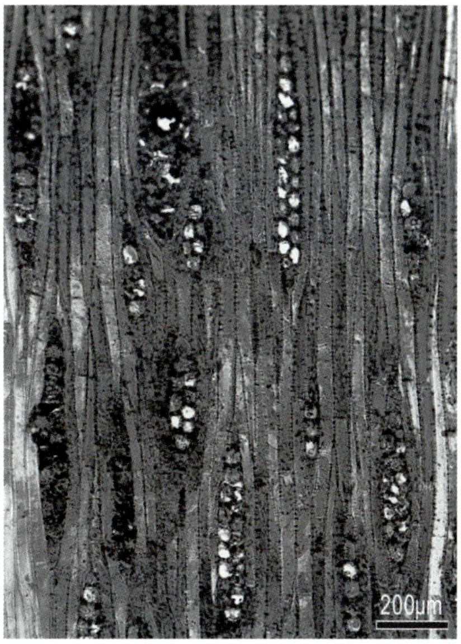

弦切面

微观鉴别要点

单管孔及短径列复管孔（2～3个），管孔团偶见。管间纹孔式互列，单穿孔，导管—射线间纹孔式大圆形。轴向薄壁组织主为轮界状、星散—聚合及离管带状。木射线非叠生，单列射线数少，多列射线宽2～3细胞，射线组织异形III型。径向胞间道位于射线中部。

木材主要性质

结构略粗，气干密度0.64～0.88g/cm³。强度中，不耐腐。干燥稍慢，略有变色。加工困难，刨切容易，切面光滑。握钉力强。

木材主要用途

地板、室内装饰、护墙板、百叶窗、隔墙板、胶合板等。

盾籽木 *Aspidosperma* spp.

夹竹桃科 Apocynaceae

属　　名　盾籽木属 *Aspidosperma* Mart. & Zucc.

常见树种　白盾籽木 *A. album* R. Ben., 大果盾籽木 *A. megalocarpon* Muell. Arg., 红盾籽木 *A. peroba* Fr. All., 破斧盾籽木 *A. quebracho-blanco* Schl.

国外名称

Araracanga, Shibadan, Paloba rose

主要产地

热带南美洲及中美洲，巴西、阿根廷及西印度群岛。

以盾籽木 *Aspidosperma* sp.为例，描述如下

宏观鉴别要点

散孔材。心材新切面为玫瑰红色，带紫色或褐色条纹。管孔放大镜下略见；数略多，略小。轴向薄壁组织放大镜下未见。木射线放大镜下可见；略密，甚窄。

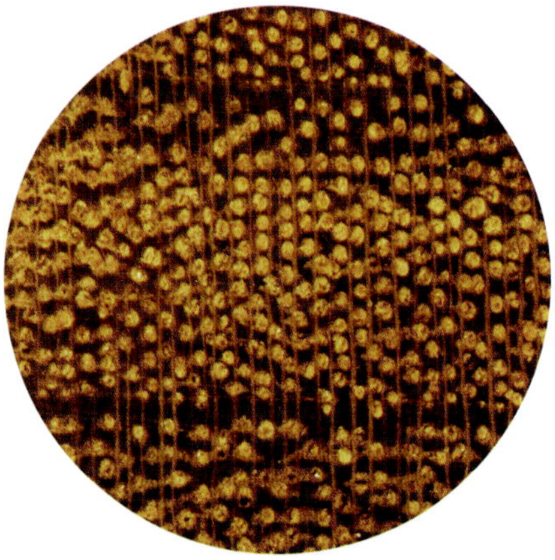

横断面12.5倍

实木照片

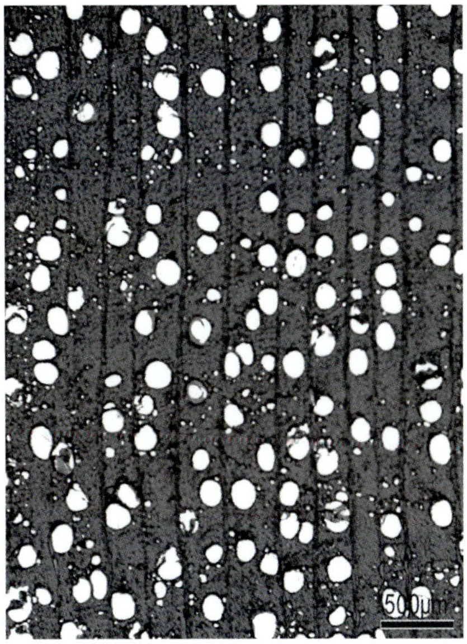

横切面

径切面

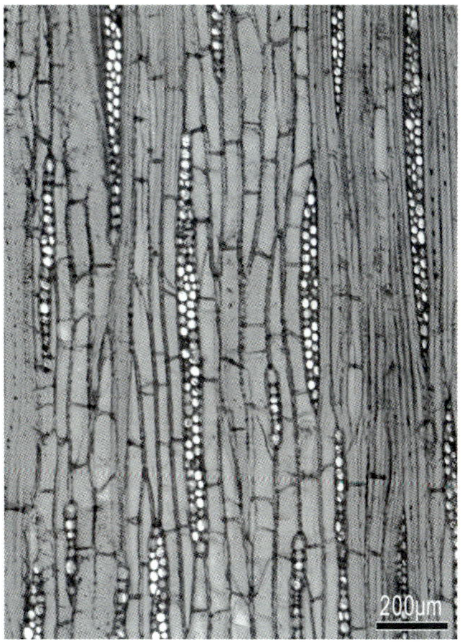

弦切面

微观鉴别要点

主为单管孔，少数径列复管孔（2～3个）；管间纹孔式互列，系附物纹孔；单穿孔，导管与射线间纹孔式类似管间纹孔式。轴向薄壁组织为星散状及星散—聚合。纤维管胞径、弦面具缘纹孔明显。木射线非叠生。单列射线较少，多列射线宽2细胞；射线组织同形单列及多列，部分异形Ⅱ型。

木材主要性质

结构甚细，均匀。气干密度0.70～0.90g/cm³。强度高，略耐腐。干燥应谨慎处置，防止开裂和变形。加工容易，切面光滑，染色、抛光和胶合性能良好。

木材主要用途

地板、家具、细木工、造船材、单板与胶合板、车工制品、车辆材、工具柄。

桦　木 *Betula* spp.

桦木科 Betulaceae

属　　名　桦木属 *Betula* L.

常见树种　红桦 *B. albo-sinensis* Burk., 西南桦 *B. alnoides* Buch. -Ham. ex D. Don, 硕桦 *B. costata* Trautv., 黑桦 *B. dahurica* Pall., 白桦 *B. platyphylla* Suk.

国外名称

Birch, China-paper birch, Asian white birch, Alder birch, Ribbed birch

主要产地

亚洲、欧洲和北美洲。我国分布于东北、西北、西南至中南。

以桦木 *Betula* sp.为例，描述如下

宏观鉴别要点

散孔材，木材黄白至黄褐色，心边材区别不明显。管孔放大镜下可见，多，略小。轴向薄壁组织放大镜下可见，轮界状。木射线放大镜下可见，密而窄。径切面上射线斑纹略明显。

横断面12.5倍

实木照片

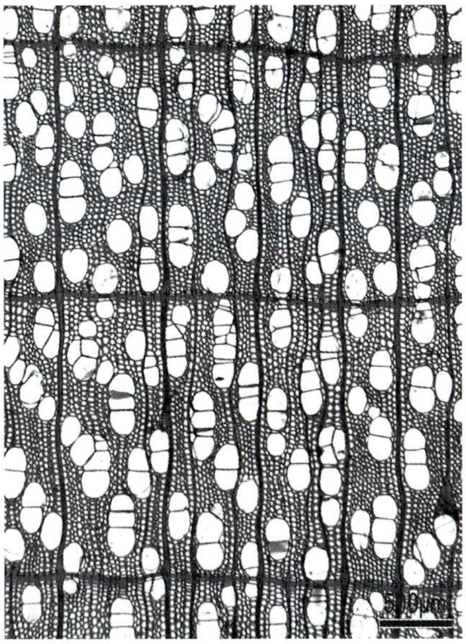

横切面

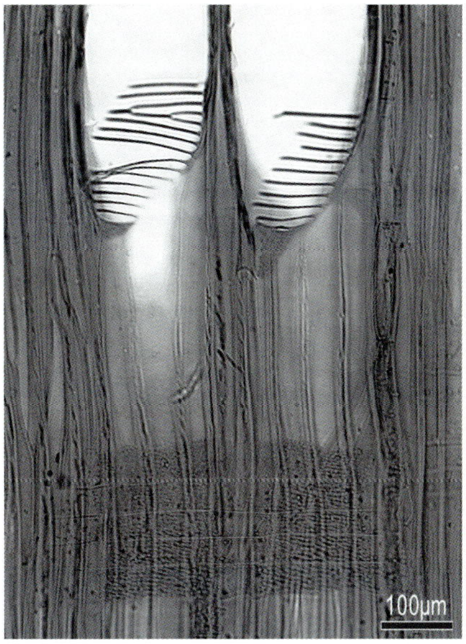

径切面

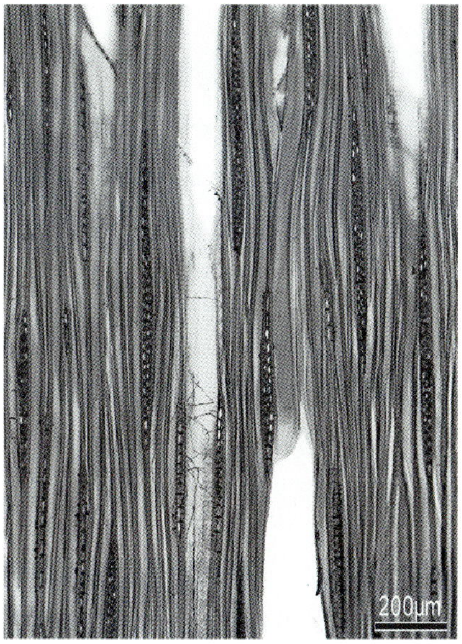

弦切面

微观鉴别要点

单管孔及短径列复管孔（2～4个）。导管间纹孔式互列，纹孔小，导管与射线间纹孔式对列或对列—互列；复穿孔梯状。轴向薄壁组织轮界状或星散状。木射线非叠生。单列射线较少，多列宽2～4细胞，射线组织同形单列及多列，稀异形Ⅲ型。

木材主要性质

结构甚细至细，均匀。气干密度0.55～0.75g/cm³。强度低至中，不耐腐。干燥较快，不开裂和翘曲。加工容易，切面光滑，油漆和胶合性能优良，握钉力强。

木材主要用途

地板、家具、室内装修、单板与胶合板、文具、箱盒、车旋材等。

羽叶楸 *Sterospermum tetragonum*

紫葳科 Bignoniaceae

属　　名　羽叶楸属 *Sterospermum* Cham.

常见树种　羽叶楸 *S. tetragonum* (Wall.) DC.

国外名称

Padretree

主要产地

主产印度、马来西亚，分布热带亚洲和非洲。我国产云南、广西及台湾。

以羽叶楸 *S. tetragonum* (Wall.) DC.为例，描述如下

宏观鉴别要点

散孔材。木材灰褐至暗灰褐色，心边材区别不明显。生长轮不明显或略明显。管孔少至略少；具白色沉积物。轴向薄壁组织傍管带状及轮界状。木射线少至中；极细至略细。

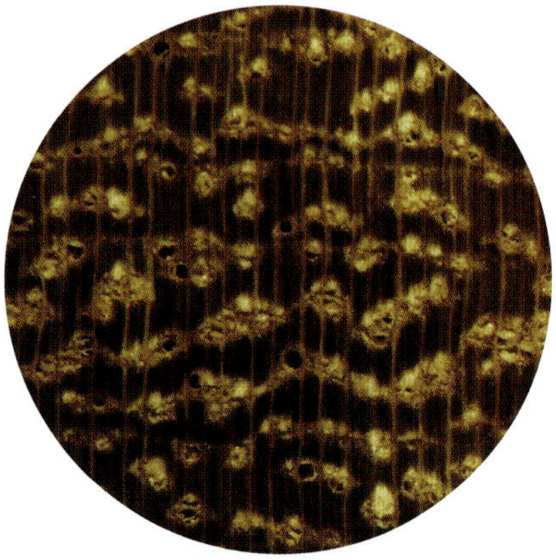

横断面12.5倍

实木照片

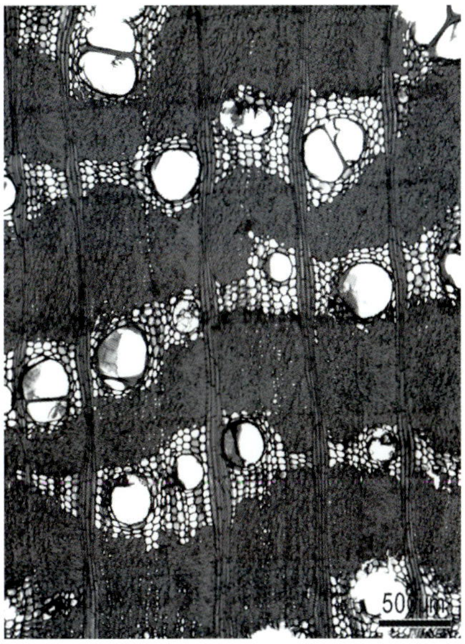

横切面

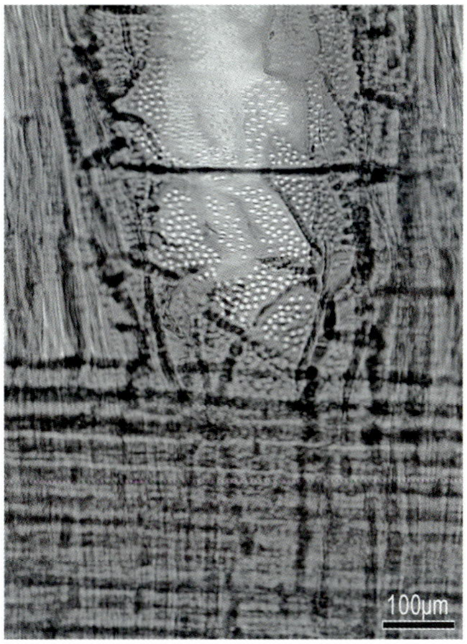

径切面

弦切面

微观鉴别要点

单管孔及少数径列复管孔；斜列、弦列或呈波浪形。管间纹孔式互列，单穿孔，导管与射线间纹孔式类似管间纹孔式。轴向薄壁组织傍管带状及轮界状，翼状及聚翼状；硅石常见。木射线非叠生；单列射线少；多列射线2～5细胞，射线组织同形单列与多列；硅石和柱状晶体丰富。

木材主要性质

结构中至略粗。气干密度0.80g/cm³。强度中至高，耐腐。干燥困难，速度宜减慢，略有开裂。加工极其困难，易伤刀具。胶合性能优良，握钉力强。

木材主要用途

地板、房屋建筑、家具、室内装修、枕木等。

重蚁木 *Tabebuia* spp.

紫葳科 Bignoniaceae

属　　名　蚁木属 *Tabebuia* Gomes ex DC.

常见树种　中美洲蚁木 *T. guayacan* Hemsl., 斑疹蚁木 *T. impetiginosa*（Mart. ex DC.）Standl., 南美蚁木 *T. ipe* Standl., 齿叶蚁木 *T. serratifolia* Nichols.

国外名称

Ipe, Lapacho, Tabebuia, Hakis, Guaycan, Ebene verte, Lapacho negro

主要产地

中美洲和南美洲。

以重蚁木 *Tabebuia* sp.为例，描述如下

宏观鉴别要点

散孔材。心材浅褐色，带橄榄色，并具深色条纹，与边材区分不明显。生长轮略明显。管孔放大镜下明显，常含黄绿色沉淀物。轴向薄壁组织放大镜下明显，环管状、翼状及弦向带状。木射线放大镜下可见；略密，窄。波痕明显。

横断面12.5倍

实木照片

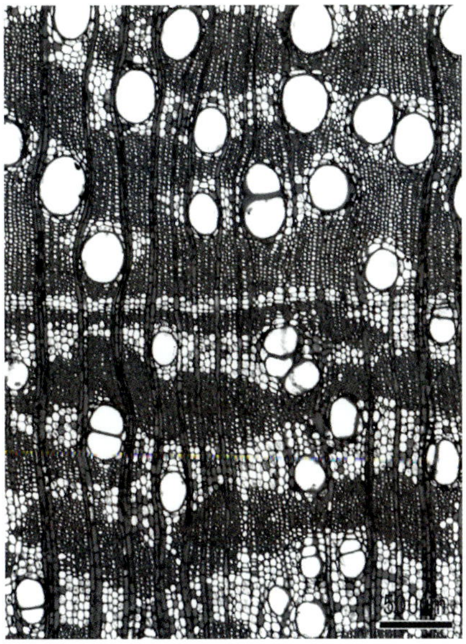

横切面

径切面

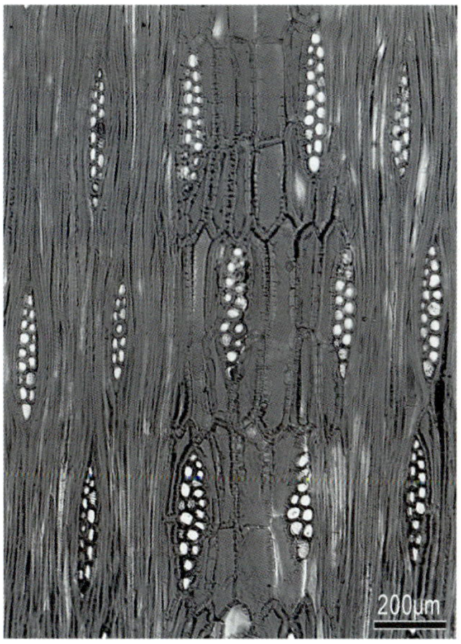

弦切面

微观鉴别要点

主为单管孔及径列复管孔（多为2个）。管间纹孔式互列，单穿孔，导管与射线间纹孔式类似管间纹孔式。轴向薄壁组织环管束状、翼状及带状；木纤维壁甚厚。木射线叠生。单列射线少，多列射线以双列细胞为主。射线组织同形单列及多列。

木材主要性质

结构细至略粗。气干密度大于0.90g/cm³。强度高，较耐腐。干燥容易，速度宜减慢，略有开裂。加工较困难，易伤刀具。染色和抛光性能优良。钉钉需先打孔。

木材主要用途

地板、房屋建筑、家具、坑木、枕木、造船材、桩柱、车辆材、农具等。

缅茄木 *Afzelia* spp.

苏木科 Caesalpiniaceae

属　　名　缅茄属 *Afzelia* Smith

常见树种　木果缅茄 *A. xylocarpa* Craib, 非洲缅茄 *A. africana* Smith, 喀麦隆缅茄 *A. bipindensis* Harms, 安哥拉缅茄 *A. quanzensis* Welw.

国外名称

Doussie, Azodau, Afzelia, Apa, Lingue, Chanfut

主要产地

亚洲、非洲热带地区。

以木果缅茄 *A. xylocarpa* Craib为例，描述如下

宏观鉴别要点

散孔材。心材红褐色，与边材区分明显。管孔肉眼下可见，放大镜下明显；斜列；数少，大小中等。轴向薄壁组织放大镜下明显，为翼状、聚翼状、轮界状。木射线放大镜下可见；中至略密；窄。

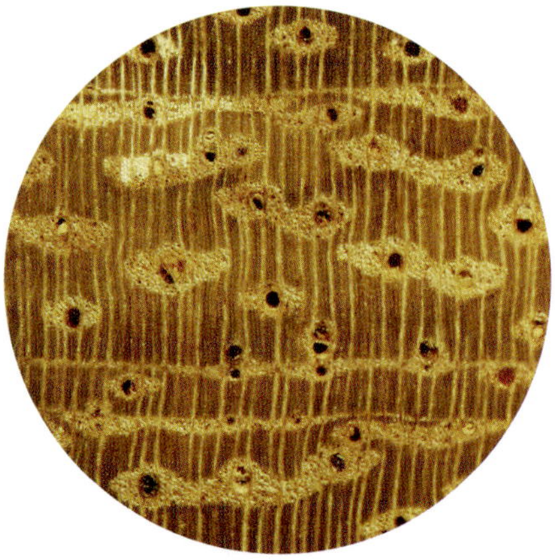

横断面12.5倍

实木照片

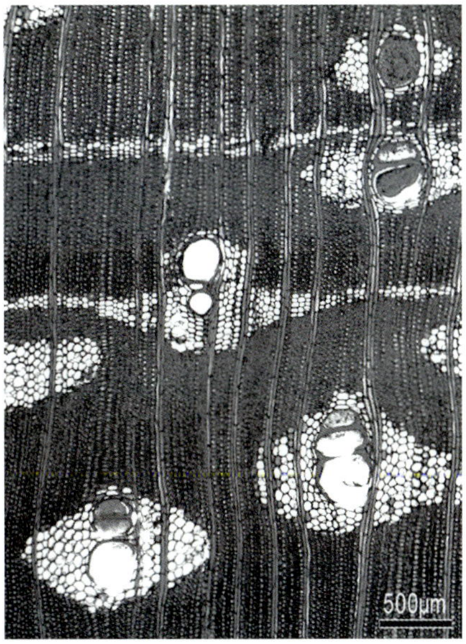

横切面

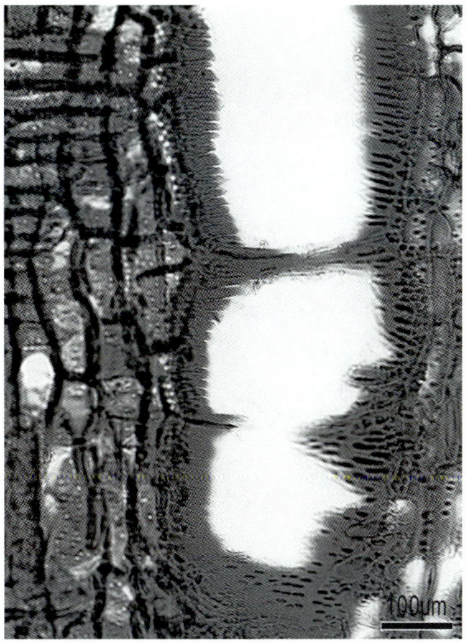

径切面

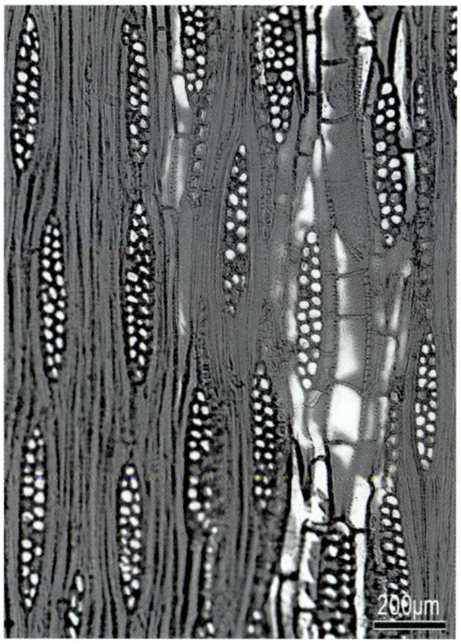

弦切面

微观鉴别要点

主要为单管孔，少数径列复管孔（多为2个）。管间纹孔式互列，系附物纹孔，单穿孔；导管与射线间纹孔式类似管间纹孔式。轴向薄壁组织翼状、聚翼状及轮界状；具分室含晶细胞。木射线局部叠生。单列射线少；多列射线宽2～3细胞；射线组织同形单列及多列。

木材主要性质

结构略粗，气干密度0.80g/cm³。强度高，耐腐。干燥性能良好。加工容易，切面光滑。胶合和抛光性能良好。

木材主要用途

地板、室内装修、门、窗、家具、农具、工具柄、细木工等。

铁苏木 *Apuleia* spp.

苏木科 Caesalpiniaceae

属　　名　铁苏木属 *Apuleia* Mart.

常见树种　光果铁苏木 *A. leiocarpa* Macbride, 铁苏木 *A. molaris* Spruce ex Benth.

国外名称

Garapa, Pau mulato

主要产地

巴西、阿根廷等南美洲地区。

以光果铁苏木 *A. leiocarpa* Macbride为例，描述如下

宏观鉴别要点

散孔材。心材黄褐色，与边材区分明显；边材近白色；窄。生长轮不明显。管孔肉眼下略见，放大镜下明显；数少，大小中等。轴向薄壁组织放大镜下明显，为翼状及聚翼状。木射线放大镜下明显；略密；略宽。

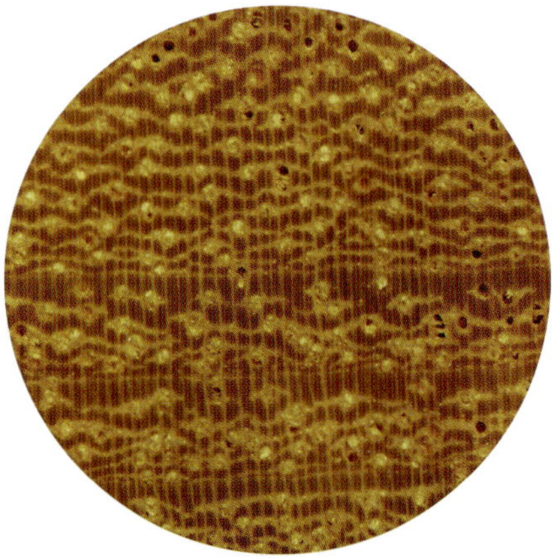

横断面12.5倍

实木照片

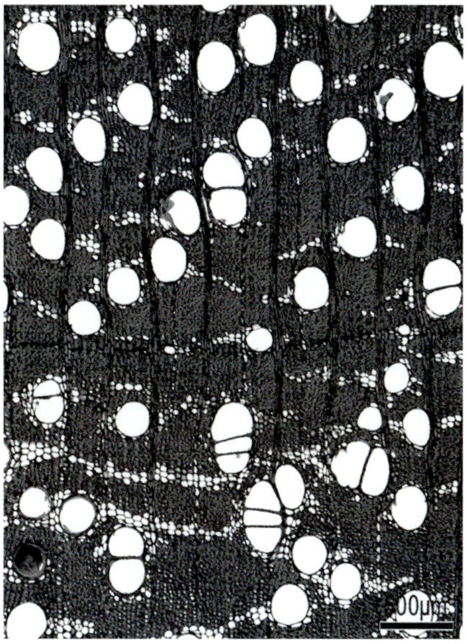

横切面

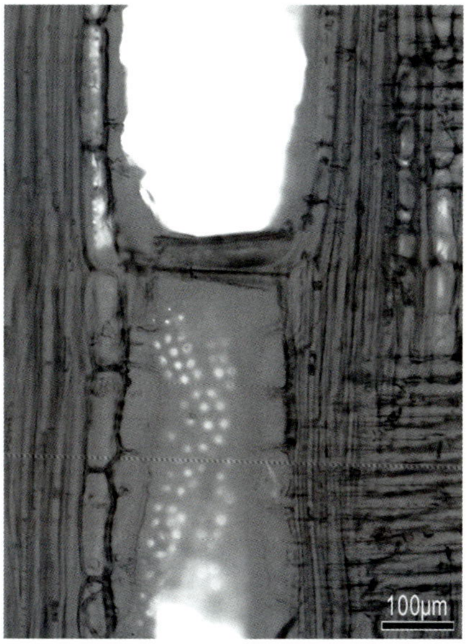

径切面

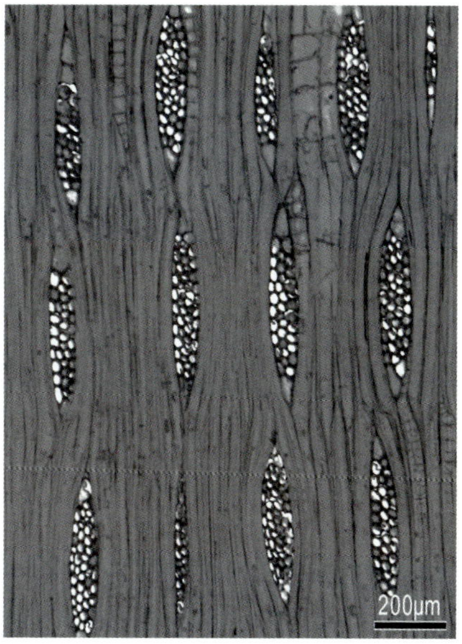

弦切面

微观鉴别要点

主为单管孔，少数径列复管孔（2～4个）。管间纹孔式互列，系附物纹孔，单穿孔；导管与射线间纹孔式类似管间纹孔式。轴向薄壁组织疏环管状、轮界状、翼状、聚翼状；分室含晶细胞普遍；薄壁细胞含硅石，叠生。木纤维壁甚厚，叠生。木射线叠生。单列射线少，多列射线宽2～5细胞；射线组织异形Ⅲ型，稀Ⅱ型。

木材主要性质

结构细，气干密度0.83g/cm³。强度高，耐腐。加工容易，切面光滑。

木材主要用途

地板、家具、建筑、枕木、矿柱、电杆、造船材、独木舟等。

鞋　木 *Berlinia* spp.

苏木科 Caesalpiniaceae

属　　名　鞋木属 *Berlinia* Soland. ex Hook. f. et Benth.

常见树种　鞋木 *B. confusa* Hoyle，尖叶鞋木 *B. acuminata* Soland.，多苞鞋木 *B. bracteosa* Benth.,大花鞋木 *B. grandiflora* Hutch & Dalz.

国外名称

Ekopbeli, Beli, Zebreli, Mpossa, Smanta

主要产地

热带西非。

以鞋木 *B. confusa* Hoyle为例，描述如下

宏观鉴别要点

散孔材。心材红褐色，与边材区分明显；边材灰至灰褐色；生长轮不明显或略明显。管孔肉眼下略见，放大镜下明显；散生，数少，略大。轴向薄壁组织肉眼可见，放大镜下明显；翼状，少数聚翼状及轮界状。木射线放大镜下可见；略密；甚窄。

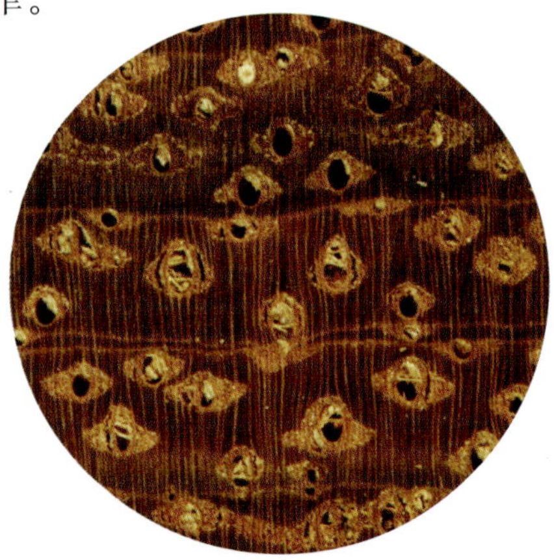

横断面12.5倍

实木照片

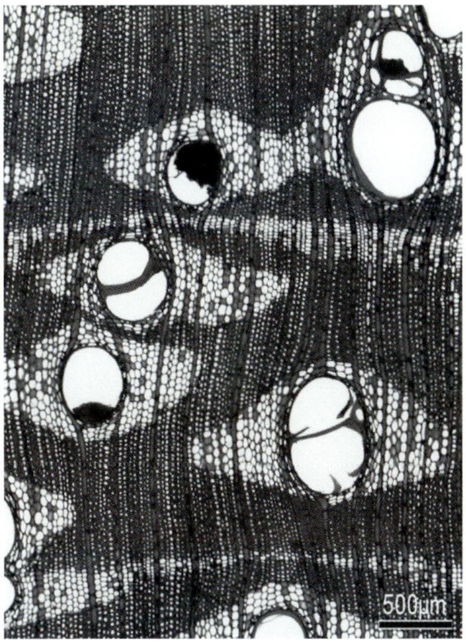

横切面

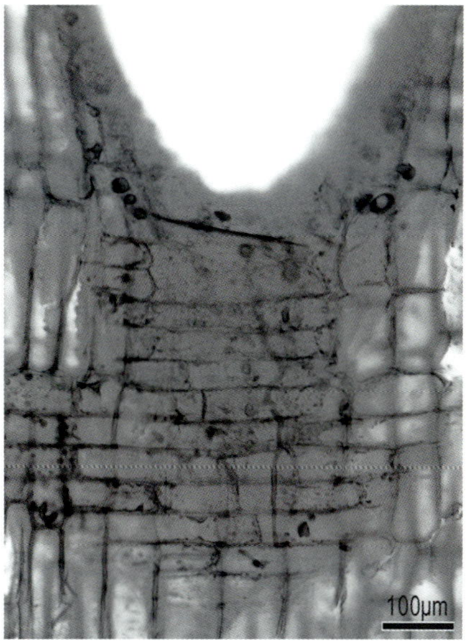

径切面

弦切面

微观鉴别要点

单管孔，少数径列复管孔。管间纹孔式互列，单穿孔，导管—射线间纹孔式类似管间纹孔式。轴向薄壁组织丰富，翼状、聚翼状及轮界状；具分室含晶细胞。木射线非叠生，主为单列射线，高1～14细胞，偶见2列射线。射线组织为同形单列及多列，少数异形Ⅲ型。

木材主要性质

结构中，略均匀，气干密度0.72g/cm^3。强度高，略耐腐，抗白蚁。干燥慢，几乎无降等。加工较易，旋、刨切性能好，砂光、胶粘性能亦佳。耐候性好。

木材主要用途

地板、建筑、室内装修、车辆、造船、家具、微薄木、车工制品等。

短盖豆 *Brachystegia* spp.

苏木科 Caesalpiniaceae

属　　名　短盖豆属 *Brachystegia* Benth.

常见树种　短盖豆 *B. cynometroides* Harms, 粗毛短盖豆 *B. eurycoma* Harms, 利昂短盖豆 *B. leonensis* Hutch. et Burtt Davy, 尼日利亚短盖豆 *B. nigerica* Hoyle et A. P. D. Jones

国外名称

Naga, Bogdei, Ekop naga, Meblo, Mendou, Okwen, Tebako

主要产地

西非至中非地区。

以短盖豆 *B. cynometroides* Harms为例，描述如下

宏观鉴别要点

散孔材。心材红褐色，具深浅相间带状条纹。管孔肉眼下略见，数少，大小中等。轴向薄壁组织放大镜下呈翼状及轮界状。木射线放大镜下明显。

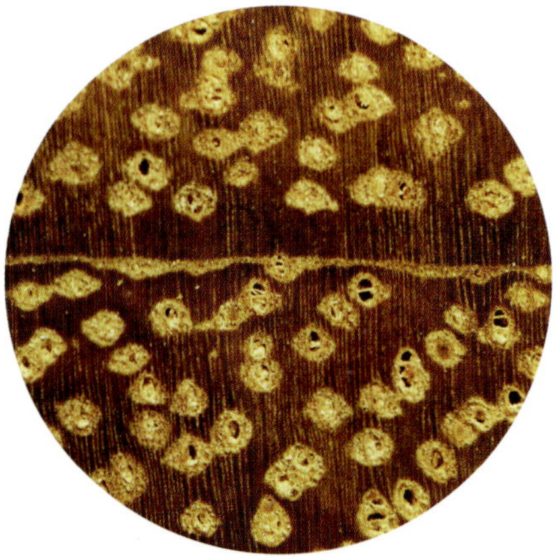

横断面12.5倍

实木照片

横切面

径切面

弦切面

微观鉴别要点

单管孔及径列复管孔。管间纹孔式互列，系附物纹孔，单穿孔，导管与射线间纹孔式类似管间纹孔式。轴向薄壁组织疏环管束状、轮界状、翼状及聚翼状；分室含晶细胞普遍。木射线叠生或局部叠生。单列射线多，多列宽2列，射线组织为同形单列或异形单列。

木材主要性质

结构细而匀，气干密度0.60～0.80g/cm³。强度中等，耐腐性中等。干燥速度宜慢，应谨慎处置，防止开裂和翘曲。加工较易，切面光滑。胶合性能良好。

木材主要用途

地板、室内装修、护墙板、家具、装饰单板、胶合板、包装箱、雕刻等。

摘亚木 *Dialium* spp.

苏木科 Caesalpiniaceae

属　　名　摘亚木属 *Dialium* L.

常见树种　越南摘亚木 *D. cochinchinense* Pierre, 大摘亚木 *D. excelsum* Louis ex Steyaert., 印度摘亚木 *D. indum* L., 阔萼摘亚木 *D. platysepalun* Baker

国外名称

Dialium, Keranji, Nyamut, Eyoum, Mususu, Mpepete, Jutahy

主要产地

亚洲、热带西非、南美及中美洲。

以越南摘亚木 *D. cochinchinense* Pierre为例，描述如下

宏观鉴别要点

散孔材。心材红褐至深褐色，与边材区分明显；边材浅黄色；生长轮不明显。管孔肉眼下可见，数少，大小中等，内含白色沉积物。轴向薄壁组织肉眼下可见，带状，与木射线相交略呈网状。木射线放大镜下可见；中至略密；窄。波痕放大镜下明显。

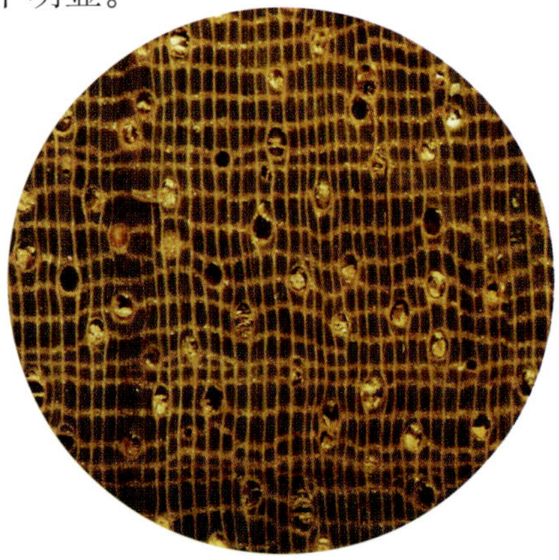

横断面12.5倍

实木照片

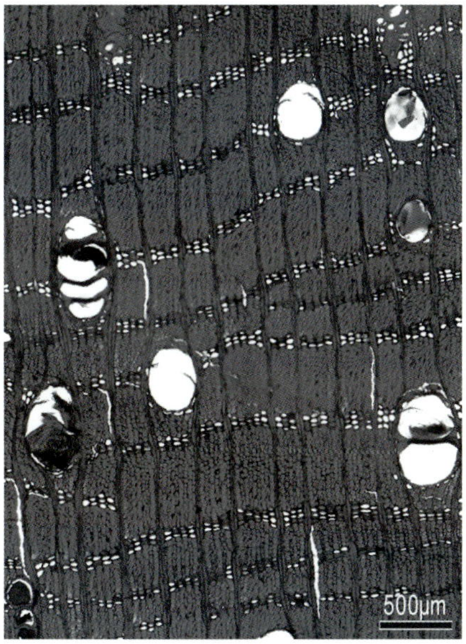

横切面

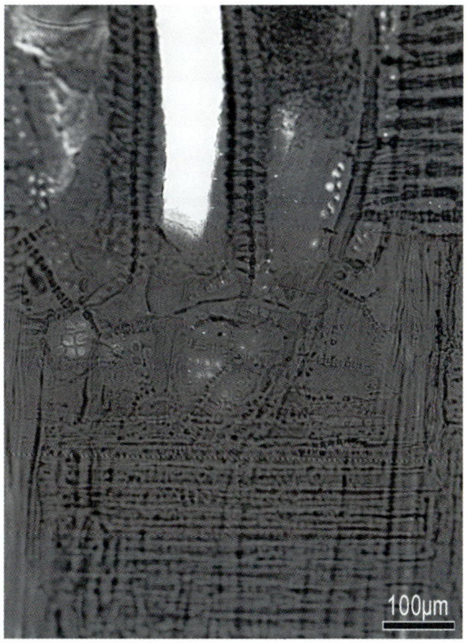

径切面

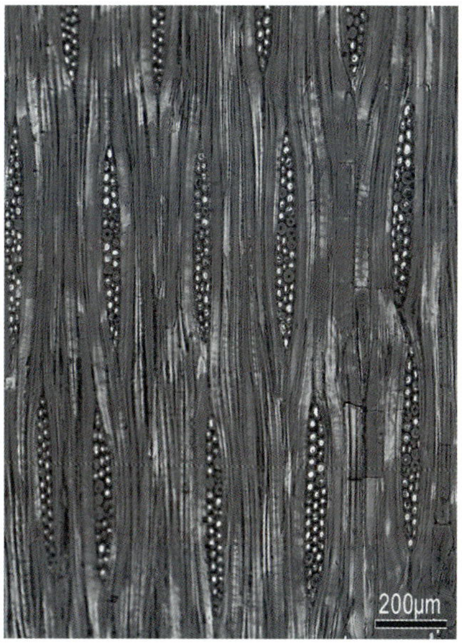

弦切面

微观鉴别要点

单管孔，少数径列复管孔（2～3个）。管间纹孔式互列；系附物纹孔；单穿孔；导管与射线间纹孔式类似管间纹孔式。轴向薄壁组织为带状（宽1～3细胞）；具分室含晶细胞。木射线叠生，单列射线较少，多列射线宽2～4细胞。射线组织为同形单列及多列。

木材主要性质

结构细而匀，气干密度0.80～1.00g/cm³。强度高，耐腐。干燥性能一般，少开裂和翘曲。加工较易，切面光滑。钉钉时需预先打孔。

木材主要用途

地板、房屋建筑、室内装修、家具、造船材、工具柄、矿柱、车旋材等。

双柱苏木 *Dicorynia* spp.

苏木科 Caesalpiniaceae

属　　名　双柱苏木属 *Dicorynia* Benth.

常见树种　双柱苏木 *D. guianensis* Amsh.

国外名称

Angelique, Basralocus, Angelica, Angelique gris

主要产地

苏里南、法属圭亚那、巴西等。

以双柱苏木 *D. guianensis* Amsh.为例，描述如下

宏观鉴别要点

散孔材。心材黄褐色至红褐色，与边材区分明显。生长轮不明显。管孔肉眼下可见，数少，略大。轴向薄壁组织肉眼下可见，环管状、翼状及带状。木射线放大镜下可见，略密；窄。波痕在肉眼下明显。

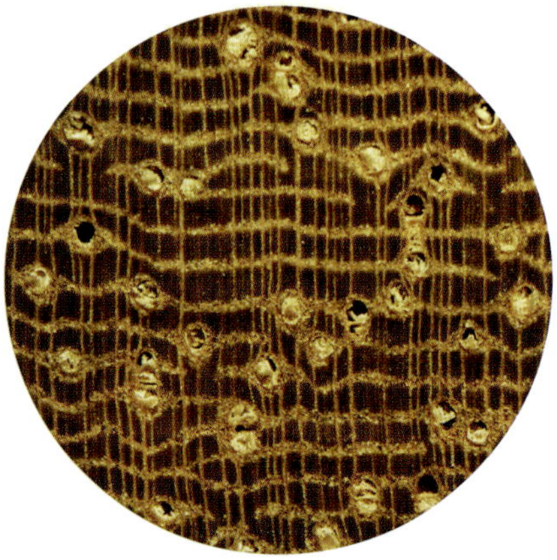

横断面12.5倍

实木照片

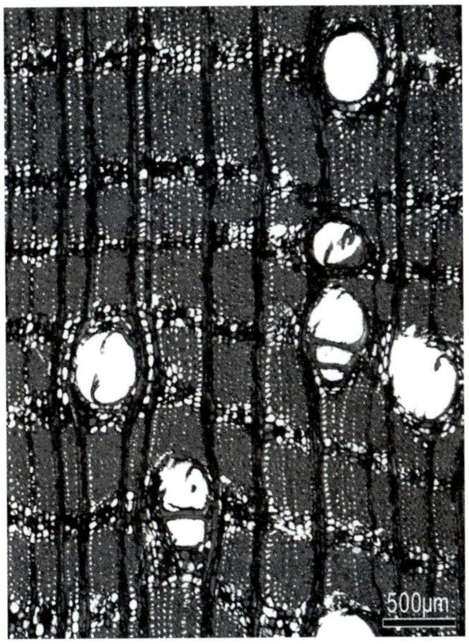

横切面

径切面

弦切面

微观鉴别要点

单管孔，少数径列复管孔（2～4个）；管间纹孔式互列，系附物纹孔；单穿孔；导管与射线间纹孔式类似管间纹孔式。轴向薄壁组织翼状、聚翼状及带状（2～4个细胞）。木射线叠生。单列射线少，多列射线宽2～3细胞；射线组织为异形Ⅱ型和Ⅲ型。直立或方形细胞具硅石。

木材主要性质

结构略粗，气干密度0.73～0.79g/cm^3。强度高，耐腐。干燥速度快，性能中等。加工较易，加工精度良好。胶合性能中等。钉钉略困难。

木材主要用途

地板、室内装修、家具、造船材、车辆材等。

格　木 *Erythrophleum* spp.

苏木科 Caesalpiniaceae

属　　名　格木属 *Erythrophleum* Afzel. ex G. Don

常见树种　非洲格木 *E. africanum* Harms, 丛花格木 *E. densiflorum* Merr., 格木 *E. fordii* Oliv., 象牙海岸格木 *E. ivorense* A. Chev.

国外名称

Tali, Missanda, Alu, Sasswood, Lim, Lin, Lim-xank

主要产地

非洲、东南亚等地。我国产西南、东南地区及台湾。

以非洲格木 *E. africanum* Harms为例，描述如下

宏观鉴别要点

散孔材。心材黄褐色，有时具深色条纹；与边材区别明显。管孔肉眼下可见，数少；略大，部分含树胶。轴向薄壁组织环管状、翼状、聚翼状。木射线放大镜下可见。

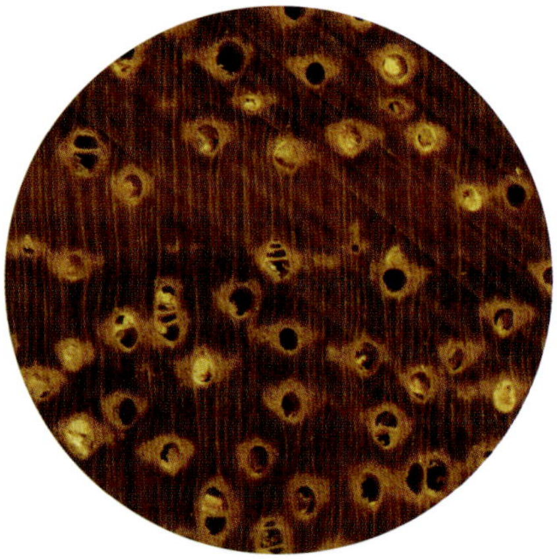

横断面12.5倍

实木照片

横切面

径切面

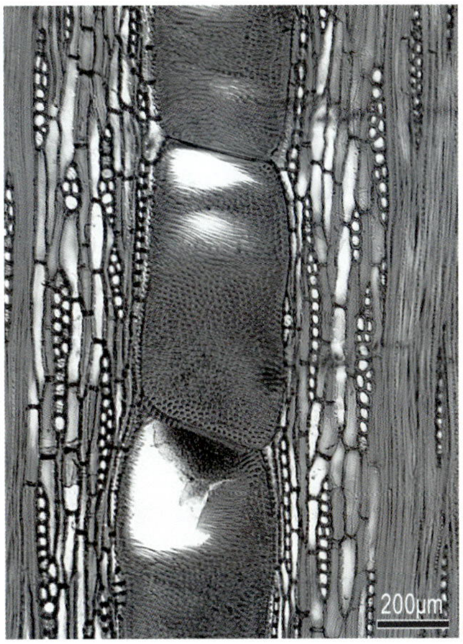

弦切面

微观鉴别要点

主为单管孔，少数径列复管孔。管间纹孔式互列，系附物纹孔，单穿孔，导管射线间纹孔式类似管间纹孔式。轴向薄壁组织翼状及聚翼状；具分室含晶细胞。木射线局部叠生或斜列。单列射线少，多列射线宽2细胞。射线组织同形单列及多列或同形多列。

木材主要性质

结构中等，气干密度0.90～1.10g/cm³。强度高，耐腐。干燥速度宜慢，略开裂和变形。加工困难，易钝刀具。车旋、胶合、抛光性能良好。

木材主要用途

地板、造船材、车辆材、枕木、工具柄等。

爱里古夷苏木 *Guibourtia ehie*

苏木科 Caesalpiniaceae

属　　名　古夷苏木属 *Guibourtia* Benn.

常见树种　爱里古夷苏木 *G. ehie* J. Leonard.

国外名称

Ovangkol, Amazakoue, Ehie, Hyedua, Hyeduanini, Anokye, Black hyedua

主要产地

热带美洲和非洲。

以爱里古夷苏木 *G. ehie* J. Leonard.为例，描述如下

宏观鉴别要点

散孔材。心材黄褐色至巧克力色，与边材区别明显，边材黄白色。生长轮略明显。管孔放大镜下明显。轴向薄壁组织放大镜下明显，轮界状及翼状。木射线放大镜下可见。

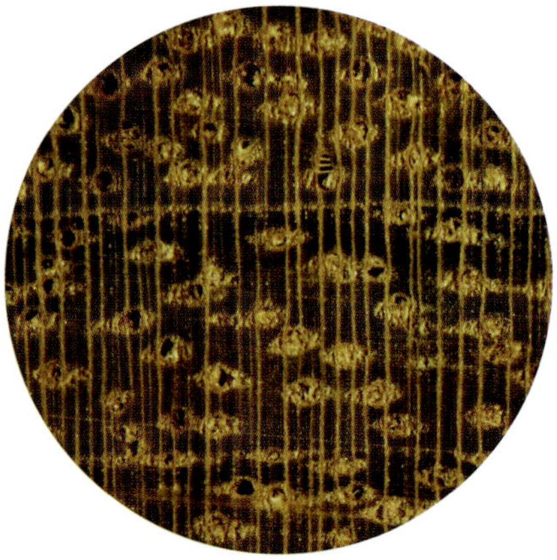

横断面12.5倍

实木照片

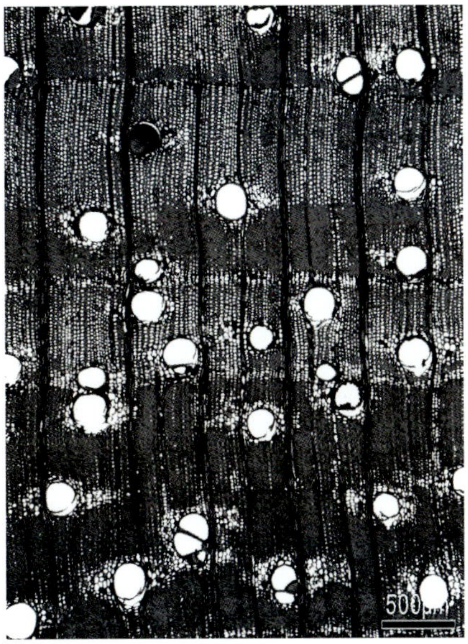

横切面

径切面

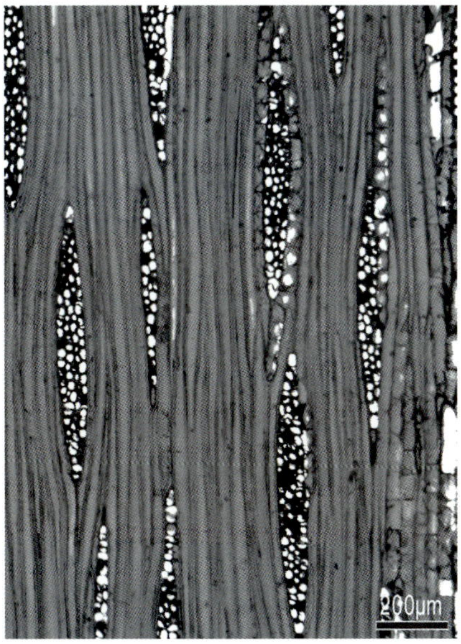

弦切面

微观鉴别要点

单管孔，少数径列复管孔。管间纹孔式互列，单穿孔，导管—射线间纹孔式似管间纹孔式。轴向薄壁组织为翼状、聚翼状及轮界状；具分室含晶细胞。木射线非叠生。单列射线少，高3～18细胞，多列射线宽2～5细胞；射线组织同形单列及多列。

木材主要性质

结构细而匀，气干密度0.83g/cm³。强度中至高，耐腐性中。干燥快，仅有轻微变形。加工容易，刨面光滑，油漆、胶粘性能良好。

木材主要用途

地板、家具、装饰单板、生活器具等。

古夷苏木 *Guibourtia* spp.

苏木科 Caesalpiniaceae

属　　名　古夷苏木属 *Guibourtia* Benn.

常见树种　特氏古夷苏木 *G. tessmannii* J. Leonard.，德米古夷苏木 *G. demeusei* J. Leonard., 佩莱古夷苏木 *G. pellegriniana* J. Leonard.

国外名称

Bubinga, Gabon kevazingo, Ebana, Oveng, Waka

主要产地

热带美洲和热带非洲。

以特氏古夷苏木 *G. tessmannii* J. Leonard.为例，描述如下

宏观鉴别要点

散孔材。心材红褐色，常具紫色条纹；与边材区别明显。生长轮略明显。管孔在放大镜下明显。轴向薄壁组织放大镜下明显，轮界状及翼状。木射线放大镜下可见。

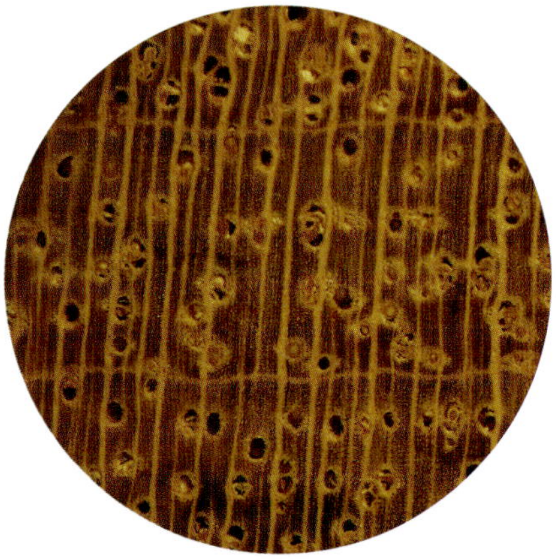

横断面12.5倍

实木照片

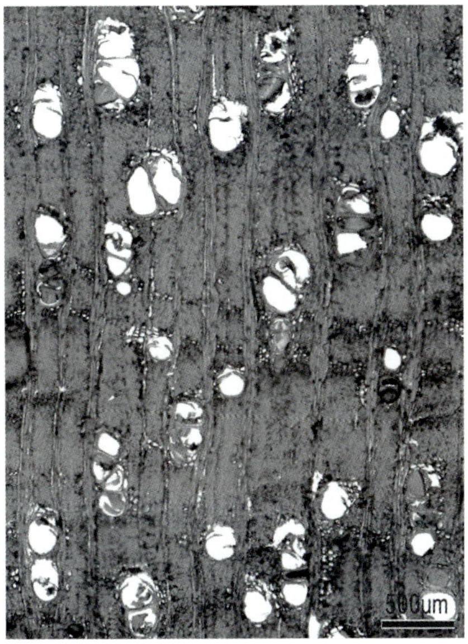

横切面

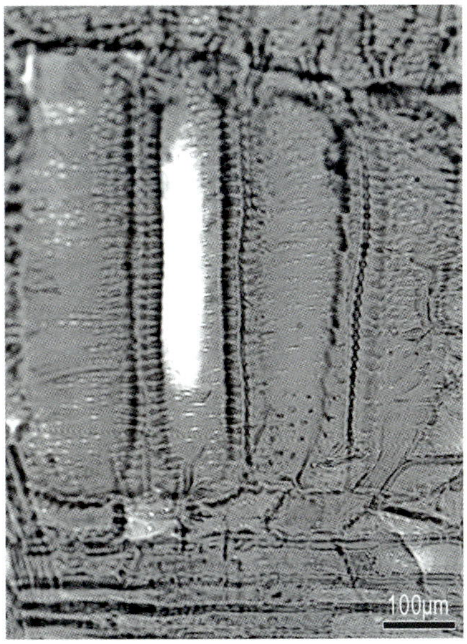

径切面

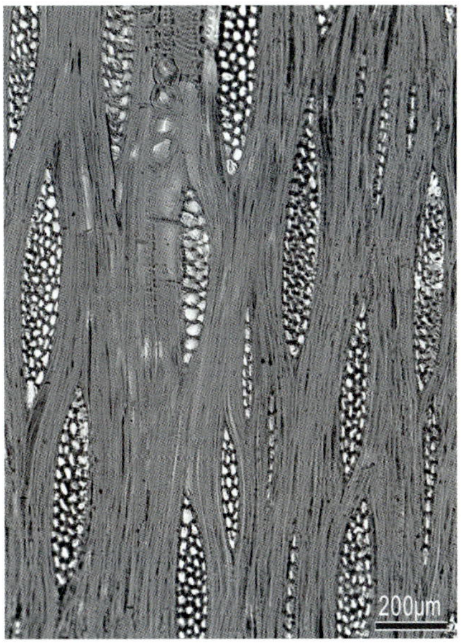

弦切面

微观鉴别要点

主为单管孔，少数径列复管孔。管间纹孔式互列，系附物纹孔，单穿孔，导管与射线间纹孔式类似管间纹孔式。轴向薄壁组织为疏环管状、翼状及轮界状；分室含晶细胞可见。木射线非叠生。单列射线很少；多列射线宽2～7细胞。射线组织同形单列及多列。

木材主要性质

结构细而匀，气干密度0.92g/cm³。强度高，耐腐。干燥速度快，无开裂和变形。加工容易，切面光滑。车旋、胶合、抛光性能良好。握钉力强。

木材主要用途

地板、家具、装饰单板、车辆材、枕木、工具柄、玩具等。

孪叶苏木 *Hymenaea* spp.

苏木科 Caesalpiniaceae

属　　名　孪叶苏木属 *Hymenaea* L.

常见树种　孪叶苏木 *H. courbaril* L., 戴氏孪叶苏木 *H. davisii* Sandwith, 剑叶孪叶苏木 *H. oblongifolia* Huber, 小叶孪叶苏木 *H. parvifolia*,

国外名称

Courbaril, Jatoba, Jutai, Jatai, Algarrobo, Locust, Locus, Azucar-huayo, Cuapinol

主要产地

中美洲、南美洲、加勒比及西印度群岛。

以孪叶苏木 *H. courbaril* L.为例，描述如下

宏观鉴别要点

散孔材。心材红褐色，常具紫色条纹；与边材区别明显。生长轮略明显。管孔在放大镜下明显；大小中等。轴向薄壁组织放大镜下明显。木射线放大镜下可见。

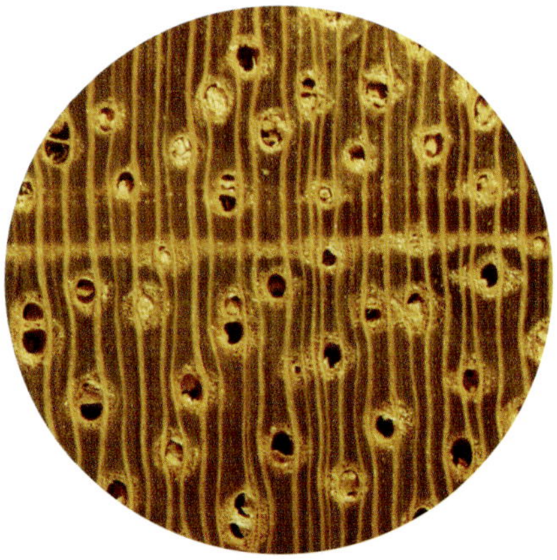

横断面12.5倍

实木照片

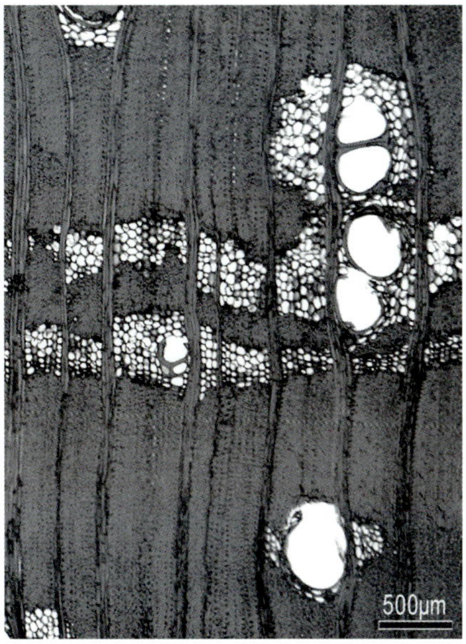

横切面

径切面

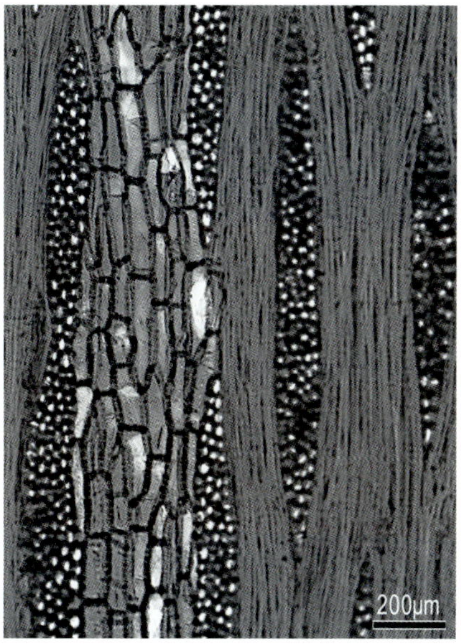

弦切面

微观鉴别要点

主为单管孔，少数径列复管孔。树胶及沉积物丰富。管间纹孔式互列，系附物纹孔，单穿孔，导管与射线间纹孔式类似管间纹孔式。轴向薄壁组织为疏环管状、翼状及轮界状；具分室含晶细胞。木射线非叠生，单列射线少；多列射线宽2～7细胞。射线组织同形单列及多列。

木材主要性质

结构略粗，气干密度0.88～0.96g/cm³。强度高，耐腐。干燥速度中至快，略开裂和变形。加工性能中等，切面光滑。车旋、胶合和油漆性能良好。耐磨性强。钉钉性能差。

木材主要用途

地板、家具、室内装修、细木工、车辆材、枕木、工具柄、雕刻等。

印茄木 *Intsia* spp.

苏木科 Caesalpiniaceae

属　　名　印茄属 *Intsia* Thouars

常见树种　帕利印茄 *I. palembanica* Miq., 印茄 *I. bijuga* O. Kuntze, 微凹印茄 *I. retusa* O. Kuntze

国外名称

Merbau, Mirabow, Ipil, Djumelai, Salumpho, Kwila, Gonuo, Komu

主要产地

东南亚，斐济、澳大利亚等。

以帕利印茄 *I. palembanica* Miq.为例，描述如下

宏观鉴别要点

散孔材。心材褐色至暗红褐色，与边材区别明显。生长轮明显。管孔肉眼下略明显；心材具黄色沉积物。轴向薄壁组织肉眼略见，翼状及轮界状。木射线放大镜下可见。

横断面12.5倍

实木照片

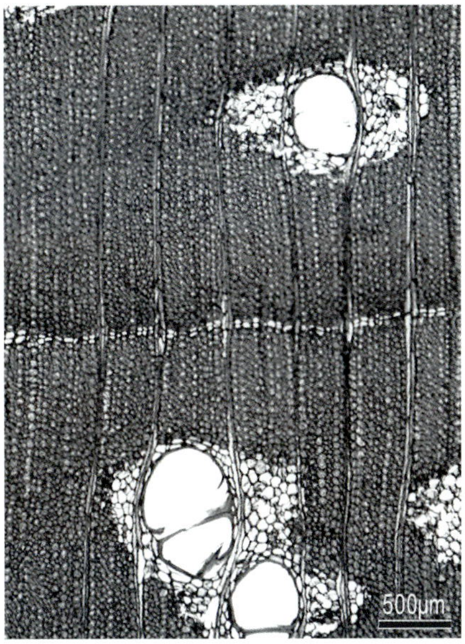

横切面

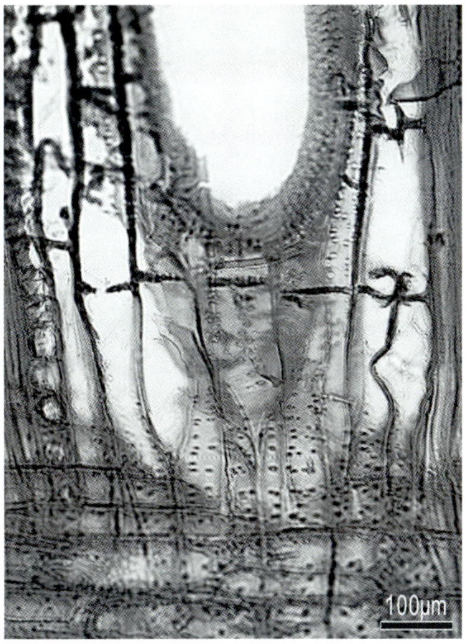

径切面

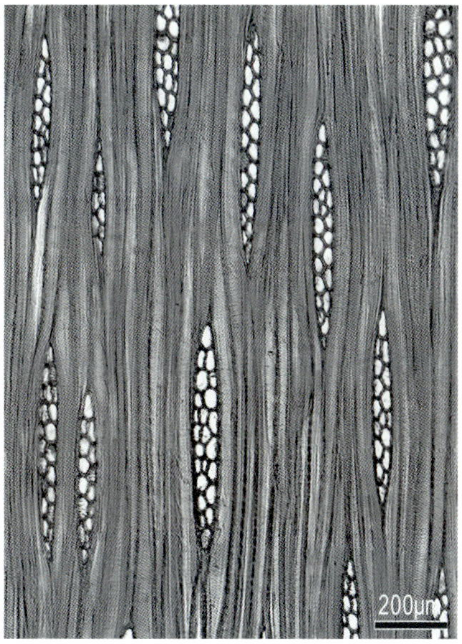

弦切面

微观鉴别要点

单管孔及径列复管孔。管间纹孔式互列，系附物纹孔，单穿孔，导管与射线间纹孔式类似管间纹孔式。轴向薄壁组织为翼状，少数聚翼状及轮界状；分室含晶细胞数多。木纤维壁薄至厚。木射线非叠生，局部呈规则排列。单列射线较少，多列射线宽2～3细胞，射线组织同形单列及多列。

木材主要性质

结构中等，气干密度0.80g/cm³。强度高，耐腐。干燥性能良好，速度宜慢，略开裂和变形。加工较困难。胶合、染色和油漆性能良好。钉钉易劈裂。

木材主要用途

地板、家具、造船、车辆、室内装修、工具柄等。

甘巴豆 *Koompassia* spp.

苏木科 Caesalpiniaceae

属　　名　甘巴豆属 *Koompassia* Maingay.

常见树种　甘巴豆 *K. malaccensis* Maing, 大甘巴豆 *K. excelsa* Taubert

国外名称

Kempas, Empas, Impas, Mengeris, Pah, Upil, Thong, Bueng

主要产地

马来西亚、印度尼西亚、文莱等。

以甘巴豆 *K. malaccensis* Maing为例，描述如下

宏观鉴别要点

散孔材。心材粉红至砖红色，久则转深呈橘红色，与边材区别明显。生长轮放大镜下略明显。管孔肉眼略明显。轴向薄壁组织肉眼明显；主为翼状，少数聚翼状和轮界状。木射线放大镜下可见。波痕肉眼下可见。

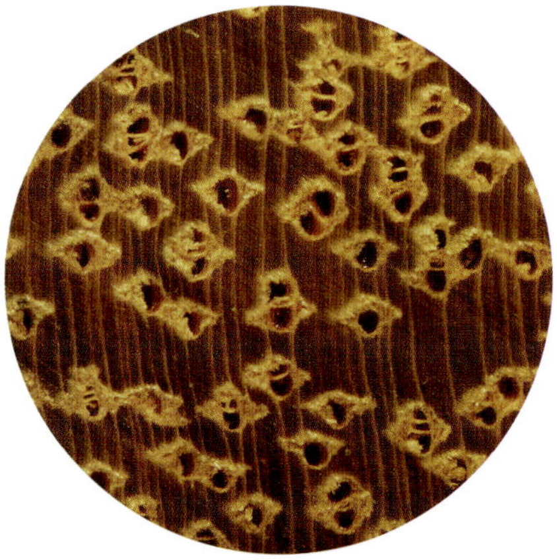

横断面12.5倍

实木照片

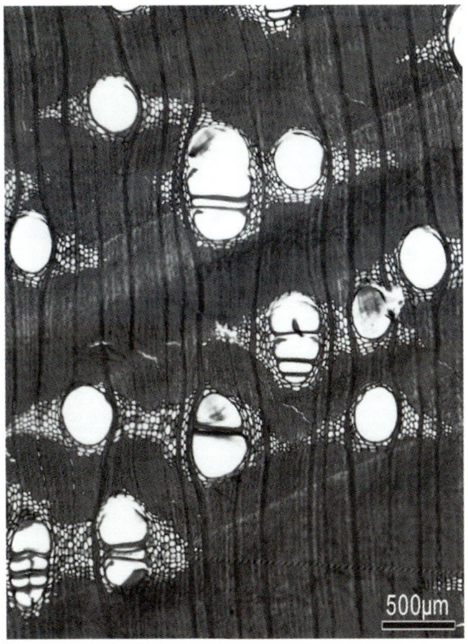

横切面

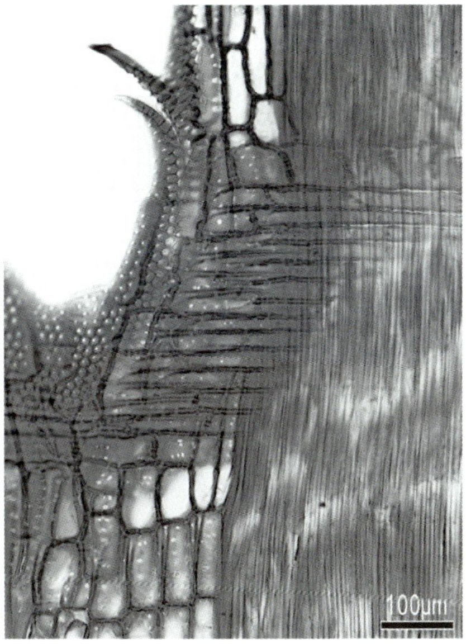

径切面

弦切面

微观鉴别要点

主为单管孔，少数径列复管孔。管间纹孔式互列，系附物纹孔，单穿孔，导管与射线间纹孔式类似管间纹孔式。轴向薄壁组织翼状、聚翼状、偶星散状及轮界状；分室含晶细胞常见。木射线叠生。单列射线较少，多列射线宽2～4细胞。射线组织异形Ⅲ型，稀Ⅱ型。

木材主要性质

结构粗，气干密度0.70～1.10g/cm³。强度高，耐腐或略耐腐。干燥速度稍快，略开裂和变形。加工较困难。抛光性和涂饰性能良好。钉钉需预先打孔。

木材主要用途

地板、造船、车辆、房屋建筑、枕木、农用机械、工具柄、拐杖等。

马蹄豆木 *Martiodendron* spp.

苏木科 Caesalpiniaceae

属　　名　马蹄豆木属 *Martiodendron* Gleason

常见树种　小花马蹄豆木 *M. parviflorum* (Amshoff) R. C. Koeppen

国外名称

Martiodendron

主要产地

苏里南等。

以小花马蹄豆木 *M. parviflorum* (Amshoff) R. C. Koeppen为例，描述如下

宏观鉴别要点

散孔材。心材红褐色、橘红及玫瑰棕色，与边材区分明显。管孔肉眼下可见，数少，略大，树胶丰富。轴向薄壁组织丰富，聚翼状、带状。弦切面有黄色鸡翅状花纹。木射线放大镜下可见；密度中等；窄。波痕可见。

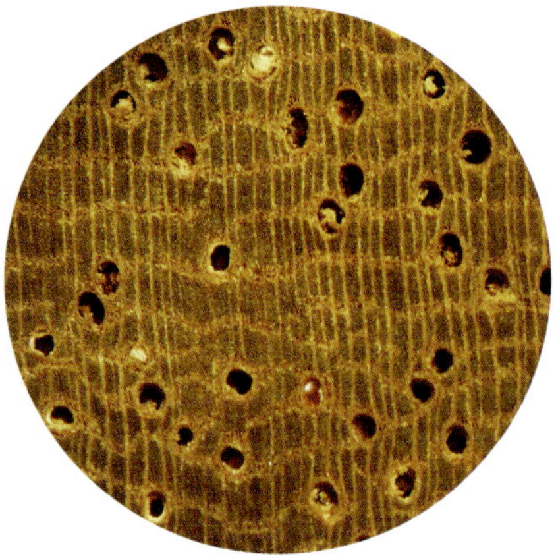

横断面12.5倍

实木照片

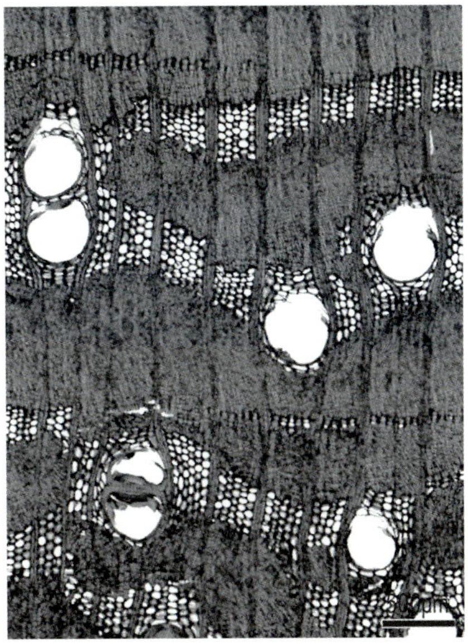

横切面

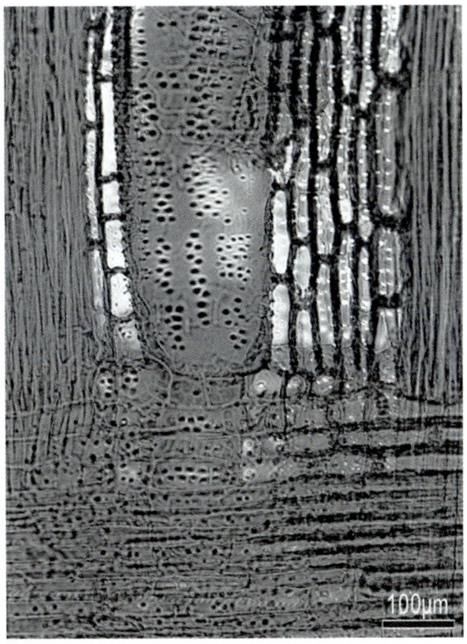

径切面

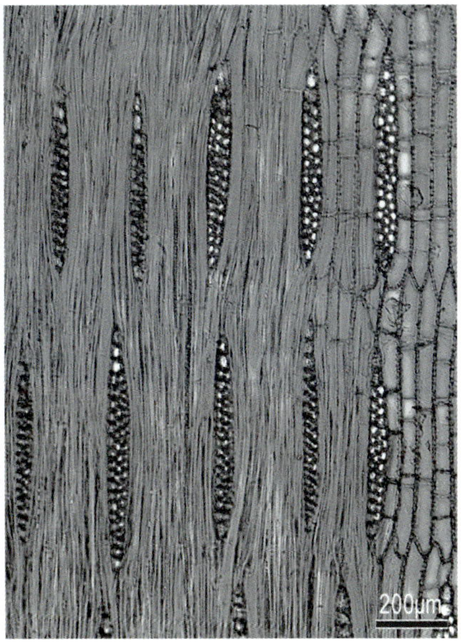

弦切面

微观鉴别要点

单管孔，少数径列复管孔。管间纹孔式互列，系附物纹孔，单穿孔，导管与射线间纹孔式类似管间纹孔式。轴向薄壁组织翼状、聚翼状及带状（宽4～7细胞）。木射线叠生。多列射线宽2～4细胞；射线组织为同形多列。

木材主要性质

结构中而匀，气干密度0.91g/cm³。强度中等，耐腐性中等至好。干燥较容易，速度中等，无降等。加工较易，切面光滑。胶合与抛光性能良好。握钉力强。

木材主要用途

地板、楼梯扶手、装修单板、室内外装修、细木工、建筑等。

鳕苏木 *Mora* spp.

苏木科 Caesalpiniaceae

属　　名 鳕苏木属 *Mora* Schomb. ex Benth.

常见树种 大鳕苏木 *M. excelsa* Benth., 圭亚那鳕苏木 *M. gonggrijpii* (Kleinhoonte) Sandwith, 巴西鳕苏木 *M. paraensis* (Ducke) Ducke

国外名称

Mora, Pracuuba, Pracuuba-branca, Nato, Morabukea, Alcornoque, Parakwai

主要产地

热带南美洲及西印度群岛。

以大鳕苏木 *M. excelsa* Benth.为例，描述如下

宏观鉴别要点

散孔材。心材红褐色、深红色，具深浅相间条纹。管孔放大镜下明显；数少；略大，部分含沉积物。轴向薄壁组织放大镜下明显；为翼状及轮界状。木射线放大镜下可见。

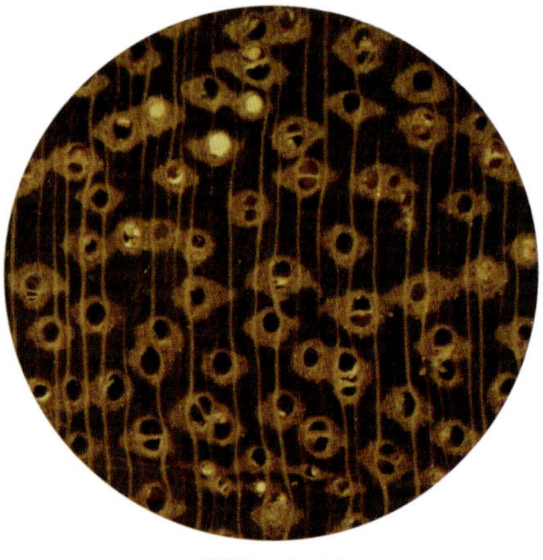

横断面12.5倍

实木照片

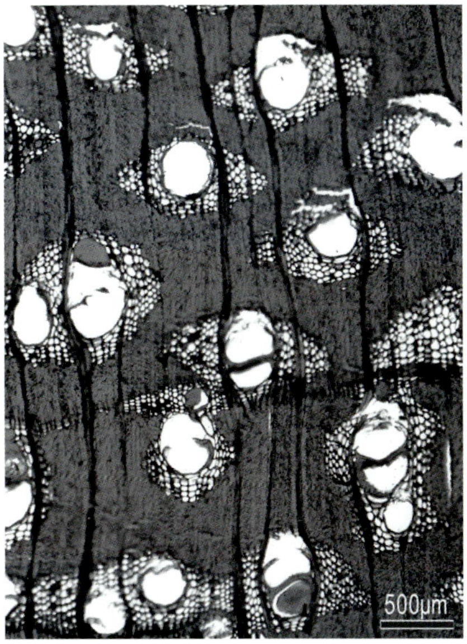

横切面

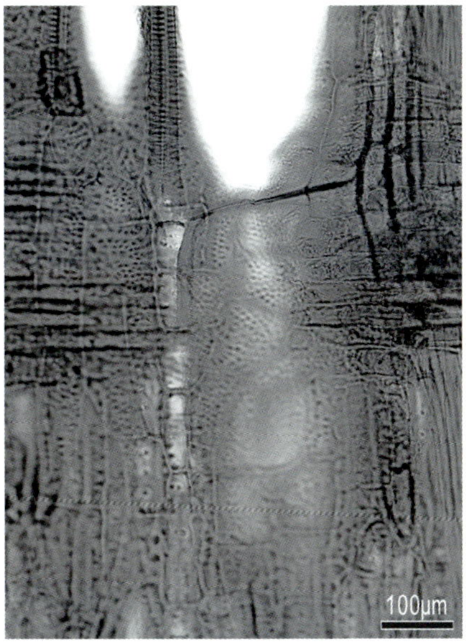

径切面

弦切面

微观鉴别要点

主为单管孔，少数径列复管孔。管间纹孔式互列，系附物纹孔，单穿孔，导管与射线间纹孔式类似管间纹孔式。轴向薄壁组织翼状、聚翼状及轮界状；分室含晶细胞普遍。木射线非叠生。单列射线少；多列射线宽2细胞（稀3）。射线组织同形单列及多列，稀异形Ⅲ型。射线细胞具硅石。

木材主要性质

结构略粗，气干密度0.90～1.10g/cm³。强度高，耐腐性中等。干燥速度宜慢，以减轻开裂和变形。加工略困难，但性能良好。车旋与抛光性能良好。握钉力强。

木材主要用途

地板、家具、建筑、细木工、造船材、车辆材、枕木、工具柄、车旋制品等。

赛鞋木豆 *Paraberlinia bifoliolata*

苏木科 Caesalpiniaceae

属　　名　赛鞋木豆属 *Paraberlinia* Pellegr.

常见树种　赛鞋木豆 *P. bifoliolata* Pellegr.

国外名称

Awoura, Ekopbeli, Beli, Zebreli

主要产地

热带西非。

以赛鞋木豆 *P. bifoliolata* Pellegr.为例，描述如下

宏观鉴别要点

散孔材。心材黄褐色至暗褐色，具深浅带状条纹，与边材区分明显；边材色浅。生长轮略明显。管孔肉眼下略见，放大镜下明显，数少，略大。轴向薄壁组织放大镜下明显，翼状、聚翼状及轮界状。木射线放大镜下可见，略密，甚窄。

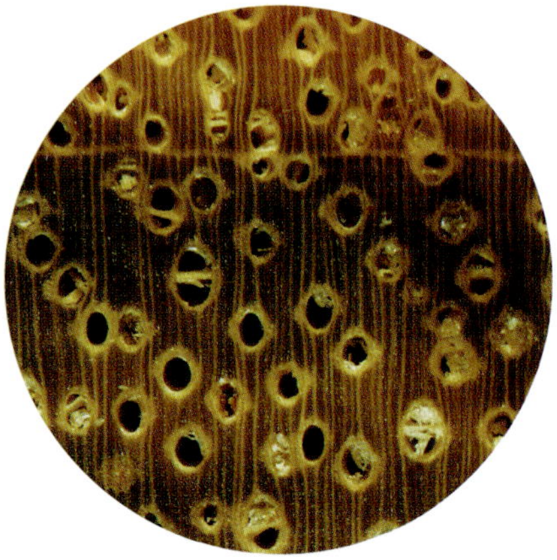

横断面12.5倍

实木照片

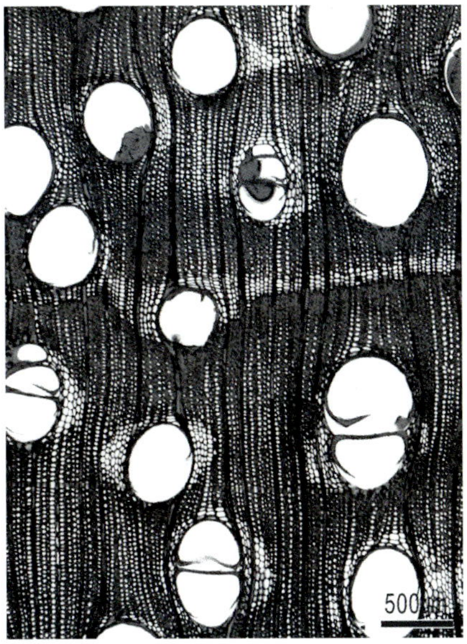

横切面

径切面

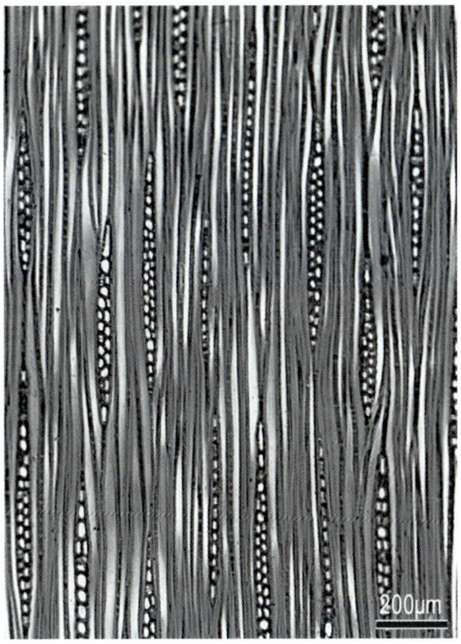

弦切面

微观鉴别要点

主为单管孔，少数径列复管孔。管间纹孔式互列，单穿孔，导管—射线间纹孔式类似管间纹孔式。轴向薄壁组织丰富，翼状、聚翼状及轮界状，分室含晶细胞普遍。木射线非叠生，单列射线及双列射线多，射线组织同形单列及多列，少数异形Ⅲ型。

木材主要性质

结构细而匀，气干密度0.77g/cm³。强度高，耐腐性中等，能抗干木害虫危害。干燥良好，速度慢至中。加工较易，刨面光滑，油漆、胶粘性能良好。

木材主要用途

地板、房屋建筑、家具、装饰单板、胶合板、造船、农具及化工用桶等。

紫心苏木 *Peltogyne* spp.

苏木科 Caesalpiniaceae

属　　名　紫心苏木属 *Peltogyne* Vogel.

常见树种　紫心苏木 *P. lecointei* Ducke, 巴西紫心苏木 *P. maranhensis* Ducke, 圆锥紫心苏木 *P. paniculata* Benth., 奇异紫心苏木 *P. paradoxa* Ducke, 毛紫心苏木 *P. pubescens* Benth., 具脉紫心苏木 *P. venosa* Benth.

国外名称

Amarante, Purpleheart, Morado, Pau roxo, Roxinho, Guarabu, Tananeo, Zapatero

主要产地

热带南美洲。

以紫心苏木 *P. lecointei* Ducke为例，描述如下

宏观鉴别要点

散孔材。心材暗红褐色或深紫色，与边材区分明显，边材浅粉到灰白。生长轮略明显。管孔肉眼可见，数少略大。轴向薄壁组织肉眼可见。木射线放大镜可见。

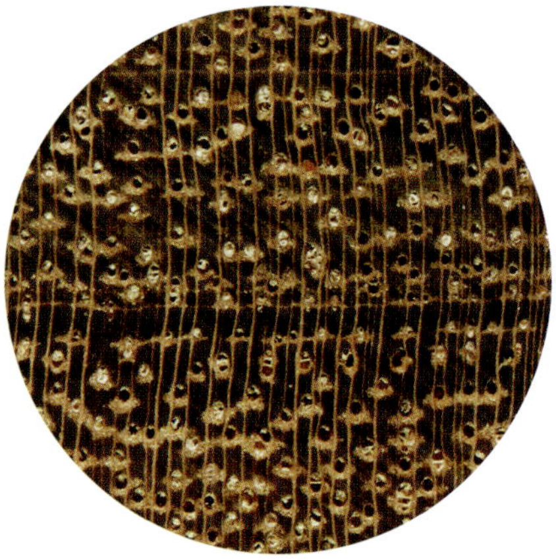

横断面12.5倍

实木照片

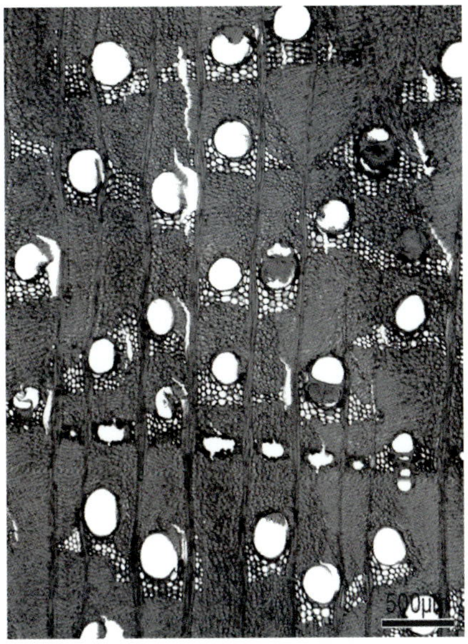

横切面

径切面

弦切面

微观鉴别要点

单管孔，少数径列复管孔。管间纹孔式互列，单穿孔，导管—射线间纹孔式类似管间纹孔式。轴向薄壁组织翼状（多单侧）、聚翼状、带状（不连续）及轮界状。木射线非叠生，多列射线（偶见单列）宽2～4细胞，射线组织同形多列；可见多个轴向创伤胞间道，排成弦线。

木材主要性质

结构细，略均匀，气干密度大于0.80g/cm³。强度高，耐腐，抗蚁、抗干木害虫能力强。干燥优良，无开裂变形。加工性能中等，胶粘性能良好。

木材主要用途

地板、家具、细木工、室内外装修、楼梯、刨切单板、造船、体育用品等。

翅雌豆木 *Pterogyne nitens*

苏木科 Caesalpiniaceae

属　　名　翅雌豆属 *Pterogyne* Tul.

常见树种　翅雌豆木 *P. nitens* Tul.

国外名称

Amendoim, Ajunau, Madeira nova, Jichituriqui colorado, Sirare, Tipilla

主要产地

巴西、阿根廷、巴拉圭、玻利维亚等地。

以翅雌豆木 *P. nitens* Tul.为例，描述如下

宏观鉴别要点

散孔材。心材褐色，与边材界限不明显，边材色浅。生长轮略明显，界以轮界薄壁组织带。管孔放大镜下明显，数少，略大。轴向薄壁组织环管状及轮界状。木射线放大镜下略明显，略密，窄。波痕肉眼下略明显。

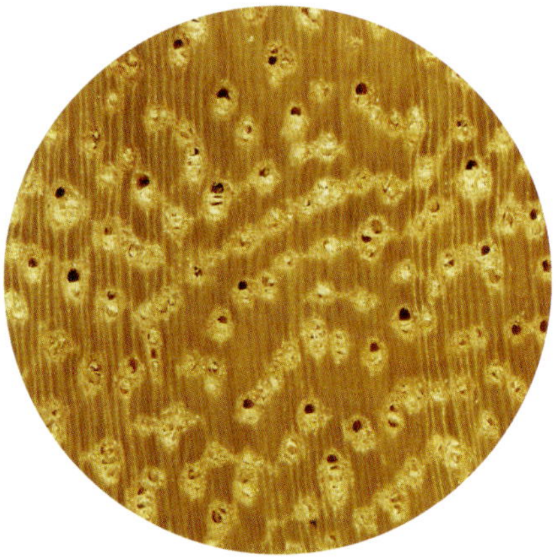

横断面12.5倍

实木照片

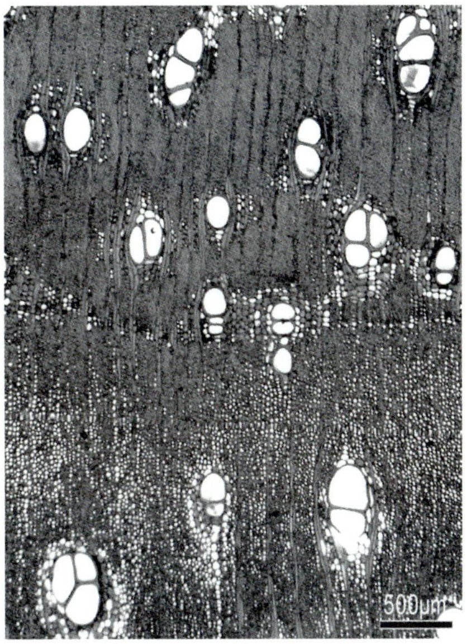

横切面

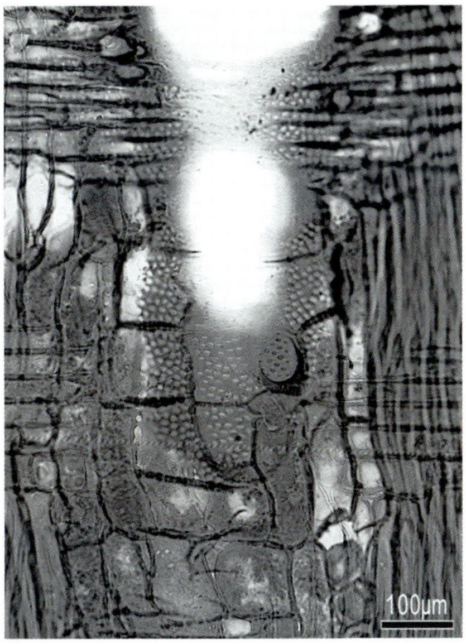

径切面

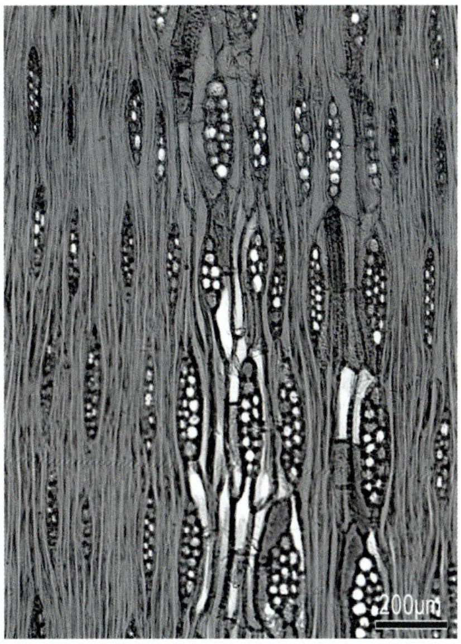

弦切面

微观鉴别要点

单管孔，少数径列复管孔（2～5个）。管间纹孔式互列，单穿孔，导管与射线间纹孔式类似管间纹孔式。轴向薄壁组织为环管束状、翼状、聚翼状及轮界状，具分室含晶细胞，叠生。木纤维壁厚至甚厚。木射线叠生，多列射线（偶见单列）宽2～3细胞；射线组织同形多列，稀异形。菱形晶体常见，多位于射线上下边缘或方形细胞中。

木材主要性质

结构细，均匀，气干密度0.77g/cm^3。强度中，耐腐性能中等。干缩率中等。

木材主要用途

地板、家具、室内装修、独木舟、化工用木桶等。

油　楠 *Sindora* spp.

苏木科 Caesalpiniaceae

属　　名　油楠属 *Sindora* Miq.

常见树种　交趾油楠 *S. cochinchinensis* Baill., 贝卡油楠 *S. beccariana* Burck, 革质油楠 *S. coriacea* Maing ex Prain, 东京油楠 *S. tonkinensis* A. Chew

国外名称

Sepetir, Petir, Tampa hantu, Sepetir lichin, Gummat, Sepetir beludu besar

主要产地

东南亚、热带非洲和中国广东、广西和海南等地。

以交趾油楠 *S. cochinchinensis* Baill.为例，描述如下

宏观鉴别要点

散孔材。心材褐色微带绿，边材色浅。生长轮略明显，界以轮界深色带。管孔放大镜下可见，略少。轴向薄壁组织放大镜下可见。木射线放大镜下可见，密度中。

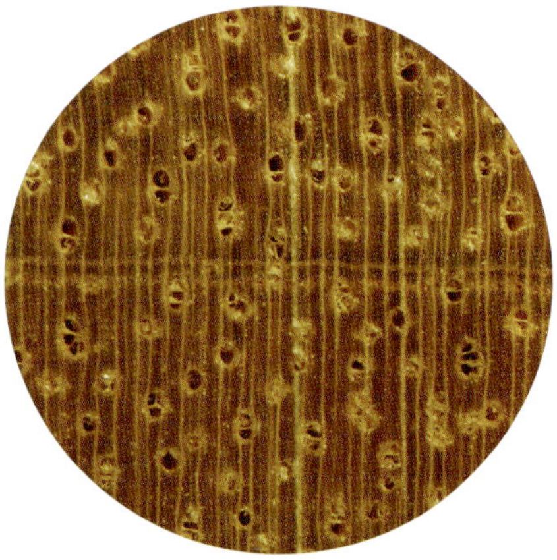

横断面12.5倍

实木照片

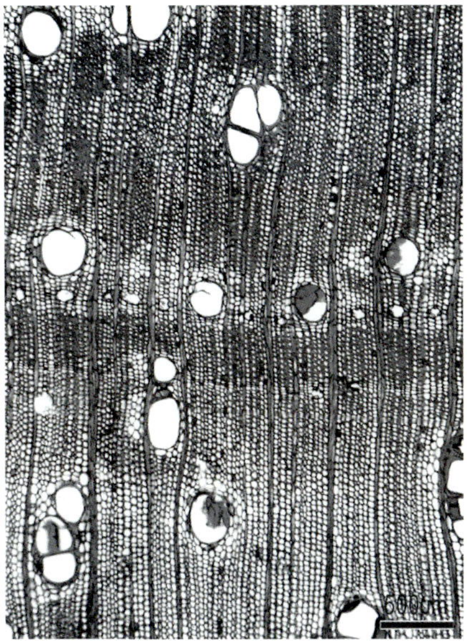

横切面

径切面

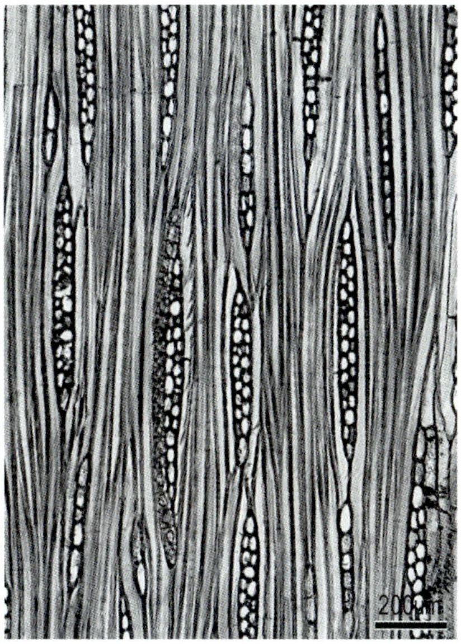

弦切面

微观鉴别要点

单管孔，少数径列复管孔。管间纹孔式互列，单穿孔，导管—射线间纹孔式类似管间纹孔式。轴向薄壁组织主为疏环管状、环管束状、翼状及轮界状；具分室含晶细胞。木射线非叠生，单列射线甚少，多列射线宽2细胞；异Ⅲ型，偶Ⅱ型。常具轴向胞间道排成长弦线。

木材主要性质

结构细，均匀，气干密度0.52～0.70g/cm³。强度高，冲击韧性中至高，耐腐。干燥慢，加工性能良好，油漆性能优良，胶粘性能中等。

木材主要用途

地板、家具、桥梁、枕木、造船、房屋建筑、木柱及工艺品等。

黄砂君子 *Buchenavia* spp.

使君子科 Combretaceae

属　　名　黄砂君子属 *Buchenavia* Eichl.

常见树种　大黄砂君子 *B. grandis* Ducke, 头状黄砂君子 *B. capitata* (Vahl.) Eichl.

国外名称

Yellow sanders, Granadillo, Tanibuca, Carara, Almendro

主要产地

南美洲和西印度群岛。

以大黄砂君子 *B. grandis* Ducke为例，描述如下

宏观鉴别要点

散孔材。心材浅黄褐色、金黄褐色，与边材区别不明显；边材色浅。生长轮略明显。管孔放大镜下可见，数少，略大。轴向薄壁组织放大镜下明显，翼状、聚翼状、带状和环管束状。木射线放大镜下可见，略密至密，甚窄。

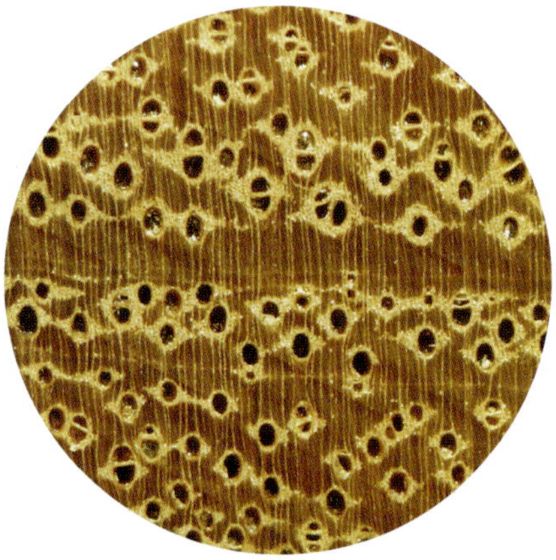

横断面12.5倍

实木照片

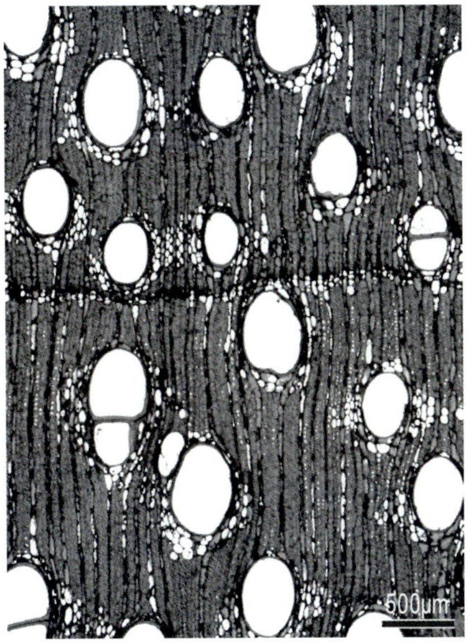

横切面

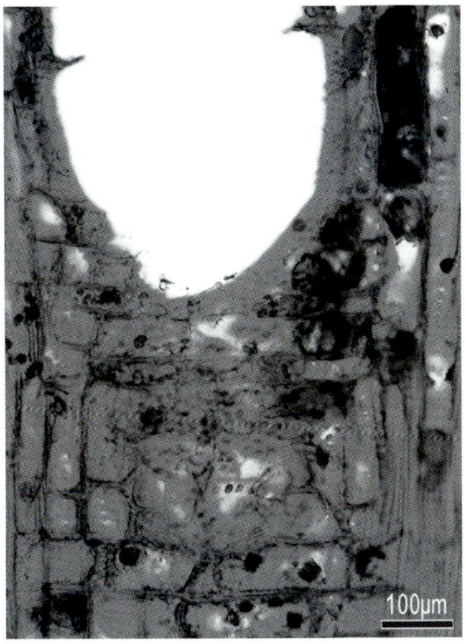

径切面

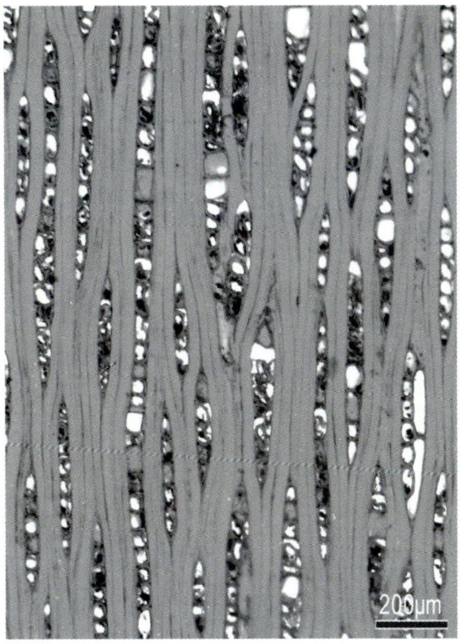

弦切面

微观鉴别要点

单管孔，少数径列复管孔（2～3个），具侵填体。管间纹孔式互列，系附物纹孔，单穿孔，导管—射线间纹孔式类似管间纹孔式。轴向薄壁组织翼状、聚翼状、环管束状及弦向带状（宽2～3细胞）。木射线非叠生，主为单列（偶见2列），射线组织同形单列。柱状和长方形晶体存在于略膨大的细胞中，似含晶异细胞。

木材主要性质

结构细而匀，气干密度0.88～0.94g/cm³。强度高，耐腐中，抗白蚁，不抗粉蠹虫。干燥迅速，轻度翘曲，严重表面硬化。加工困难，表面光滑。砂光、车旋和打眼性能均佳。

木材主要用途

地板、建筑、刨切单板、车旋材、工具柄等。

榄仁木 *Terminalia* spp.

使君子科 Combretaceae

属　　名　榄仁树属 *Terminalia* L.

常见树种　榄仁 *T. cattapa* L., 坦桑尼亚榄仁 *T. aemula* Diels, 蔻氏榄仁 *T. copelandii* Elm., 光亮榄仁 *T. nitens* Presl, 艳丽榄仁 *T. superba* Engl.et Diels, 毛榄仁树 *T. tomentosa* Wight & Arn

国外名称

Ketapang, Indian almond, Talisai

主要产地

非洲、亚洲南部和东南部、美洲及大洋洲。我国云南、四川、广东、广西、海南等地。

以榄仁 *T. cattapa* L.为例，描述如下

宏观鉴别要点

散孔材。心材变化大，从浅褐色带深色条纹到巧克力褐色，与边材区别明显；边材淡黄色。生长轮明显，界以轮界薄壁组织。管孔肉眼下略明显，散生，少，略大。轴向薄壁组织翼状、聚翼状及轮界状。木射线放大镜下可见，中至略密，甚窄。

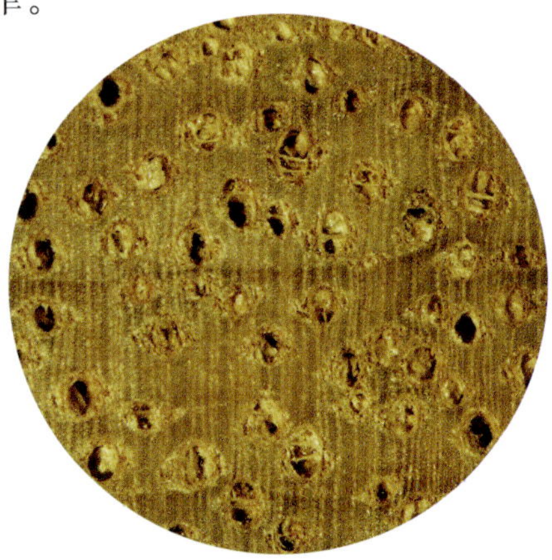

横断面12.5倍

实木照片

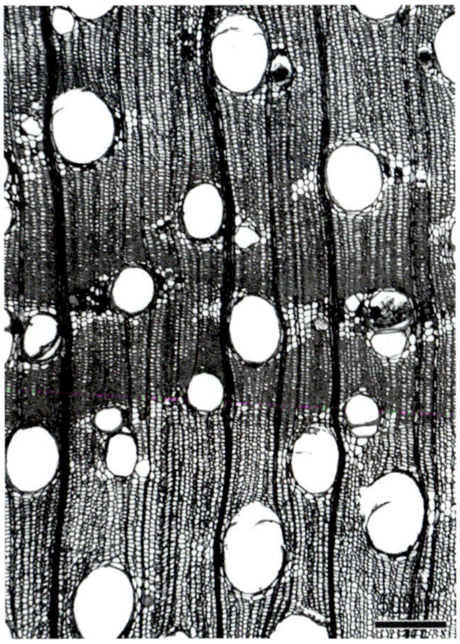

横切面

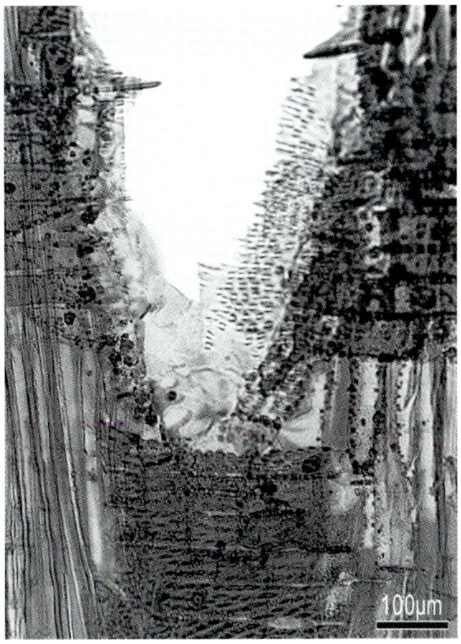

径切面

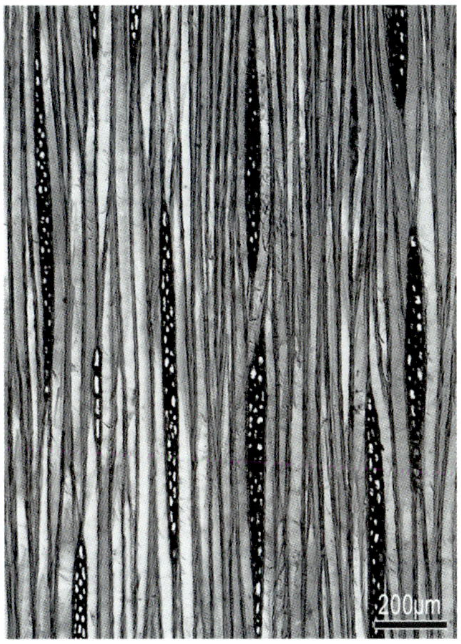

弦切面

微观鉴别要点

单管孔，少数径列复管孔（2～3个）。管间纹孔式互列，系附物纹孔；单穿孔，导管—射线间纹孔式似管间纹孔式。轴向薄壁组织翼状、聚翼状、带状（不规则，宽1～3细胞）、轮界状。木射线非叠生，单列或多列（2～4个细胞），射线组织同形单列及多列，偶见异形Ⅲ型。

木材主要性质

结构细，略均匀，气干密度0.62g/cm³。强度低至中，不耐腐，易遭白蚁和海生蛀虫危害。干燥不易掌握，有开裂倾向。加工容易，钉钉性能良好。

木材主要用途

地板、家具、室内装修、包装箱盒、胶合板、玩具、单板、车辆用材等。

五桠果 *Dillenia* spp.

五桠果科 Dilleniaceae

属　　名　五桠果属 *Dillenia* L.

常见树种　五桠果 *D. pentagyna* Roxb., 菲律宾五桠果 *D. philippinensis* Rolfe

国外名称

Pentagynous dillenia, Katmon

主要产地

印度、菲律宾和我国广东、海南。

以五桠果 *D. pentagyna* Roxb.为例，描述如下

宏观鉴别要点

散孔材。心材浅红、红褐或红褐色带紫，与边材区别不明显。生长轮不明显。管孔肉眼下可见，大小中等，具白色沉积物。轴向薄壁组织不见，或在湿切面上呈傍管状。木射线肉眼下可见，中至略密。

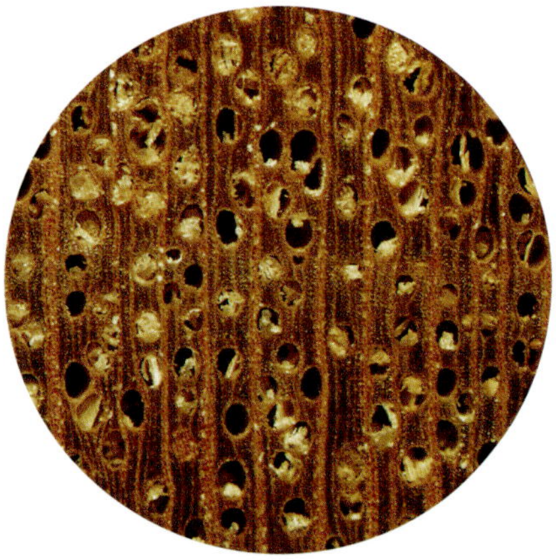

横断面12.5倍

实木照片

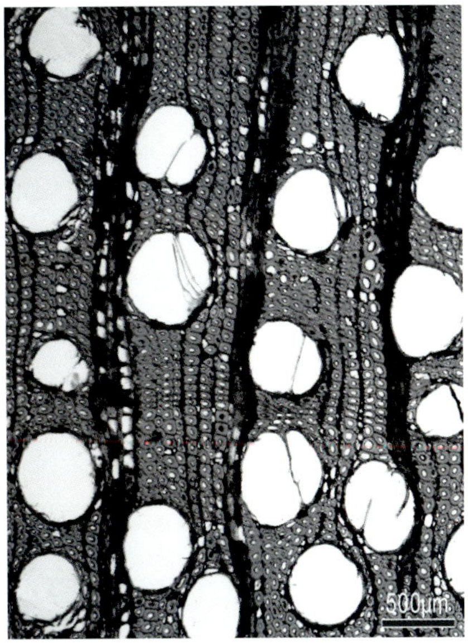

横切面

径切面

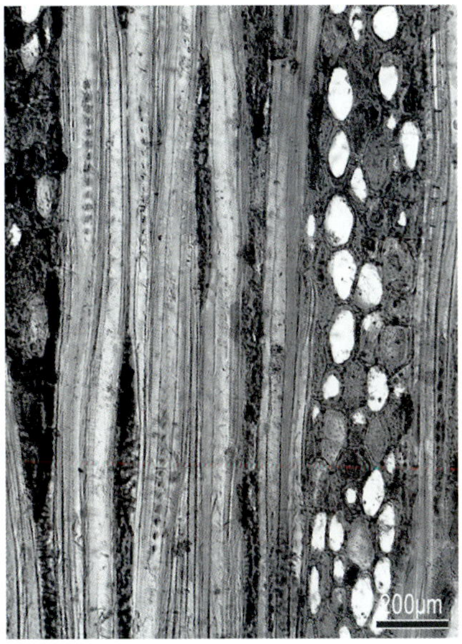

弦切面

微观鉴别要点

单管孔。管间纹孔式缺乏，复穿孔梯状，导管与射线间纹孔式为刻痕状及大圆形。轴向薄壁组织星散与星散—聚合状及疏环管状。纤维管胞具缘纹孔明显，具分隔木纤维。木射线非叠生，单列射线较多，多列射线宽4～9细胞；射线组织异形Ⅱ型，偶至Ⅰ型；射线细胞具针晶束。

木材主要性质

结构细至中，气干密度0.74g/cm³。强度及冲击韧性中等，耐久性差。干燥较难，稍有翘曲。加工容易，刨面光滑，油漆后光亮性好，胶粘性能良好。

木材主要用途

地板、家具、房屋建筑、工艺品、仪器箱盒、室内装修、枕木等。

龙脑香 *Dipterocarpus* spp.

龙脑香科 Dipterocarpaceae

属　　名 龙脑香属 *Dipterocarpus* Gaertn. f.

常见树种 大花龙脑香 *D. grandiflorus* Blanco, 龙脑香 *D. alatus* Roxb., 角状龙脑香 *D. cornutus* Dyer., 中脉龙脑香 *D. costatus* C. F. Gaertn., 小肋龙脑香 *D. costulatus* V. Sl., 纤细龙脑香 *D. gracilis* Bl., 云南龙脑香 *D. tonkinensis* Chev.

国外名称

Gurjun, In, Kanyin, Keruing, Apitong, Keroeing, Yang

主要产地

菲律宾、马来西亚、泰国、印度、缅甸、老挝等东南亚地区及中国云南。

以大花龙脑香 *D. grandiflorus* Blanco为例，描述如下

宏观鉴别要点

散孔材。心材灰红褐色至红褐色，与边材区别略明显。生长轮不明显。管孔肉眼下明显，轴向薄壁组织稀少至丰富，木射线肉眼可见。轴向胞间道在肉眼下呈白点。

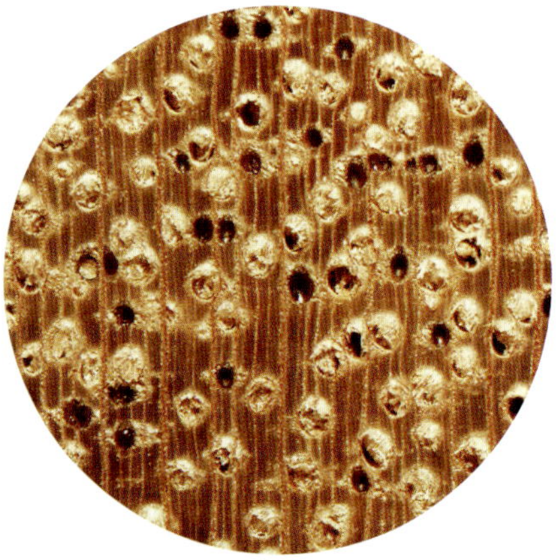

横断面12.5倍

实木照片

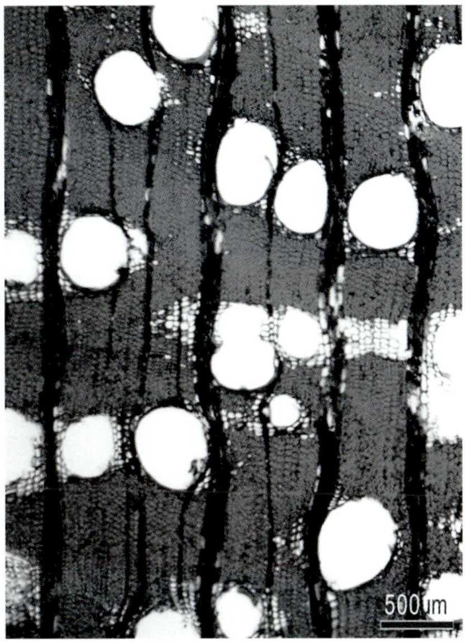

横切面

径切面

弦切面

微观鉴别要点

单管孔，少数径列复管孔。单穿孔，导管—射线间纹孔式大圆形，少数刻痕状。轴向薄壁组织疏环管状、少数环管束状、星散状及星散—聚合状。木射线非叠生，单列射线少，多列射线宽2～5细胞；异形Ⅱ型及异形Ⅲ型。轴向胞间道常单个分布，少数2～7个弦列。

木材主要性质

结构略粗、略均匀，气干密度0.70～0.80g/cm³。强度中至强，不耐腐，但抗酸和化学药剂。干燥较难，速度稍慢。加工较难，刨面光滑，染色良好，胶粘性略难。

木材主要用途

地板、房屋建筑、梁、柱、车厢、木制器具、人造板等。

黄娑罗双 *Shorea* spp.

龙脑香科 Dipterocarpaceae

属　　名 娑罗双属 *Shorea* Roxb. ex Gaerth

常见树种 光亮娑罗双 *S. polita* Vidal, 法桂娑罗双 *S. faguetiana* Heim, 偏肿娑罗双 *S. gibbosa* Brandis, 大娑罗双 *S. maxima* (King) Sym., 多花娑罗双 *S. multiflora* (Burck) Sym.

国外名称

Yellow meranti, Yellow seraya, Meranti putih, Yellow lauan

主要产地

印度尼西亚、马来西亚、菲律宾。

以光亮娑罗双 *S. polita* Vidal为例，描述如下

宏观鉴别要点

散孔材。心材黄色至黄褐色，与边材区别略明显。生长轮不明显。管孔肉眼可见，略少，略大，大小一致。轴向薄壁组织肉眼下略见，翼状、聚翼状。木射线肉眼下可见；稀至中；窄至略宽。轴向胞间道肉眼下呈白点，长或短弦列。

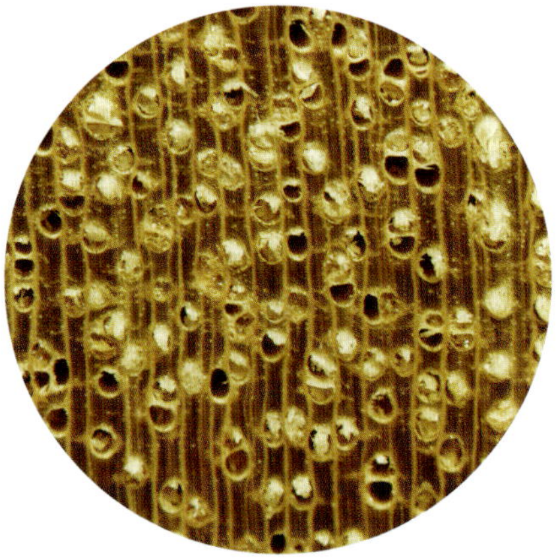

横断面12.5倍

实木照片

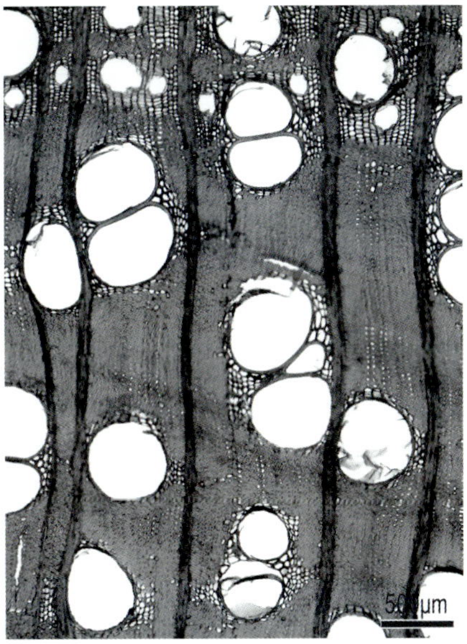

横切面

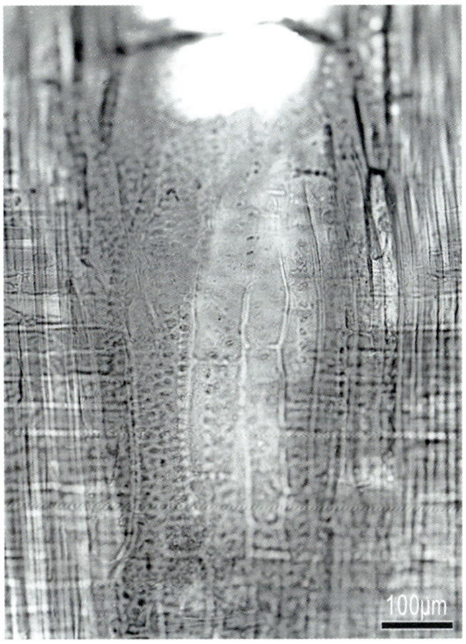

径切面

弦切面

微观鉴别要点

单管孔，少数短径列复管孔（2个）。管间纹孔少，互列，单穿孔，导管—射线间纹孔式大圆形。轴向薄壁组织翼状或星散状。木射线非叠生或有叠生趋势，单列射线数少，多列射线宽2～6细胞；异形Ⅱ型及Ⅲ型。轴向胞间道长弦列分布。

木材主要性质

结构略粗，气干密度0.58～0.74g/cm³。强度低，韧性强，略耐腐。干燥良好，无降等现象。加工容易，但遇到硅石时加工工具的刃锋易钝。

木材主要用途

地板、单板、镶嵌板、细木工等。

青　皮 *Vatica* spp.

龙脑香科 Dipterocarpaceae

属　　名　青皮属 *Vatica* L.

常见树种　青皮 *V. mangachapoi* Blanco，美丽青皮 *V. bella* Slooten，光亮青皮 *V. nitens* King

国外名称

Resak, Narig, Resak julong, Resak bajau

主要产地

印度尼西亚、马来西亚、菲律宾等。我国分布于广东和海南等地。

以青皮 *V. mangachapoi* Blanco为例，描述如下

宏观鉴别要点

散孔材。木材浅黄褐至褐色，微带绿色。心边材不明显或略明显。管孔放大镜下明显，略小，分布均匀，斜列或径列，管孔具沉积物和侵填体。轴向薄壁组织放大镜下可见，离管短线。木射线中至略多，甚细至极细，放大镜下可见。

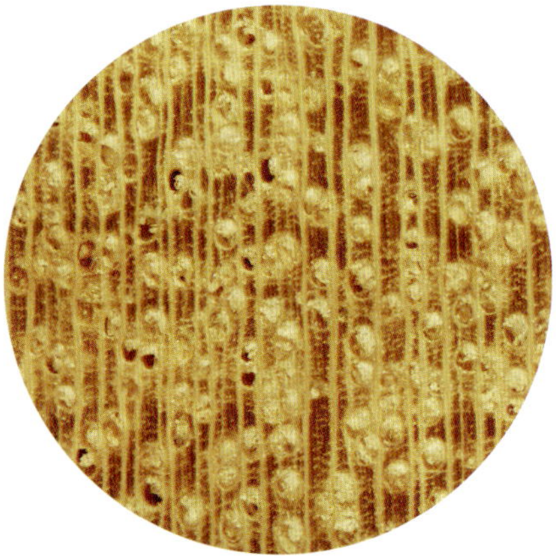

横断面12.5倍

实木照片

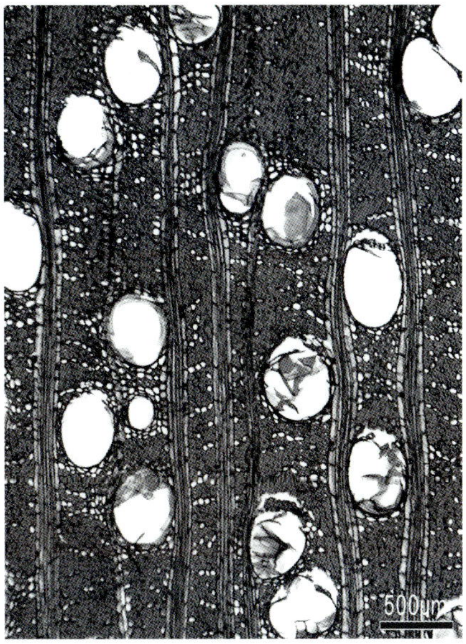

横切面

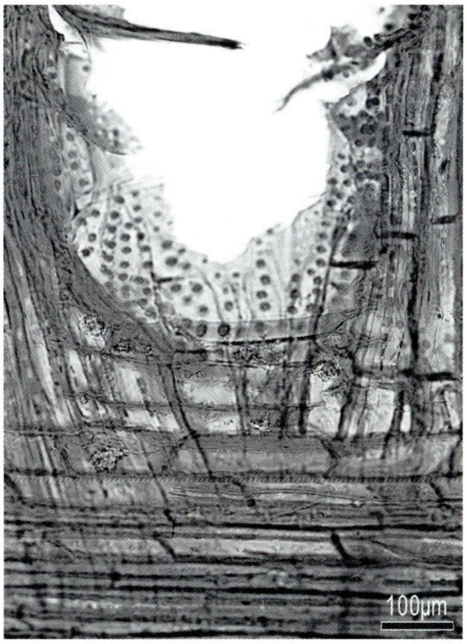

径切面

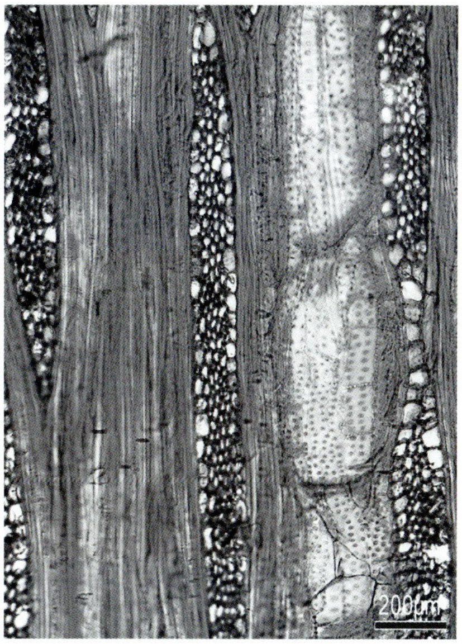

弦切面

微观鉴别要点

主要为单管孔，稀径列复管孔。管间纹孔式少见，互列，单穿孔，导管—射线间纹孔式刻痕状，少数大圆形。轴向薄壁组织星散—聚合、环管状、离管带状。具环管管胞。木射线非叠生，单列射线少，多列射线宽2～5细胞，具鞘细胞；射线组织异形Ⅱ型。轴向胞间道通常单独，稀2个弦列。

木材主要性质

结构细，均匀，气干密度0. 80g/cm³。强度高，耐腐性强，心材抗白蚁。干燥较慢，稍有杯弯、端裂、劈裂和面裂。加工困难，切面光滑。油漆性能良好。

木材主要用途

地板、家具、桥梁、造船材、文化用品、仪器箱盒、车旋材等。

条纹乌木 *Diospyros* spp.

柿树科 Ebenaceae

属　　名　柿属 *Diospyros* L.

常见树种　苏拉威西乌木 *D. celebica* Bakh., 菲律宾乌木 *D. philippinensis* (Desr.) Gurke

国外名称

Kemagong, Macassar ebony

主要产地

印度尼西亚、菲律宾、巴布亚新几内亚等地。

以苏拉威西乌木 *D. celebica* Bakh.为例，描述如下

宏观鉴别要点

散孔材。心材黑色或巧克力色，具深浅相间条纹，与边材区别明显；边材红褐色。生长轮不明显。管孔放大镜下略见，多数含树胶。轴向薄壁组织放大镜下不见。木射线放大镜下可见。

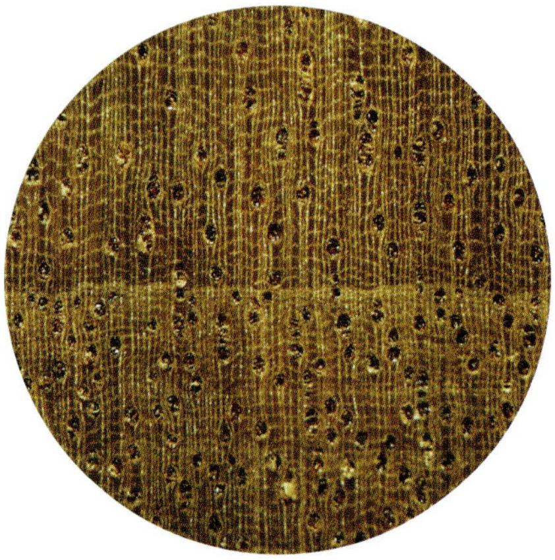

横断面12.5倍

实木照片

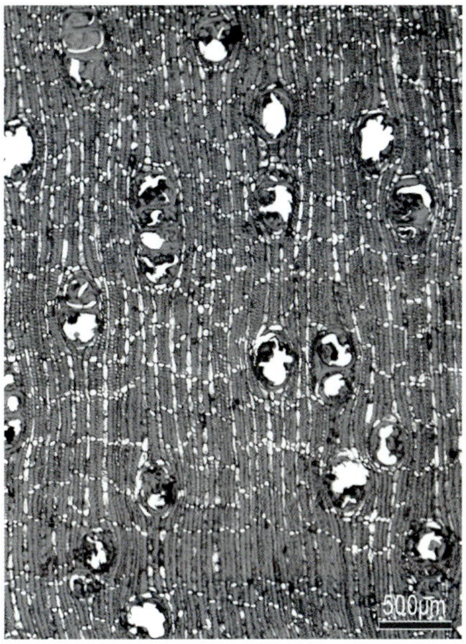

横切面

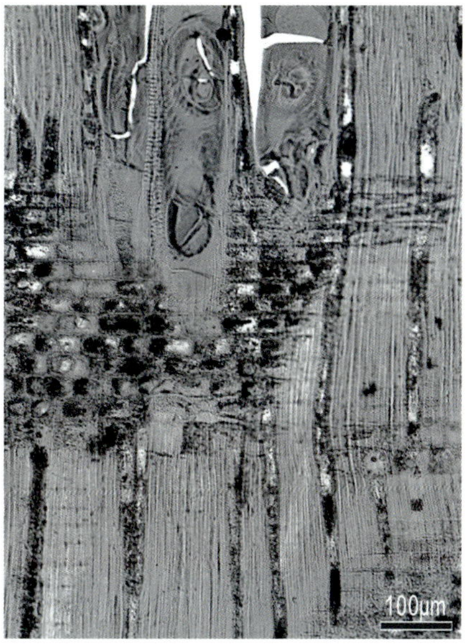

径切面

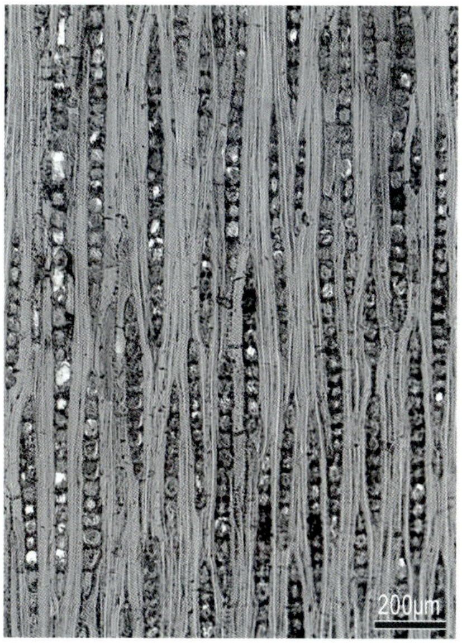

弦切面

微观鉴别要点

单管孔，少数径列复管孔（多为2～3个），散生或径列，管孔多数含树胶。管间纹孔式互列，单穿孔，导管—射线间纹孔式类似管间纹孔式。轴向薄壁组织带状（宽1细胞）、稀环管状，薄壁细胞内多充满树胶。木纤维壁厚。木射线非叠生，单列射线（稀2列）；射线组织异形单列，菱形晶体常见。

木材主要性质

结构细而匀，气干密度1.09g/cm³。强度高，耐腐。干燥慢，易开裂。加工困难，消耗动力大。车旋、刨切、胶粘性能良好。

木材主要用途

地板、家具、乐器用材、装饰单板、车工制品、雕刻、装饰艺术品等。

橡胶木 *Hevea brasiliensis*

大戟科 Euphorbiaceae

属　　名　橡胶树属 *Hevea* Aubl.

常见树种　橡胶树 *H. brasiliensis* (H.B.K.) Muell.-Arg.

国外名称

Rubberwood, Para rubber tree

主要产地

原产热带美洲，目前世界热带地区广泛种植。

以橡胶树 *H. brasiliensis* (H.B.K.) Muell.-Arg. 为例，描述如下

宏观鉴别要点

散孔材。心材乳黄色，或至浅黄褐色，与边材区别不明显。生长轮略明显。管孔肉眼可见，径列，数少，中至略大。轴向薄壁组织放大镜下明显，带状及傍管状。木射线放大镜下明显。

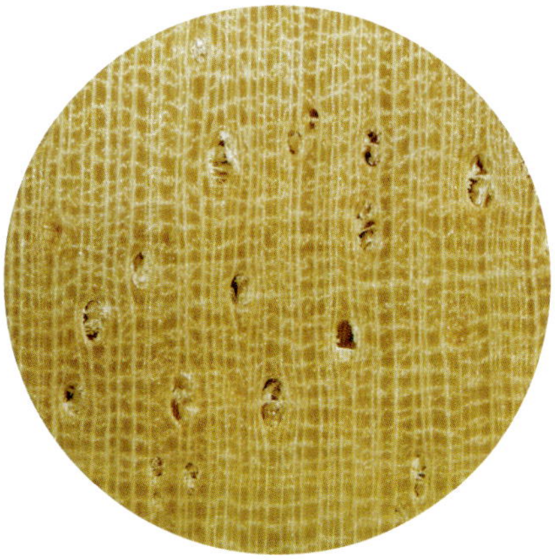

横断面12.5倍

实木照片

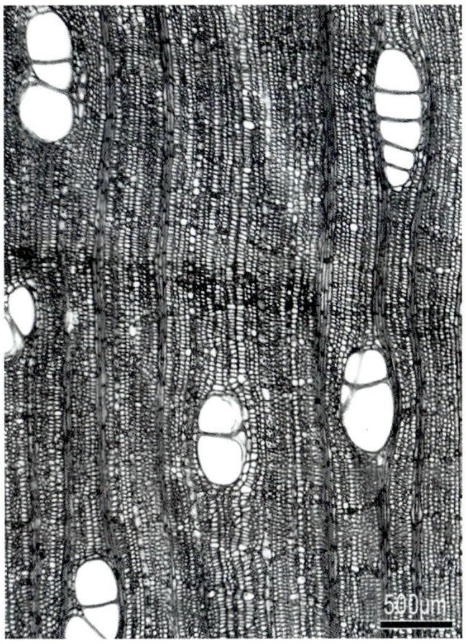

横切面

径切面

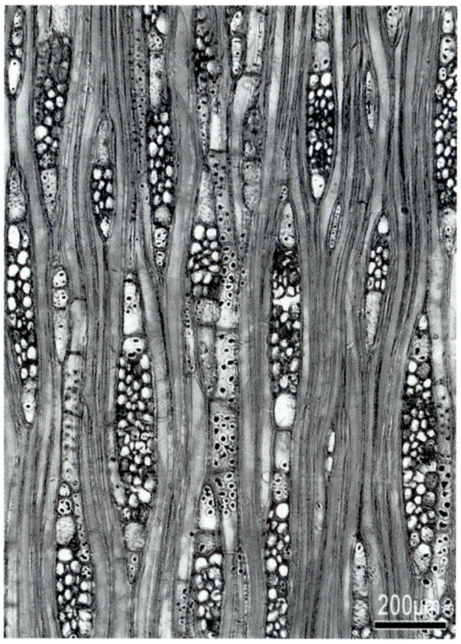

弦切面

微观鉴别要点

单管孔及径列复管孔（2～4个），具侵填体。管间纹孔式互列，单穿孔，导管—射线间纹孔式类似管间纹孔式。轴向薄壁组织离管带状（宽1～3细胞）、星散状、环管状及环管束状。木射线非叠生，单列射线较少，多列射线宽2～4细胞，具连接射线；射线组织异形Ⅰ型及Ⅱ型。

木材主要性质

结构细至中，均匀，气干密度0.65g/cm³。强度低，不耐腐。干燥容易，不开裂。加工容易，板面较光滑。油漆、胶粘性能良好。

木材主要用途

地板、家具、墙壁板、楼梯部件、雕刻、造纸等。

鲍迪豆 *Bowdichia* spp.

蝶形花科 Fabaceae

属　　名　鲍迪豆属 *Bowdichia* Kunth.

常见树种　鲍迪豆 *B. virgilioides* H. B. K., 光鲍迪豆 *B. nitida* Spruce

国外名称

Sucupira, Sapupira, Alcornoque, Congrio

主要产地

热带南美洲巴西、委内瑞拉、乌拉圭等。

以鲍迪豆 *B. virgilioides* H. B. K. 为例，描述如下

宏观鉴别要点

散孔材。心材红褐色至巧克力色，具深浅相间带状条纹；与边材区别明显。生长轮不明显至略明显。管孔放大镜下明显，数少，略大。轴向薄壁组织翼状、聚翼状及少数轮界状。木射线放大镜下明显，略密，窄。

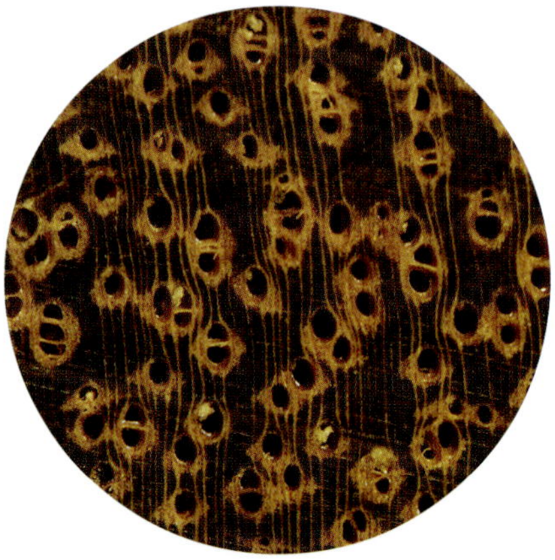

横断面12.5倍

实木照片

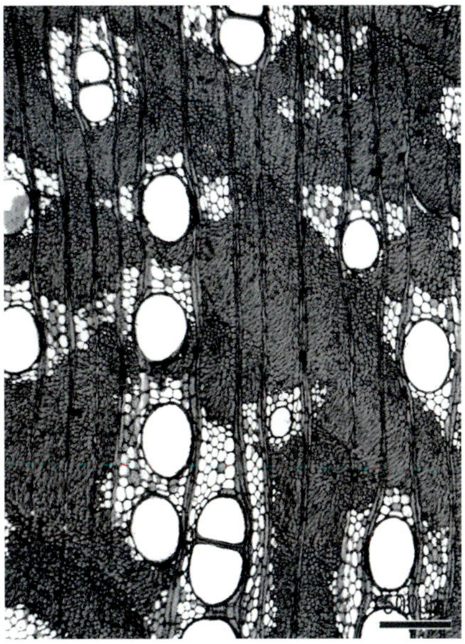

横切面

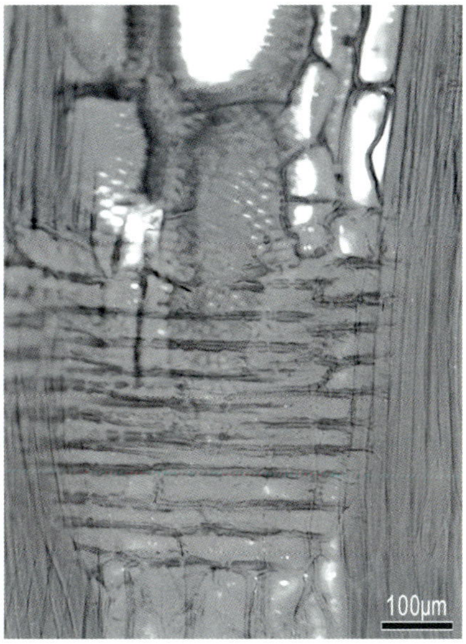

径切面

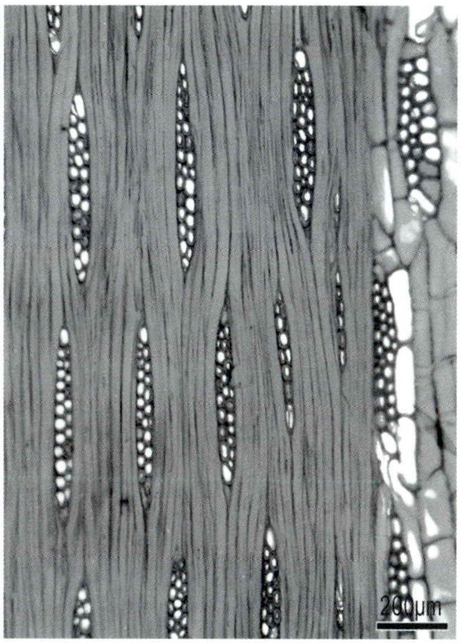

弦切面

微观鉴别要点

单管孔，少数短径列复管孔（多为2～3个）。管间纹孔式互列，系附物纹孔，单穿孔，导管—射线间纹孔式类似管间纹孔式。轴向薄壁组织翼状、聚翼状及少数轮界状。分室含晶细胞可见。木纤维壁甚厚。木射线叠生，单列射线数少，多列射线宽2～3细胞；同形单列及多列或异形Ⅲ型。

木材主要性质

结构细，略均匀，气干密度0.89～1.00g/cm³。强度高，耐腐性强，抗虫害。干燥宜慢，防止变形。加工困难，握钉力好。着色、胶粘性能良好。

木材主要用途

地板、房屋建筑、家具、造船、车辆、装饰单板、胶合板、枕木、矿柱等。

红酸枝木 *Dalbergia* spp.

蝶形花科 Fabaceae

属　　名　黄檀属 *Dalbergia* L. f.

常见树种　奥氏黄檀 *D. oliveri* Gamble, 巴里黄檀 *D. bariensis* Pierre , 赛州黄檀 *D. cearensis* Ducke, 交趾黄檀 *D. cochinchinensis* Pierre, 绒毛黄檀 *D. frutescens* var. *tomentosa*, 中美黄檀 *D. granadillo* Standl., 微凹黄檀 *D. retusa* Hemsl.

国外名称

Neang nuon, Kingwood, Siam rosewood, Pink wood, Brazilian tulipwood

主要产地

东南亚及热带南美洲。

以奥氏黄檀 *D. oliveri* Gamble为例，描述如下

宏观鉴别要点

散孔材至半环孔材。心材红褐色，常具黑色条纹，新鲜材具酸味，与边材区别明显。管孔放大镜下明显。轴向薄壁组织放大镜下可见，同心层带状与木射线交叉呈网状。

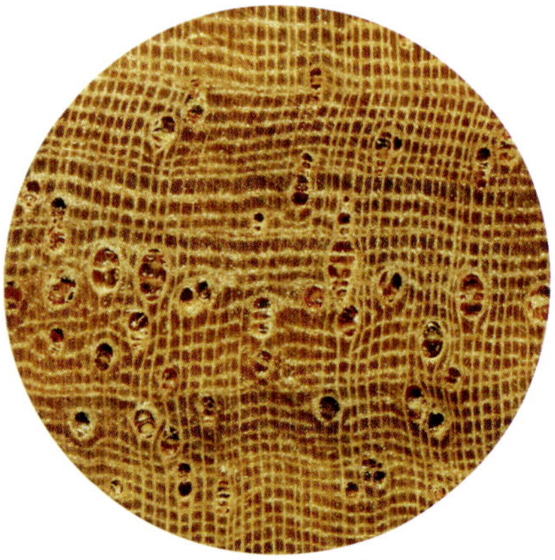

横断面12.5倍

实木照片

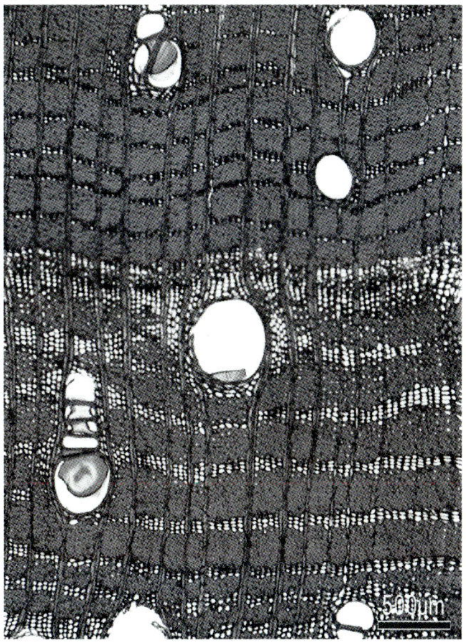

横切面

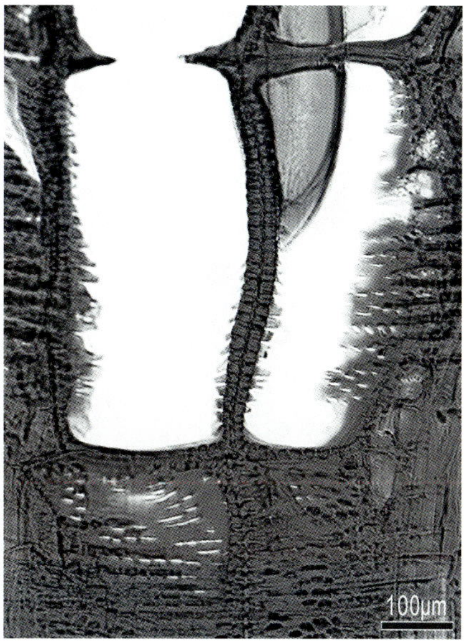

径切面

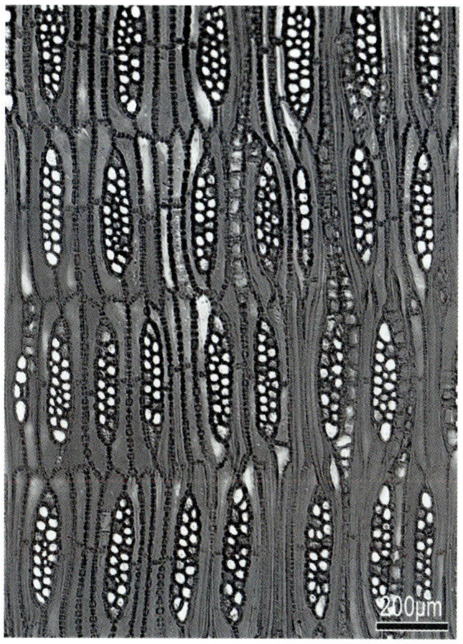

弦切面

微观鉴别要点

单管孔，少数径列复管孔。管间纹孔式互列，系附物纹孔；单穿孔，导管—射线间纹孔式类似管间纹孔式。轴向薄壁组织带状（宽2～4细胞）、聚翼状，具分室含晶细胞，叠生。木射线叠生，单列射线甚少，多列射线2细胞（偶3）宽；射线组织同形单列及多列。

木材主要性质

结构细而匀，气干密度1.04g/cm³。强度高，耐腐性强，抗白蚁。干燥宜慢，有开裂、扭曲、翘曲倾向。加工困难，表面光洁，耐磨性好。

木材主要用途

地板、家具、精密仪器、装饰单板、室内装修、运动器材等。

红酸枝木 *Dalbergia* spp.

蝶形花科 Fabaceae

属　　名 黄檀属 *Dalbergia* L. f.

常见树种 微凹黄檀 *D. retusa* Hemsl., 巴里黄檀 *D. bariensis* Pierre，赛州黄檀 *D. cearensis* Ducke, 交趾黄檀 *D. cochinchinensis* Pierre, 中美黄檀 *D. granadillo* Standl., 奥氏黄檀 *D. oliveri* Gamble

国外名称

Neang nuon, Kingwood, Siam rosewood, Pink wood, Brazilian tulipwood

主要产地

东南亚及热带南美洲。

以微凹黄檀 *D. retusa* Hemsl.为例，描述如下

宏观鉴别要点

散孔材。心材红褐色，常具黑色条纹，与边材区别明显，边材浅黄白色。生长轮不明显至明显。管孔及木射线放大镜下明显，轴向薄壁组织放大镜下呈细线状及翼状。

横断面12.5倍

实木照片

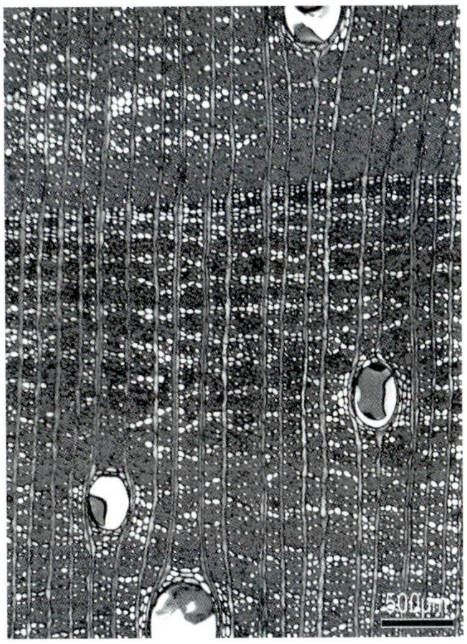

横切面

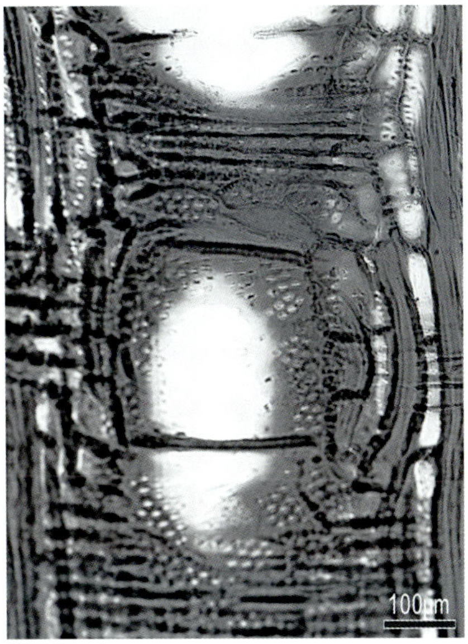

径切面

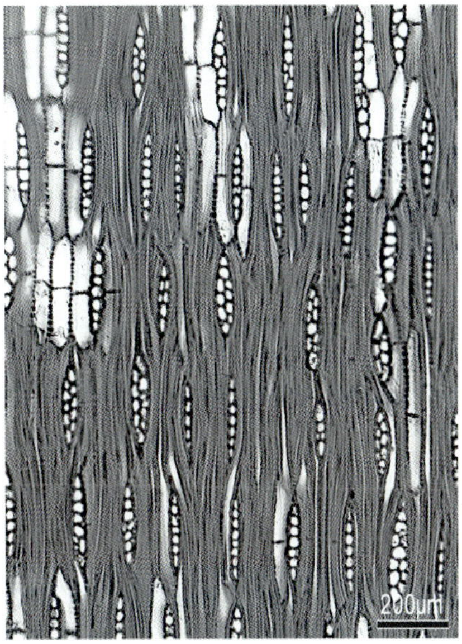

弦切面

微观鉴别要点

单管孔，少数径列复管孔（2～3个）。管间纹孔式互列，系附物纹孔；单穿孔，导管—射线间纹孔式类似管间纹孔式。轴向薄壁组织星散状、星散—聚合、带状（宽1细胞）、环管状。木射线叠生，主为单列射线，偶双列，射线组织同形单列。

木材主要性质

结构细而匀，气干密度大于0.90g/cm³。强度高，耐腐，抗海生钻木动物危害强。干燥宜慢，防止开裂。加工性能优良，具油性感，易砂光，胶粘性能较差。

木材主要用途

地板、家具、装饰单板、乐器部件、珠宝盒、车旋制品、工具柄等。

黑酸枝木 *Dalbergia* spp.

蝶形花科 Fabaceae

属　　名　黄檀属 *Dalbergia* L. f.

常见树种　阔叶黄檀 *D. latifolia* Roxb., 刀状黑黄檀 *D. cultrata* Grah., 黑黄檀 *D. fusca* Pierre, 卢氏黑黄檀 *D. louveii* R.Viguier, 东非黑黄檀 *D. melanoxylon* Guill. & Perr., 巴西黑黄檀 *D. nigra* Fr. Allem., 亚马孙黄檀 *D. spruceana* Benth.,伯利兹黄檀 *D. stevensonii* Standl.

国外名称

Burma blackwood, Black rosewood, India rosewood, Bois de rose, Adramena

主要产地

亚洲、非洲、中美洲及南美洲。

以阔叶黄檀 *D. latifolia* Roxb.为例，描述如下

宏观鉴别要点

散孔材。心材紫褐色至黑紫色，常具黑色条纹，水浸湿后微具酸味。管孔肉眼下可见至略明显，大小略一致。轴向薄壁组织肉眼下略明显，环管束状、翼状。弦切面波痕常见。

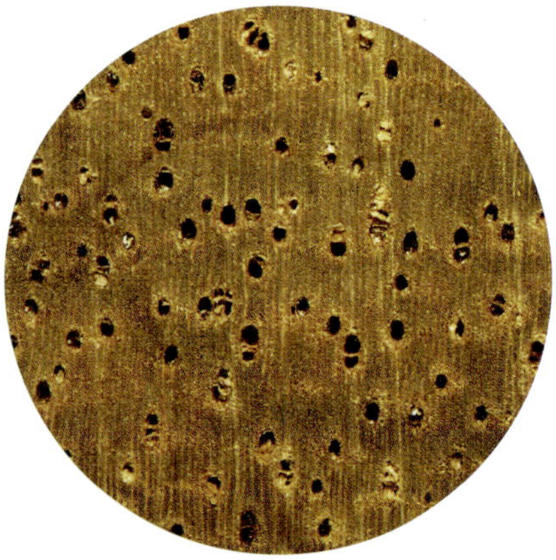

横断面12.5倍

实木照片

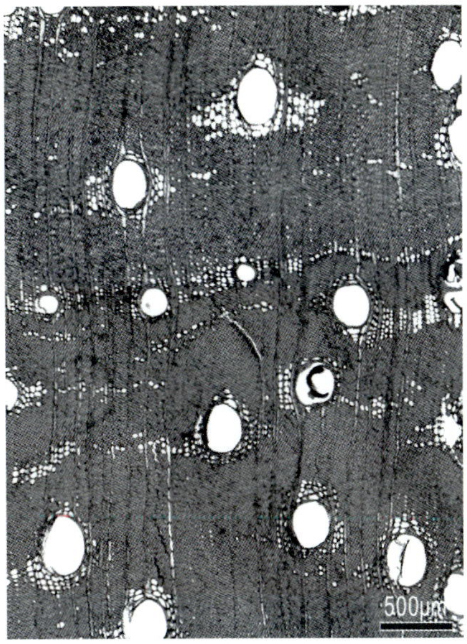

横切面

径切面

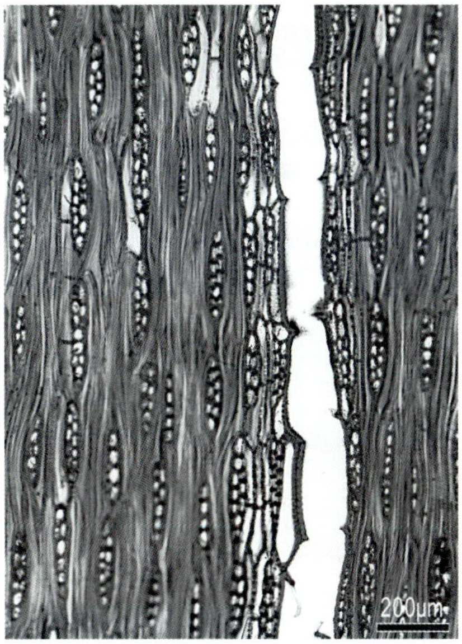

弦切面

微观鉴别要点

单管孔，少数径列复管孔。管间纹孔式互列，系附物纹孔；单穿孔，导管—射线间纹孔式类似管间纹孔式。轴向薄壁组织星散—聚合状、带状、环管状及翼状，具分室含晶细胞。木射线叠生，单列射线甚少，多列射线2～3细胞；射线组织同形单列及多列。

木材主要性质

结构细而匀，气干密度大于0.85g/cm³。强度高，耐腐性强，抗白蚁和钻孔动物危害。干燥良好，几乎不降等。加工困难，刀具易钝。

木材主要用途

地板、家具、装饰单板、胶合板、高级车厢、钢琴外壳、镶嵌板等。

二翅豆 *Dipteryx* spp.

蝶形花科 Fabaceae

属　　名　二翅豆属 *Dipteryx* Schreb.

常见树种　香二翅豆 *D. odorata* Willd., 斑二翅豆 *D. punctata*（S. F. Blake）Amshoff, 三叶二翅豆 *D. trifoliata* Ducke

国外名称

Cumaru, Tonka bean, Almendrillo, Tonka, Sarrapia

主要产地

南美洲的巴西、圭亚那、哥伦比亚、秘鲁、委内瑞拉等。

以香二翅豆 *D. odorata* Willd.为例，描述如下

宏观鉴别要点

散孔材。心材浅红褐色，径面有时具带状条纹，与边材区别明显；边材色浅。生长轮略明显。管孔肉眼下可见，放大镜下明显，数少，略大。轴向薄壁组织放大镜下明显，翼状、聚翼状及轮界状。木射线放大镜可见，略密，甚窄。

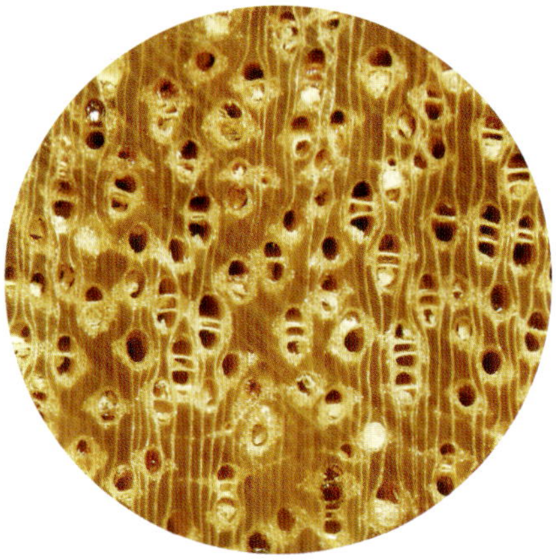

横断面12.5倍

实木照片

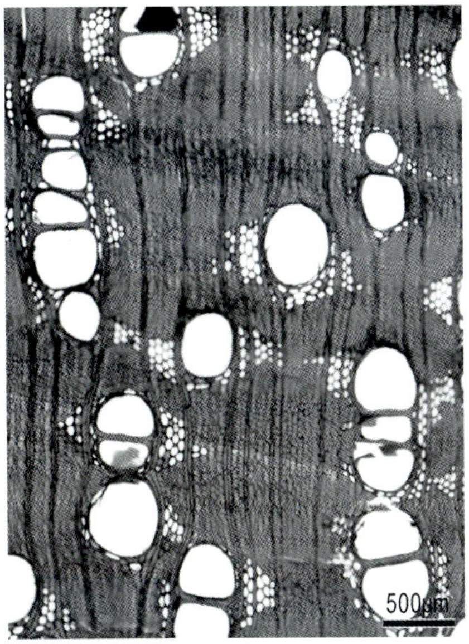

横切面

径切面

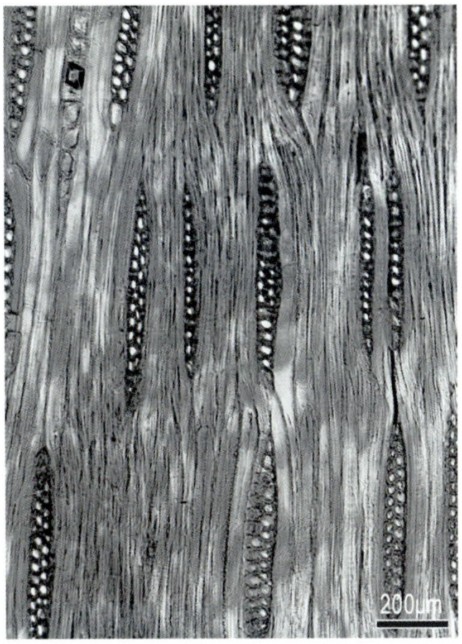

弦切面

微观鉴别要点

单管孔及径列复管孔。管间纹孔式互列，系附物纹孔；单穿孔，导管—射线间纹孔式类似管间纹孔式。轴向薄壁组织翼状、聚翼状及少数轮界状；分室含晶细胞普遍；叠生。木纤维叠生。木射线叠生，单列射线或双列射线，射线组织同形单列及多列。

木材主要性质

结构细，气干密度大于1.07g/cm^3。强度高，耐腐性强。干燥速度中等，略有面裂。加工困难，但表面光滑，油漆性能好。

木材主要用途

地板、枕木、车辆、造船、运动器材、刨切单板及家具等。

军刀豆 *Machaerium* spp.

蝶形花科 Fabaceae

属　　名　军刀豆属 *Machaerium* Pers.

常见树种　硬木军刀豆 *M. scleroxylon* Tul., 毛军刀豆 *M. villosum* Vog.等

国外名称

Caviuna, Jacaranda, Pau-ferro, Jacaranda-paulista, Moradillo, Palo morado, Cipo

主要产地

热带南美洲及印度群岛。

以硬木军刀豆 *M. scleroxylon* Tul.为例，描述如下

宏观鉴别要点

散孔材。心材紫褐色，具深浅相间条纹，与边材区别明显；边材近白色或淡黄色。生长轮略明显。管孔放大镜下明显，略少略大，管孔内常含树胶。轴向薄壁组织放大镜下略见，星散—聚合状、带状及轮界状。木射线放大镜下明显，密，甚窄。

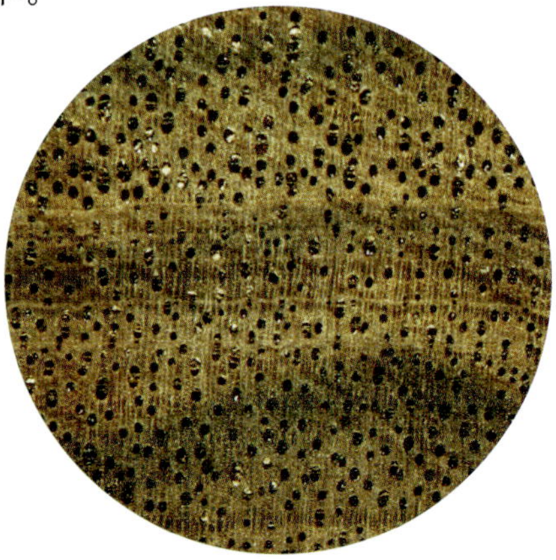

横断面12.5倍

实木照片

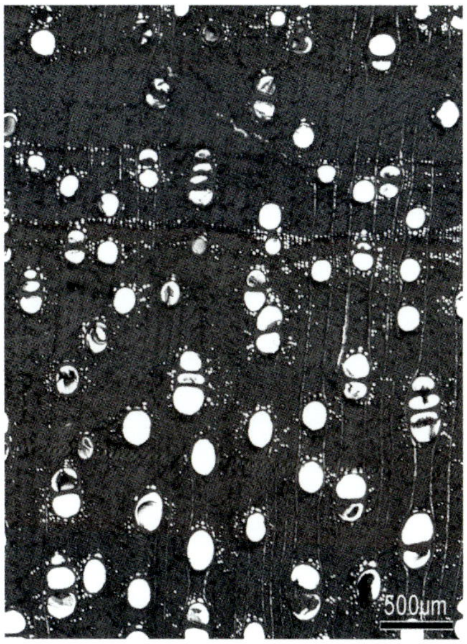

横切面

径切面

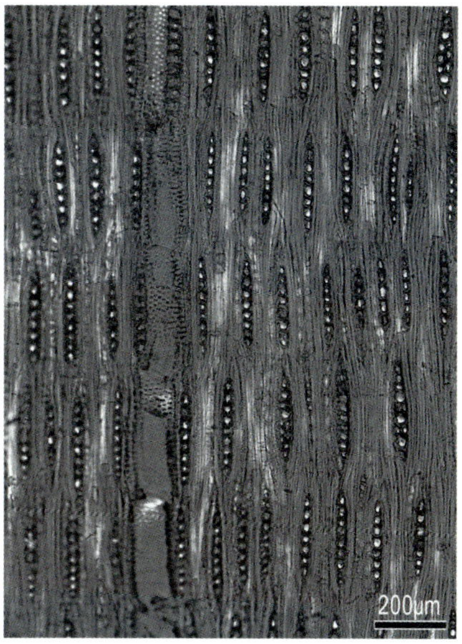

弦切面

微观鉴别要点

单管孔，少数径列复管孔。管间纹孔式互列，系附物纹孔；单穿孔，导管与射线间纹孔式类似管间纹孔式。轴向薄壁组织叠生，星散、星散—聚合状、环管束状及带状；分室含晶细胞普遍。木纤维叠生。木射线叠生，主为单列射线，多列射线很少；射线组织同形单列或同形多列。

木材主要性质

结构甚细而匀，气干密度0.88g/cm³。强度高，干缩大，耐腐。加工性能良好。

木材主要用途

地板、家具、细木工、装饰单板、车旋制品、工具柄等。

鸡翅木 *Millettia* spp.

蝶形花科 Fabaceae

属　　名　崖豆属 *Millettia* Wight et Arn

常见树种　非洲崖豆木 *M. laurentii* De Wild, 白花崖豆木 *M. leucantha* Kurz

国外名称

Wenge, Dikela, Mibotu, Bokonge, Wenge, Thinwin, Theng-weng, Sathon

主要产地

非洲及东南亚。

以非洲崖豆木 *M. laurentii* De Wild为例，描述如下

宏观鉴别要点

散孔材。心材栗褐色或黑褐色，与边材区别明显；边材黄褐色。管孔肉眼下可见至明显。轴向薄壁组织肉眼下明显，带状。木射线放大镜下明显。弦切板形成鸡翅状花纹。

横断面12.5倍

实木照片

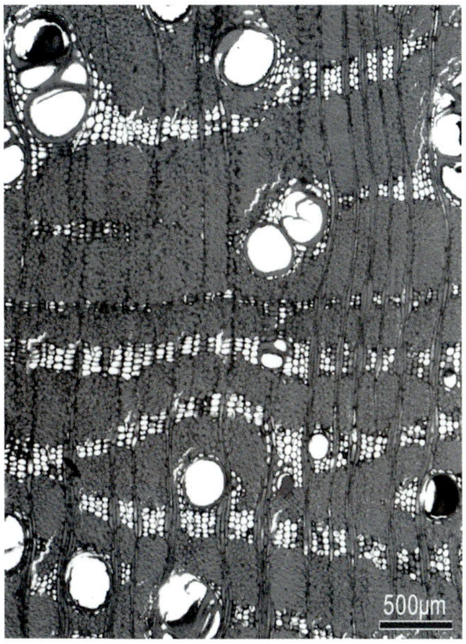

横切面

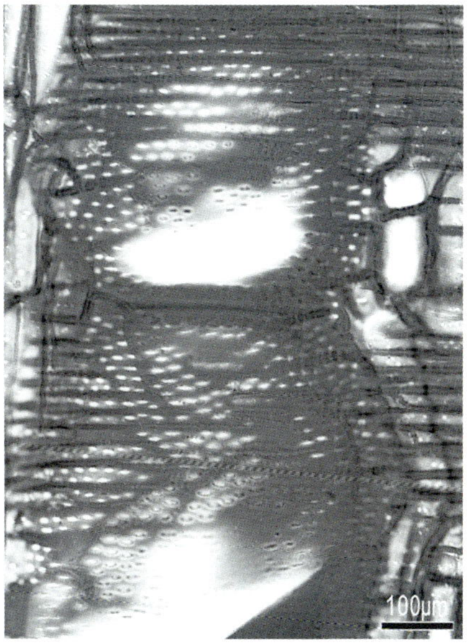

径切面

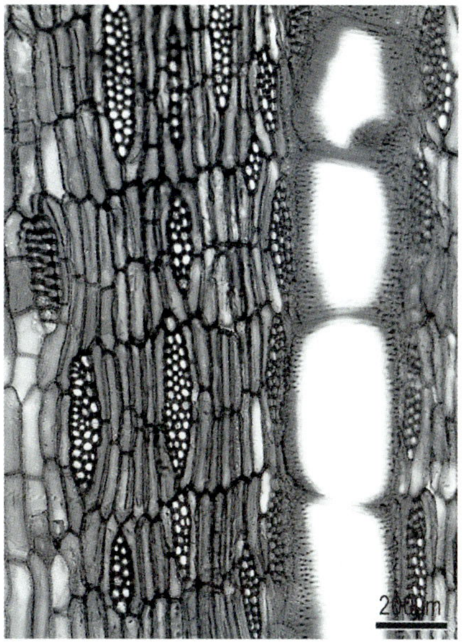

弦切面

微观鉴别要点

单管孔，少数径列复管孔。管间纹孔式互列，单穿孔，导管—射线间纹孔式类似管间纹孔式。轴向薄壁组织丰富，傍管带状，少数翼状及轮界状，分室含晶细胞普遍。木纤维叠生。木射线叠生，单列射线少，多列射线宽2～3细胞，射线组织同形单列及多列。

木材主要性质

结构细至中，不均匀，气干密度0.80g/cm³。强度高，耐腐。干燥慢，稍有翘曲和开裂。锯、刨均不困难，但锯齿易钝，钉钉易劈裂。

木材主要用途

地板、家具、装饰单板、雕刻及车工制品等。

香脂木豆 *Myroxylon balsamum*

蝶形花科 Fabaceae

属　　名　香脂木豆属 *Myroxylon* L. f.

常见树种　香脂木豆 *M. balsamum* Harms.

国外名称

Balsamo, Estoraque, Cabreuva-vermelha, Oleo-vermilho

主要产地

南美洲的巴西、阿根廷、秘鲁、委内瑞拉等地。

以香脂木豆 *M. balsamum* Harms.为例，描述如下

宏观鉴别要点

散孔材。心材红褐色至紫红褐色，具浅色条纹，与边材区别明显；边材近白色。木材具香气。生长轮不明显。管孔放大镜下明显，数少，略小，部分导管含树胶和沉积物。轴向薄壁组织放大镜下可见，环管状、少数翼状。木射线放大镜略见，略密，窄。

横断面12.5倍

实木照片

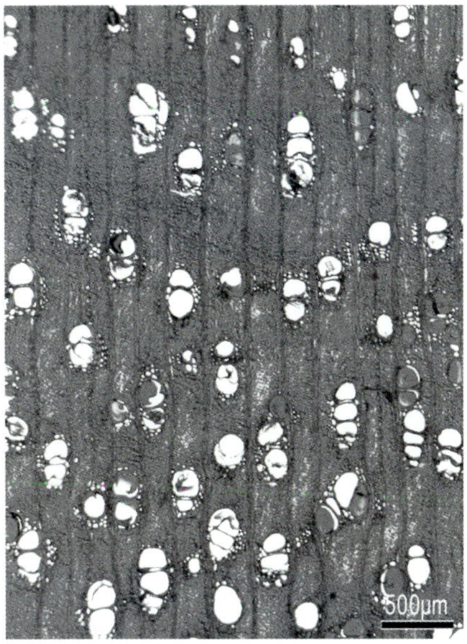

横切面

径切面

弦切面

微观鉴别要点

单管孔及径列复管孔。管间纹孔式互列，系附物纹孔；单穿孔，导管与射线间纹孔式类似管间纹孔式。轴向薄壁组织为疏环管状、环管束状、少数翼状及聚翼状，叠生。木射线叠生，单列射线少；多列射线宽2～3细胞；射线组织异形Ⅱ型及Ⅲ型，具连接射线。菱形晶体常位于方形或直立射线细胞中。

木材主要性质

结构甚细而匀，气干密度0.95g/cm³。强度高，耐腐。抗蚁性强，能抗菌、虫危害。加工略困难，但切面光滑，着色性能差。

木材主要用途

地板、家具、装饰单板、胶合板、车辆、造船、雕刻等。

美木豆 *Pericopsis* spp.

蝶形花科 Fabaceae

属　　名　美木豆属 *Pericopsis* Thw.

常见树种　大美木豆 *P. elata* Van Meeuwen

国外名称

Afrormosia, Assamela, Obang, Awawabl, Kokrodua, Awawai, Ole, Bahala, Mohole

主要产地

热带非洲。

以大美木豆 *P. elata* Van Meeuwen为例，描述如下

宏观鉴别要点

散孔材。心材黄褐至深褐色，与边材区别明显；边材色浅。生长轮不明显或略可见。管孔肉眼下可见，放大镜下明显，具沉积物或树胶；散生，数甚少，略小。轴向薄壁组织放大镜下可见，环管状。木射线放大镜下明显，略密，窄。

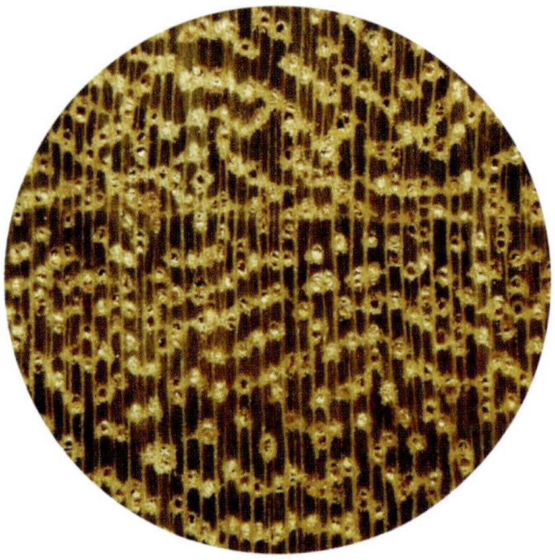

横断面12.5倍

实木照片

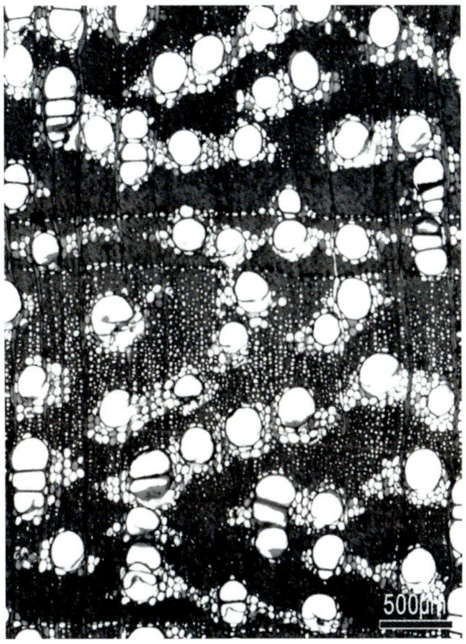

横切面

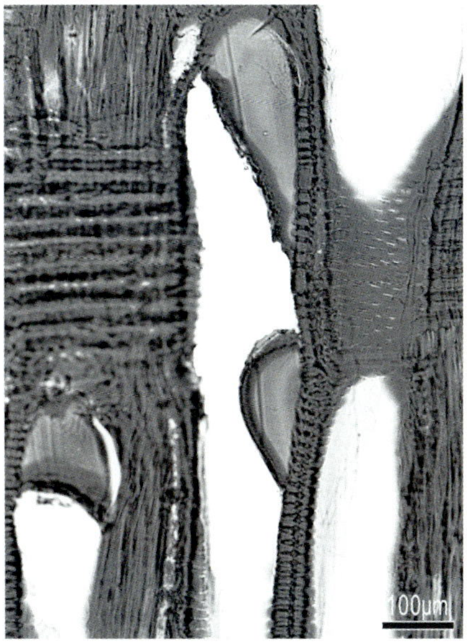

径切面

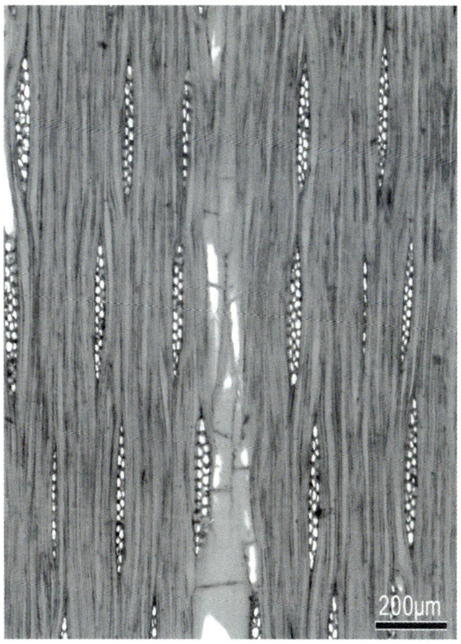

弦切面

微观鉴别要点

单管孔及径列复管孔，具沉积物。管间纹孔式互列，系附物纹孔。单穿孔，导管—射线间纹孔式类似管间纹孔式。轴向薄壁组织为翼状、聚翼状、疏环管状及轮界状；叠生；具分室含晶细胞。木射线略叠生或规则斜列；单列射线少，多列射线宽2～4细胞；射线组织同形单列及多列或同形多列。

木材主要性质

结构甚细而匀，气干密度0.70g/cm³。强度中，很耐腐，抗蚁蛀。干燥慢，稍有翘曲开裂。加工容易，胶粘性能良好。

木材主要用途

地板、家具、房屋建筑、装饰单板、细木工、造船及车辆材等。

花梨木 *Pterocarpus* spp.

蝶形花科 Fabaceae

属　　名　紫檀属 *Pterocarpus* Jacq.

常见树种　印度紫檀 *P. indicus* Willd., 越柬紫檀 *P. cambodianus* Pierre, 安达曼紫檀 *P. dalbergioides* Roxb., 刺猬紫檀 *P. erinaceus* Poir., 大果紫檀 *P. macrocarpus* Kurz, 囊状紫檀 *P. marsupium* Roxb., 鸟足紫檀 *P. pedatus* Pierre

国外名称

Padauk, Ambila

主要产地

东南亚及热带非洲。

以印度紫檀 *P. indicus* Willd.为例，描述如下

宏观鉴别要点

半环孔至散孔材。浅黄褐色，具深色条纹。生长轮不明显。管孔肉眼下明显，略大。轴向薄壁组织量多。木射线放大镜下可见。波痕放大镜下明显。木屑水浸出液具荧光反应。

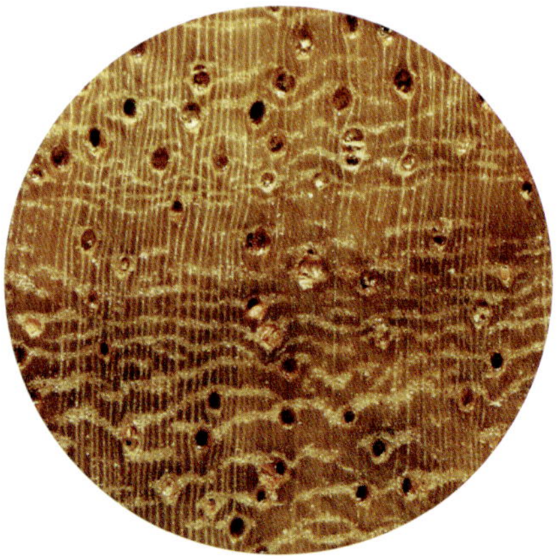

横断面12.5倍

实木照片

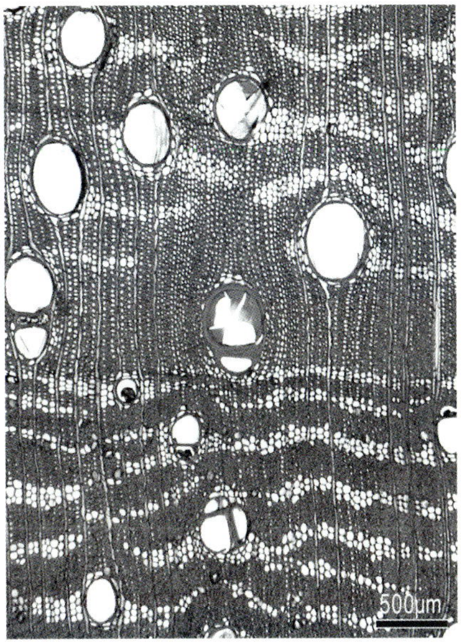

横切面

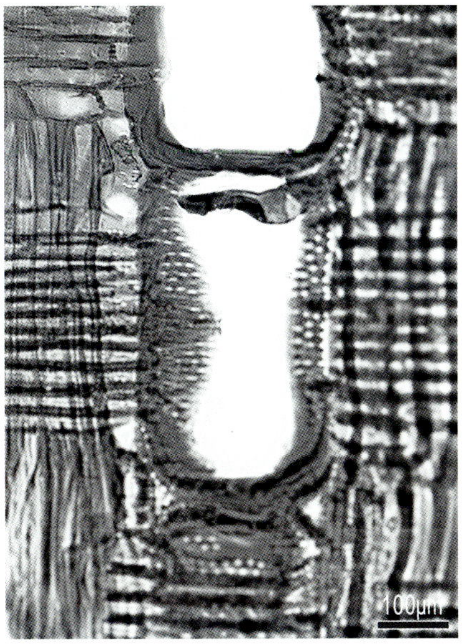

径切面

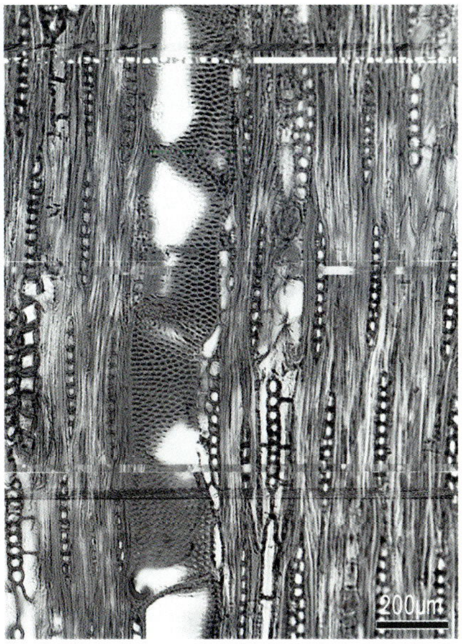

弦切面

微观鉴别要点

单管孔，少数径列复管孔。管间纹孔式互列，系附物纹孔；单穿孔，导管—射线间纹孔式类似管间纹孔式。轴向薄壁组织主为带状、翼状及聚翼状，具分室含晶细胞，叠生。木射线叠生，主为单列射线（稀成对），射线组织同形单列。

木材主要性质

结构细至中，均匀，气干密度大于0.76g/cm³。强度中，耐腐。干燥良好，速度稍慢，有时端裂。加工容易，但径面有时粗糙，油漆、染色、胶粘性能亦佳。

木材主要用途

地板、家具、细木工、雕刻、钢琴部件等。

花梨木 *Pterocarpus* spp.

蝶形花科 Fabaceae

属　　名　紫檀属 *Pterocarpus* Jacq.

常见树种　大果紫檀 *P. macrocarpus* Kurz, 安达曼紫檀 *P. dalbergioides* Roxb., 印度紫檀 *P. indicus* Willd., 囊状紫檀 *P. marsupium* Roxb, 乌足紫檀 *P. pedatus* Pierre

国外名称

Burma padauk, Pradoo, Pradu, Mai pradoo, May dou

主要产地

东南亚及热带非洲。

以大果紫檀 *P. macrocarpus* Kurz为例，描述如下

宏观鉴别要点

散孔材至半环孔材。心材浅红色至深砖红色，具深色条纹；边材灰白色。生长轮略明显。管孔肉眼下可见至略明显。木射线放大镜下可见。木屑水浸出液具荧光反应。

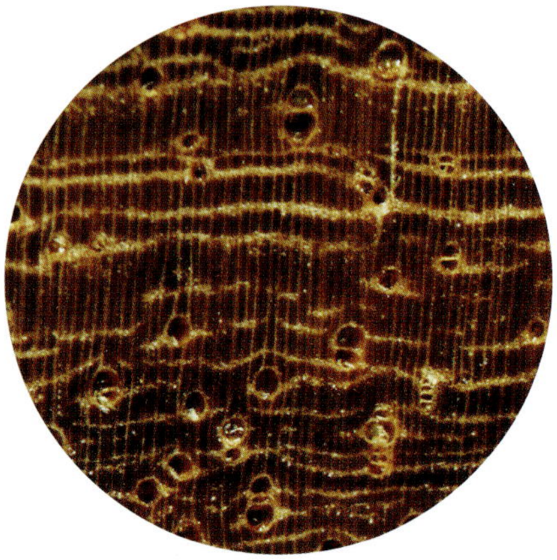

横断面12.5倍

实木照片

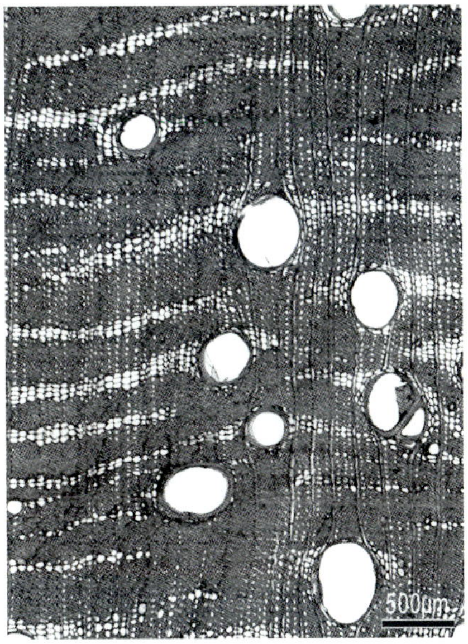

横切面

径切面

弦切面

微观鉴别要点

单管孔及径列复管孔。管间纹孔式互列，系附物纹孔；单穿孔，导管与射线间纹孔式类似管间纹孔式。轴向薄壁组织为同心层傍管带状、聚翼状及细线状（宽1～4细胞），具分室含晶细胞。木射线叠生，同形单列。

木材主要性质

结构细至中，气干密度0.83g/cm³。强度高，硬，耐腐。干燥良好，速度宜慢，防止开裂。加工较困难，锯末易刺激鼻子和眼睛，加工后板面光亮。

木材主要用途

地板、家具、细木工、镶嵌板、车辆材及工艺品等。

亚花梨 *Pterocarpus* spp.

蝶形花科 Fabaceae

属　　名　紫檀属 *Pterocarpus* Jacq.

常见树种　安哥拉紫檀 *P. angolensis* DC.

国外名称

Muniga, Nkula, African padauk

主要产地

东南亚及热带非洲。

以安哥拉紫檀 *P. angolensis* DC. 为例，描述如下

宏观鉴别要点

半环孔至散孔材。浅黄褐色，具深色条纹。生长轮不明显。管孔肉眼下明显，略大，含少量树胶或沉积物。轴向薄壁组织量多，主为傍管带状和聚翼状。木射线放大镜下可见，中至略密，甚窄。波痕放大镜下明显。

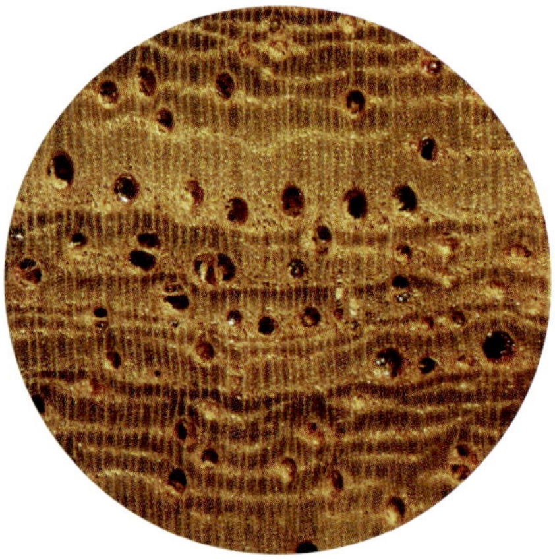

横断面12.5倍

实木照片

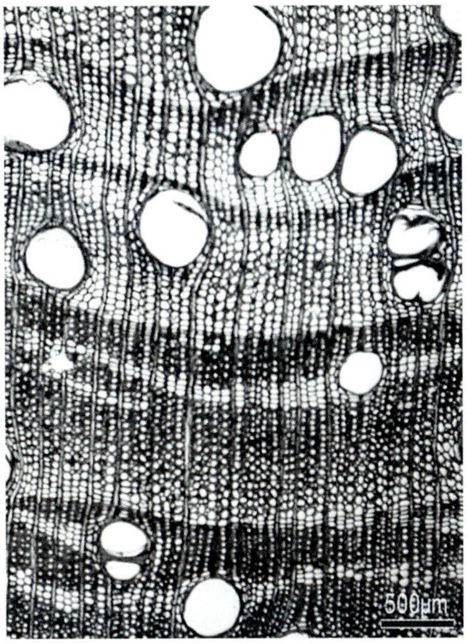

横切面

径切面

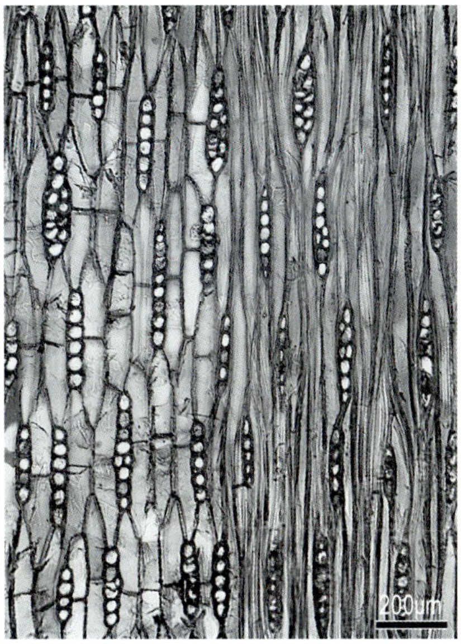

弦切面

微观鉴别要点

单管孔，少数径列复管孔。导管分子叠生，单穿孔，导管—射线间纹孔式类似管间纹孔式。轴向薄壁组织带状、聚翼状、翼状及轮界状，具分室含晶细胞，叠生。木纤维叠生。木射线叠生，单列射线较多，多列射线宽2～3细胞，射线组织同形单列及多列。

木材主要性质

结构较粗，略均匀，气干密度0.51～0.72g/cm^3。强度中，略耐腐，干燥慢。加工良好，钉钉有劈裂倾向，握钉力强。

木材主要用途

地板、家具、微薄木、室内装修、造船、乐器雕刻、精密仪器包装盒等。

亚花梨 *Pterocarpus* spp.

蝶形花科 Fabaceae

属　　名　紫檀属 *Pterocarpus* Jacq.

常见树种　非洲紫檀 *P. soyauxii* Taub.

国外名称

Africa padauk

主要产地

热带非洲。

以非洲紫檀 *P. soyauxii* Taub.为例，描述如下

宏观鉴别要点

散孔材。心材新切面血红色，久置后暗黄褐色，具深色条纹，边材浅黄褐色。生长轮不明显。管孔肉眼下略明显。轴向薄壁组织放大镜下明显，带状。木射线放大镜下可见。

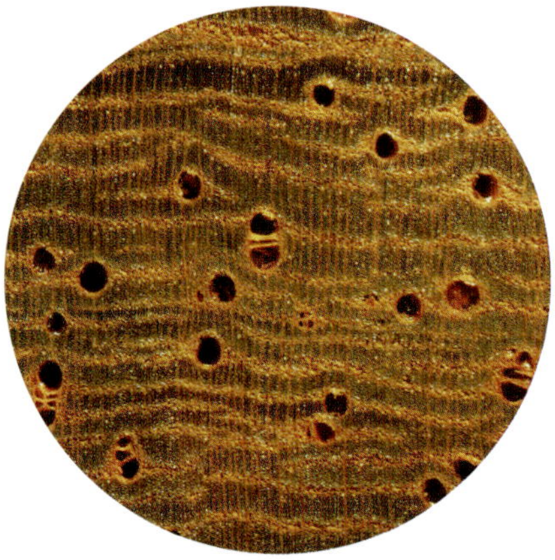

横断面12.5倍

实木照片

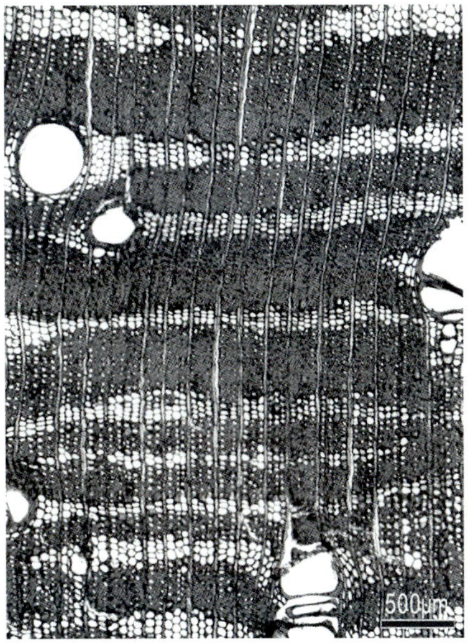

横切面

径切面

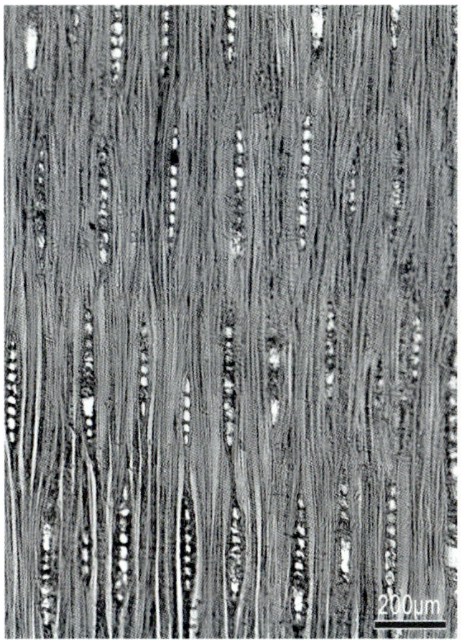

弦切面

微观鉴别要点

单管孔，少数径列复管孔。管间纹孔式互列，系附物纹孔；单穿孔，导管—射线间纹孔式类似管间纹孔式。轴向薄壁组织傍管带状、翼状及聚翼状，宽1～7细胞，具分室含晶细胞，叠生。木射线叠生，单列射线（稀成对或2列），射线组织同形单列。

木材主要性质

结构中，略均匀，气干密度0.72g/cm³。强度及硬度中等，耐腐抗蚁。干燥慢至中，干燥性能良好。加工容易，易于胶粘，握钉力强。

木材主要用途

地板、家具、微薄木、胶合板、雕刻、细木工、造船等。

刺　槐 *Robinia pseudoacacia*

蝶形花科 Fabaceae

属　　名　刺槐属 *Robinia* L.

常见树种　刺槐 *R. pseudoacacia* L.

国外名称

Black locust

主要产地

原产北美洲、欧洲、非洲、日本，19世纪末引种我国山东青岛，现广布全国。

以刺槐 *R. pseudoacacia* L. 为例，描述如下

宏观鉴别要点

环孔材或半环孔材。心材暗黄褐或金黄褐色，边材黄白或浅黄褐色。生长轮明显，早材管孔形成早材带（1～5列），晚材管孔略小；早材至晚材急变；斜列。管孔内侵填体丰富。轴向薄壁组织肉眼下可见，傍管状。木射线稀至中，极细至中。

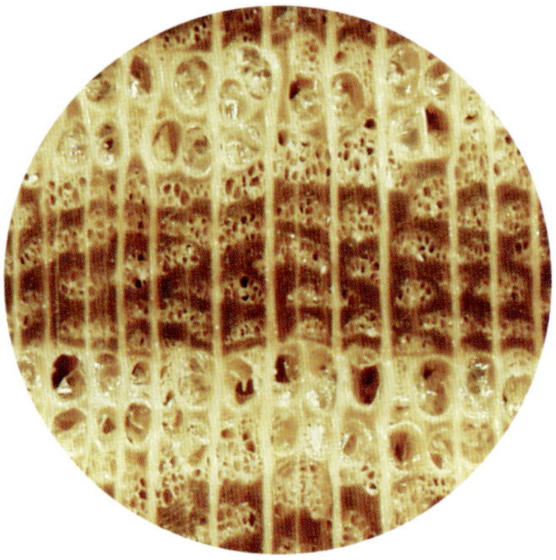

横断面12.5倍

实木照片

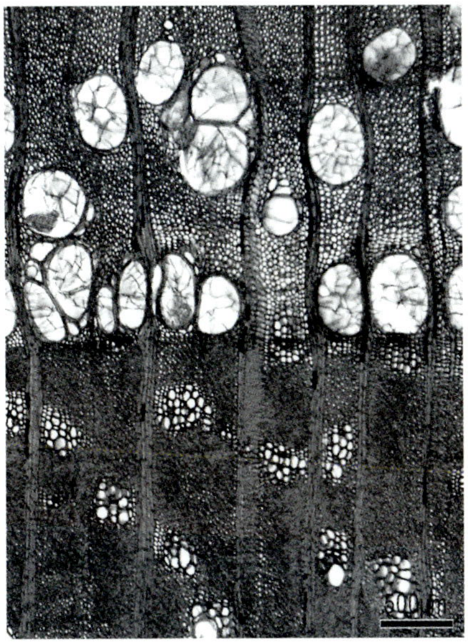

横切面

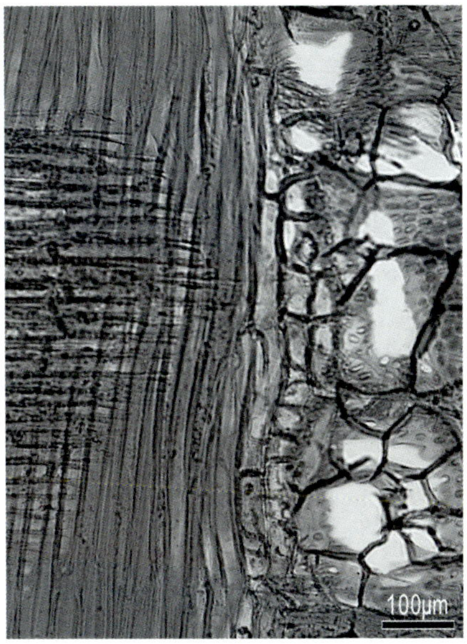

径切面

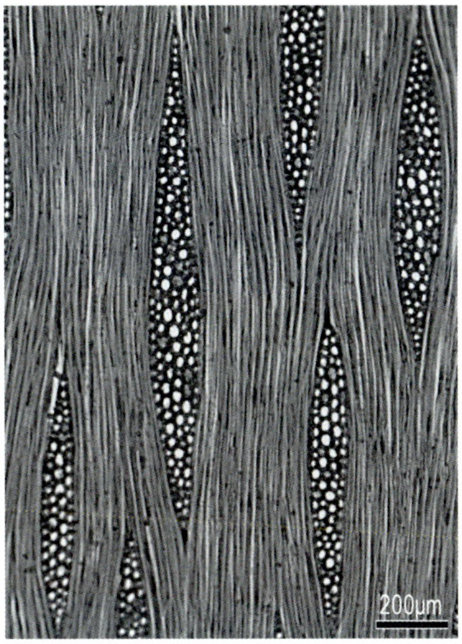

弦切面

微观鉴别要点

早材单管孔，侵填体丰富；晚材管孔团。管间纹孔式互列，系附物纹孔；单穿孔，导管—射线间纹孔式类似管间纹孔式。轴向薄壁组织环管状、环管束状与傍管带状及轮界状。木射线非叠生，单列射线数少，多列射线宽2～6细胞；具连接射线；射线组织同形单列及多列。

木材主要性质

结构中，不均匀，气干密度0.80g/cm³。强度高，冲击韧性甚高。耐腐及抗蚁性均强。干燥良好，速度中等。加工困难，切面光滑，油漆后光亮性优良。

木材主要用途

地板、枕木及桥梁、单板等。

栗 木 *Castanea* spp.

壳斗科 Fagaceae

属　　名　板栗属 *Castanea* Mill.

常见树种　板栗 *C. mollissima* Bl., 锥栗 *C. henryi*（Skan）Rehd et Wils., 茅栗 *C. seguinii* Dode

国外名称

Chinese chestnut, Hairy chestnut

主要产地

北半球温带, 我国除新疆、西藏、东北等地外，全国各地均有自然分布或栽培。

以板栗 *C. mollissima* Bl.为例，描述如下

宏观鉴别要点

环孔材。心材浅栗褐或浅红褐色，边材浅褐色或浅灰褐色。生长轮明显。早材管孔肉眼下明显，排成早材带（1～5列管孔），早晚材急变；晚材带管孔火焰状斜径列。轴向薄壁组织放大镜下可见。木射线放大镜下明显。

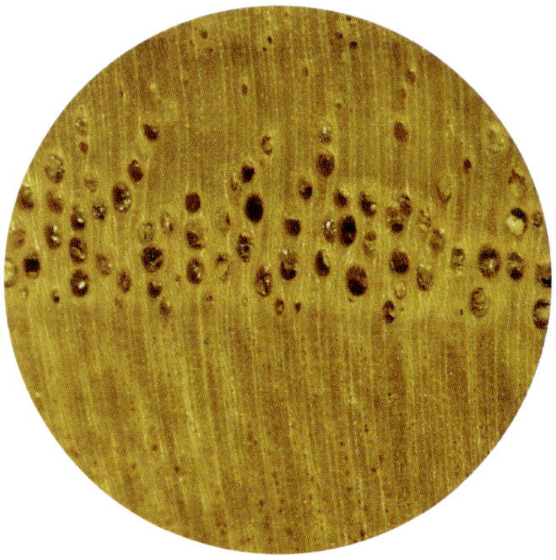

横断面12.5倍

实木照片

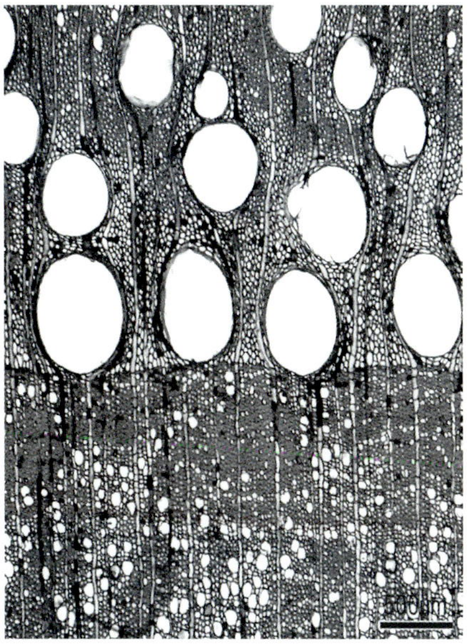

横切面

径切面

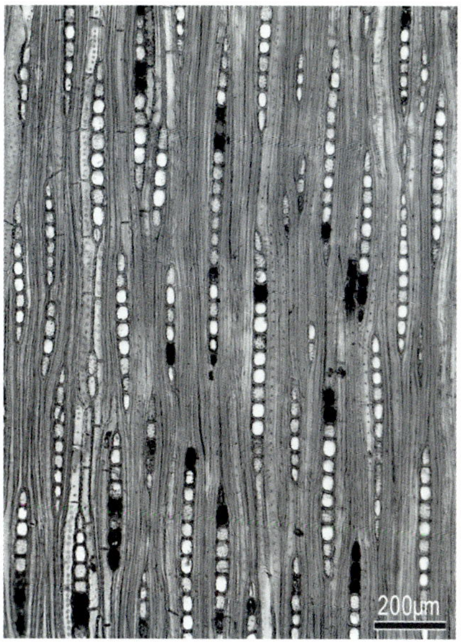

弦切面

微观鉴别要点

单管孔，少数径列复管孔，晚材管孔火焰状斜径列，管间纹孔式互列，单穿孔，导管—射线间纹孔式通常为大圆形。轴向薄壁组织量多，主为星散—聚合及断续离管带状，星散状，具分室含晶细胞。木射线非叠生，单列射线（稀成对或2列），射线组织同形单列。

木材主要性质

结构中至粗，不均匀，气干密度0.69g/cm³。强度及冲击韧性中，耐腐性中等。干燥宜慢，稍有翘曲、开裂、皱缩等倾向。加工较难，油漆后光亮性好。

木材主要用途

地板、电杆、枕木、胶合板、家具、门窗、舟车等。

青　冈 *Cyclobalanopsis* spp.

壳斗科 Fagaceae

属　　名　青冈属 *Cyclobalanopsis* (Endl.) Oerst.

常见树种　青冈 *C. glauca* (Thunb.) Oerst., 竹叶青冈 *C. bambusaefolia* (Hance) Chun, 薄叶青冈 *C. blakei* (Skan) Schott., 福建青冈 *C. chungii* (Metc.) Chun, 黄青冈 *C. delavayi* (Franch.) Schott., 滇青冈 *C. glaucoides* Schott., 细叶青冈 *C. myrsinaefolia* (Bl.) Oerst.

国外名称

Oak, Blue Japanese oak, Schottky oak

主要产地

亚洲东部及我国西南和长江以南。

以青冈 *C. glauca* (Thunb.) Oerst.为例，描述如下

宏观鉴别要点

散孔至半环孔材。心材灰褐带红或浅红褐带灰，心边材区别不明显。生长轮不明显。管孔肉眼可见至略见。轴向薄壁组织量多。木射线分宽窄两类，中至略密。宽射线肉眼可见。

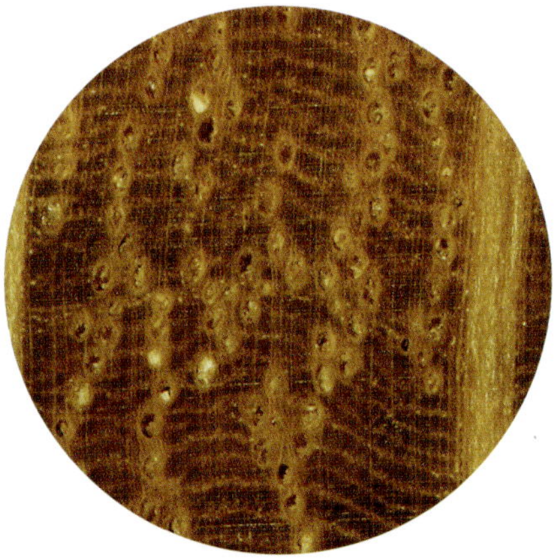

横断面12.5倍

实木照片

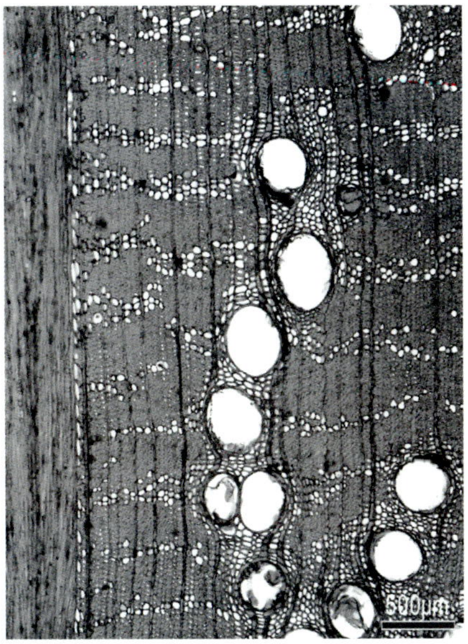

横切面

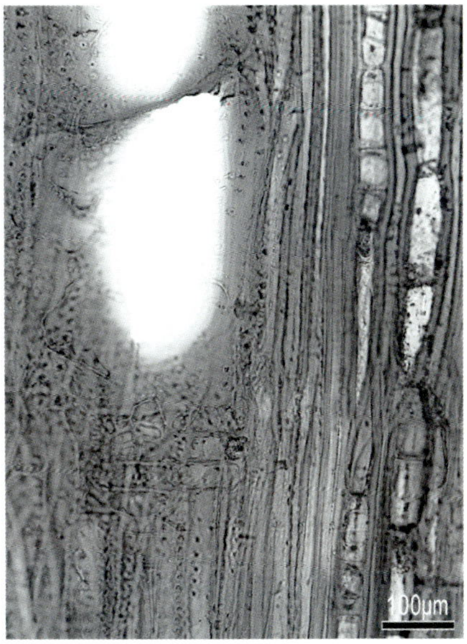

径切面

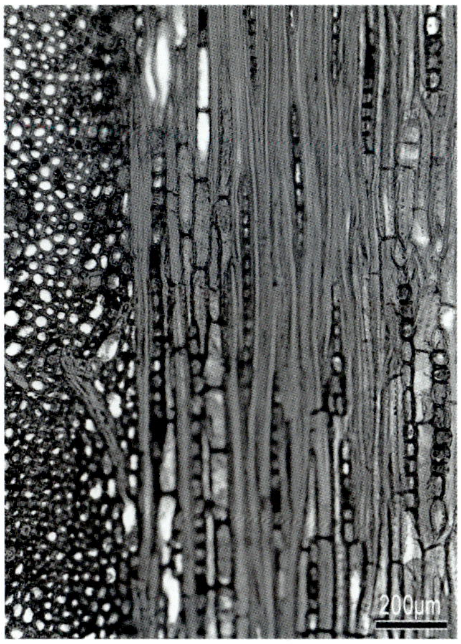

弦切面

微观鉴别要点

单管孔，径列。管间纹孔式互列，单穿孔，导管—射线间纹孔式主为刻痕状。具环管管胞。轴向薄壁组织主为离管带状，少数星散或星散—聚合，具分室含晶细胞。木射线非叠生，宽射线宽和高至许多细胞，为半复合射线；窄射线常宽1细胞，射线组织同形单列及多列。

木材主要性质

结构粗而匀，气干密度0.90g/cm³。强度及冲击韧性高，耐腐耐磨损。干燥困难，干缩大，易开裂与表面硬化。加工困难，但切削面光滑，油漆后光亮性好。

木材主要用途

地板、家具、运动器械、枕木、矿柱、桥梁、造船等。

水青冈 *Fagus* spp.

壳斗科 Fagaceae

属　　名　水青冈属 *Fagus* L.

常见树种　水青冈 *F. longipetiolata* Seem., 米心树 *F. engleriana* Seem., 大叶水青冈 *F. grandifolia* Ehrh., 欧洲水青冈 *F. sylvatica* L.

国外名称

Beech, Longpetiole Beech, American beech, European beech

主要产地

北美洲、欧洲，我国西南到东部，尤以长江流域以南各省区最为常见。

以水青冈 *F. longipetiolata* Seem.为例，描述如下

宏观鉴别要点

半环孔材。心材浅红褐或红褐色，与边材区别不明显。生长轮明显。管孔放大镜下明显或略明显，甚多而小。轴向薄壁组织放大镜下不见或略见，细短弦线或斑点状。木射线分宽窄两类，宽射线与单列射线有中间型多列射线，弦切面呈短纵线，窄射线极细。

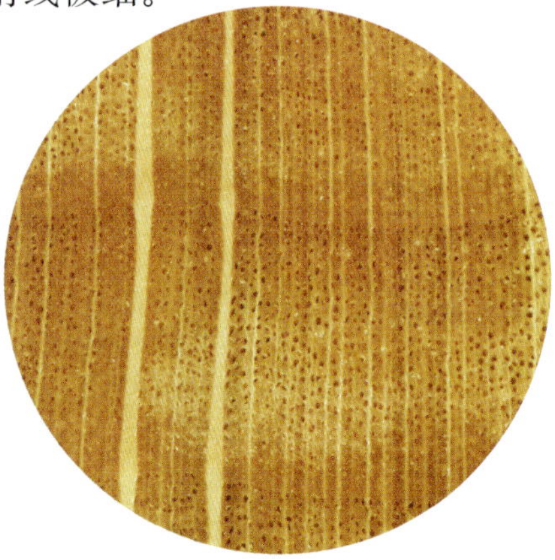

横断面12.5倍

实木照片

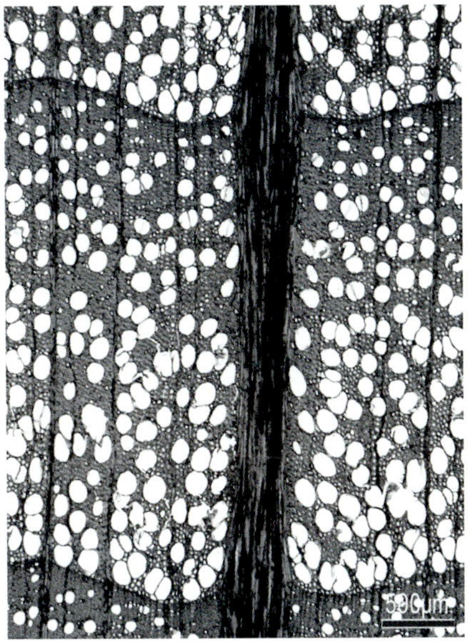

横切面

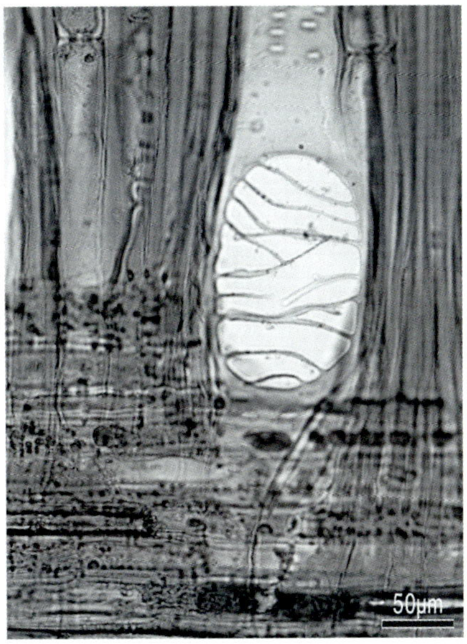

径切面

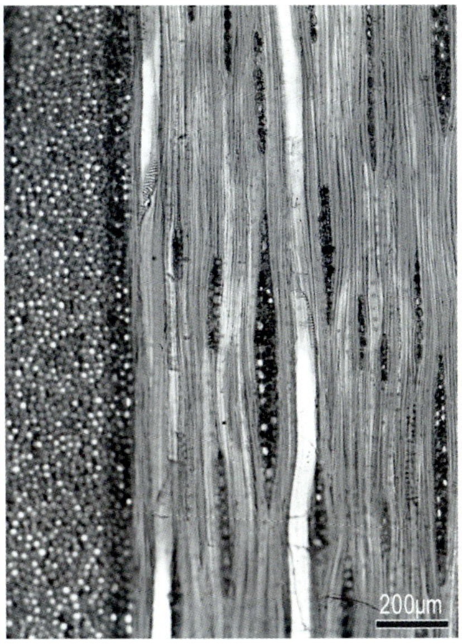

弦切面

微观鉴别要点

单管孔及短径列复管孔。管间纹孔式对列、对列—梯状及梯状，单穿孔及梯状复穿孔，导管—射线间纹孔式为刻痕状。轴向薄壁组织较多，星散—聚合及离管带状。木射线非叠生，窄射线较多，宽射线宽10～20细胞，高度超出切片范围，为复合射线，射线组织异形Ⅲ型。

木材主要性质

结构中而匀，气干密度0.79g/cm³。强度中，冲击韧性高。耐腐性弱至中。干燥易开裂、劈裂及翘曲，速度宜缓。加工不难，切面光滑，油漆后光亮性好。

木材主要用途

地板、钢琴弦轴板、键子底盘、弦乐琴桥、家具、墙板、运动器械等。

红　椆 *Lithocarpus* spp.

壳斗科 Fagaceae

属　　名　椆木属 *Lithocarpus* Bl.

常见树种　红椆 *L. fenzelianus* A. Camus, 桃叶椆 *L. amygdalifolius* （Skan）Hay., 金毛椆 *L. chrysocomus* Chun et Tsiang, 茸毛椆 *L. dealbatus* Rehd., 石栎 *L. glaber* (Thunb.) Nakai, 脚板椆 *L. handelianus* A. Camus, 柄果椆 *L. longipedicellatus* A. Camus

国外名称

Tanoak

主要产地

亚洲东部、南部，非洲及北美洲。我国产西南和长江以南。

以红椆 *L. fenzelianus* A. Camus 为例，描述如下

宏观鉴别要点

散孔材。心材紫红褐色，边材灰红褐或浅红褐色。生长轮略明显。管孔肉眼可见，溪流状径列。轴向薄壁组织放大镜下可见，呈细弦线。木射线分宽窄两类，宽射线肉眼下明显。

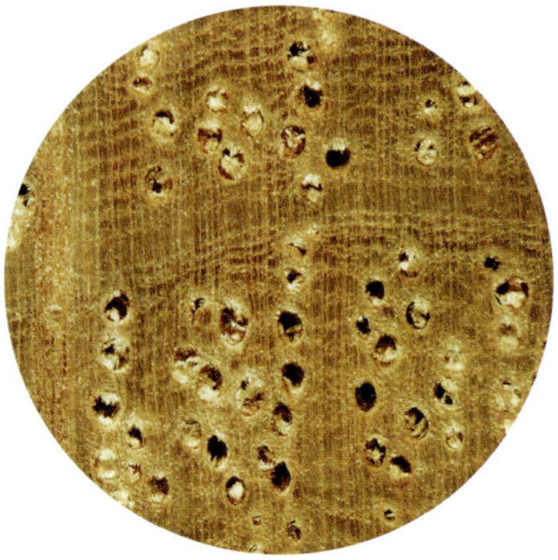

横断面12.5倍

实木照片

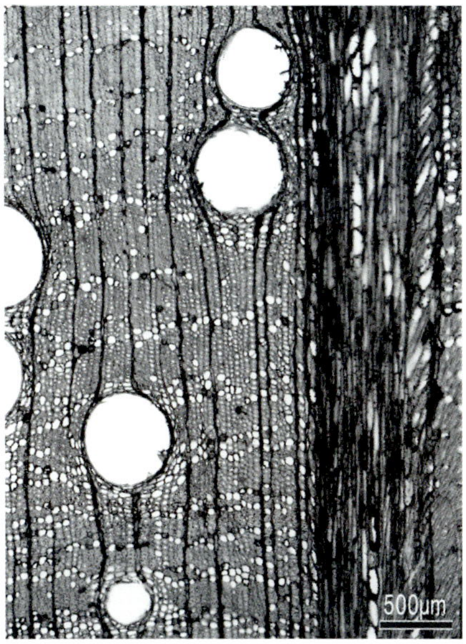

横切面

径切面

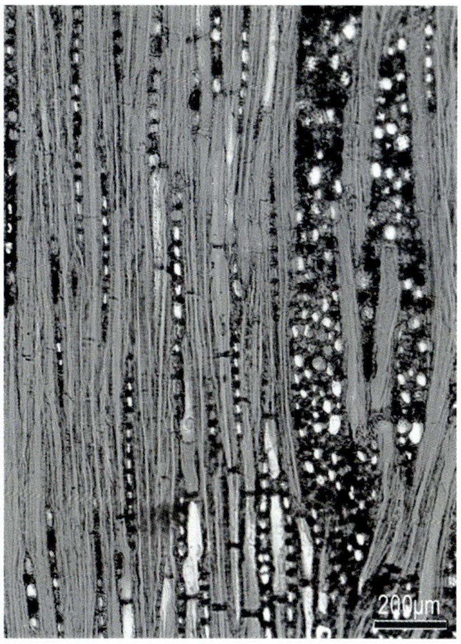

弦切面

微观鉴别要点

单管孔，溪流状径列。管间纹孔式互列，单穿孔，导管—射线间纹孔式为刻痕状。具环管管胞。轴向薄壁组织主为离管带状，少数星散或星散—聚合。木射线非叠生，宽射线为聚合射线；窄射线通常单列，偶2列；射线组织异形Ⅲ型；含少量树胶，菱形晶体数少。

木材主要性质

结构粗而匀，气干密度0.88g/cm³。强度高，耐腐性强，抗海生钻木动物蛀蚀性中等。干燥困难，速度缓慢。加工困难，油漆后光亮性好，胶粘性能亦好。

木材主要用途

地板、家具、造船用龙骨、龙筋、船壳板、枕木、矿柱等。

红　栎 *Quercus* spp.

壳斗科 Fagaceae

属　　名　栎属 *Quercus* L.

常见树种　红栎 *Q. rubra* L., 苦栎 *Q. cerris* L., 脂红栎 *Q. coccinea* Muenchh., 镰状栎 *Q. falcata* Michx., 舒氏红栎 *Q. shumardii* Buckl.

国外名称

Oak, Red oak, Turkey oak, Scarlet oak, American red oak, Shumard oak

主要产地

亚洲、欧洲、北非、北美地区。

以红栎 *Q. rubra* L.为例，描述如下

宏观鉴别要点

环孔材。木材黄色至浅红褐色。生长轮明显。早材管孔肉眼下明显，形成早材带，宽2～5管孔。晚材管孔小，放大镜下略见。轴向薄壁组织星散—聚合、星散及环管状。木射线分宽窄两种：宽木射线肉眼下极明显；窄射线放大镜下略见。

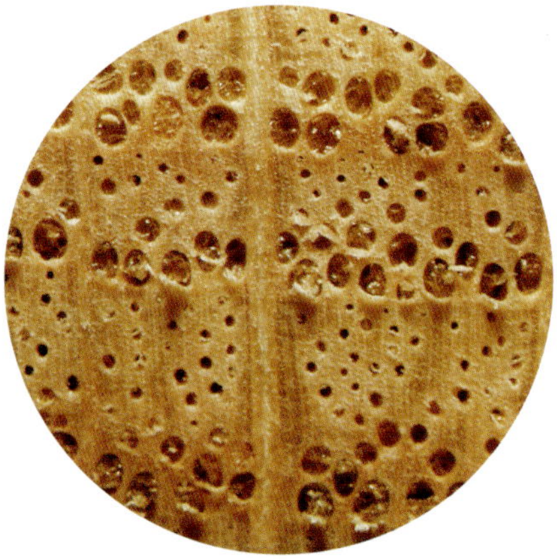

横断面12.5倍

实木照片

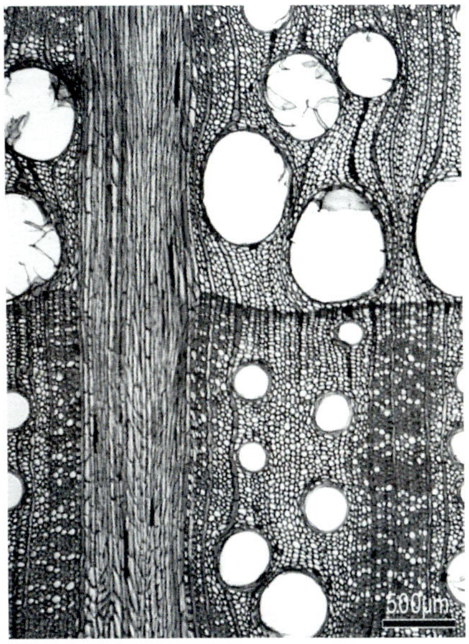

横切面

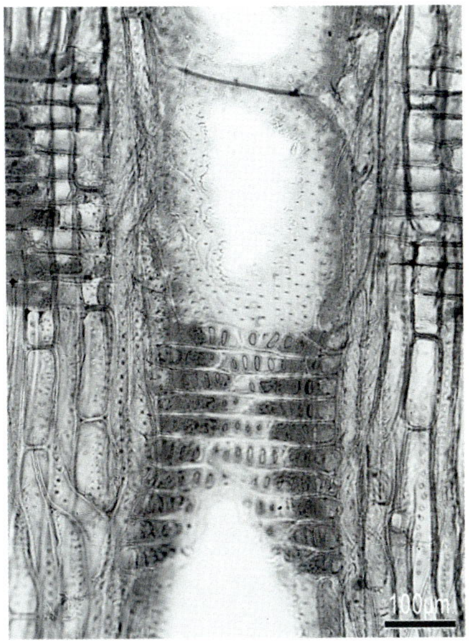

径切面

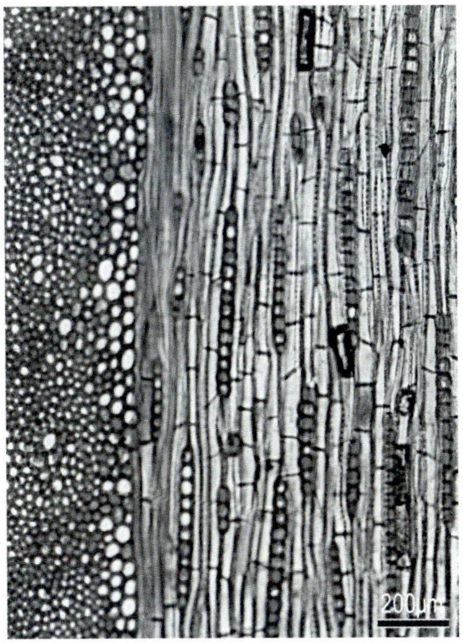

弦切面

微观鉴别要点

单管孔，早材管孔具侵填体。管间纹孔式互列，单穿孔，导管—射线间纹孔式刻痕状或大圆形。环管管胞量多。薄壁组织星散—聚合、星散及环管状。木射线非叠生，窄射线通常单列，宽射线宽12～30细胞，高度常出切片范围，为复合射线，射线组织同形单列及多列。

木材主要性质

结构中而匀，气干密度0.66～0.77g/cm³。强度高，握钉力强。干燥速率较小至中等。加工容易，胶粘、油漆性能良好。

木材主要用途

地板、家具、建筑用材、啤酒桶、酒精桶等。

白　栎 *Quercus* spp.

壳斗科 Fagaceae

属　　名　栎属 *Quercus* L.

常见树种　美洲白栎 *Q. alba* L., 二色栎 *Q. bicolor* Willd., 加州白栎 *Q. lyrata* Walt., 柞木 *Q. mongolica* Fisch. et Turcz.

国外名称

Oak, White oak, Swamp white oak

主要产地

亚洲、欧洲及北美地区。

以美洲白栎 *Q. alba* L.为例，描述如下

宏观鉴别要点

环孔材。心材浅褐色，心边材区别明显，边材浅黄或浅红色。早材管孔肉眼下明显，形成早材带1～3管孔宽，侵填体丰富；晚材管孔小；早晚材急变。晚材带轴向薄壁组织呈火焰状径列。木射线分宽窄两种，宽木射线肉眼下明显，在弦切面呈纵向细线；窄射线密而窄。

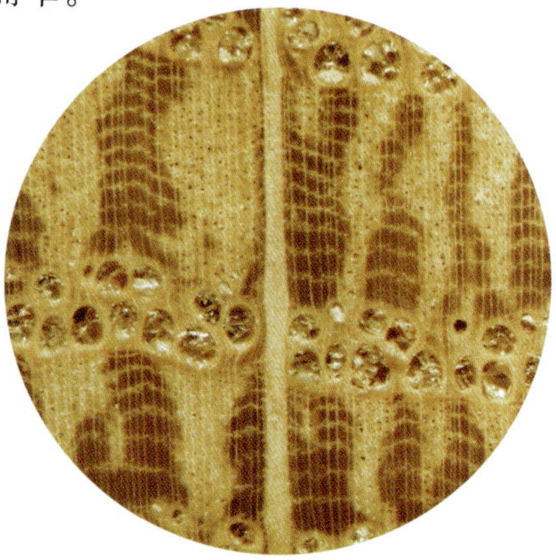

横断面12.5倍

实木照片

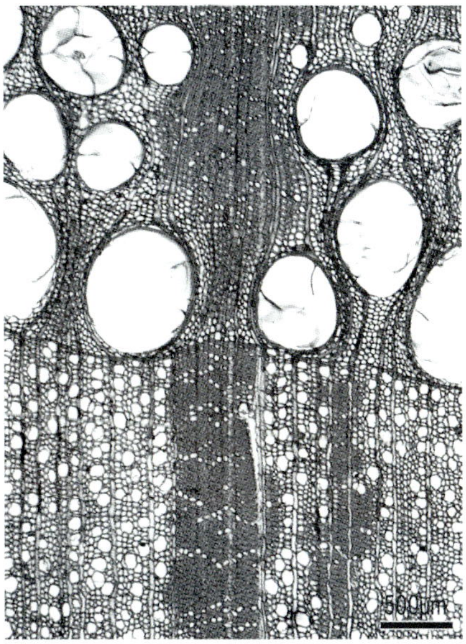

横切面

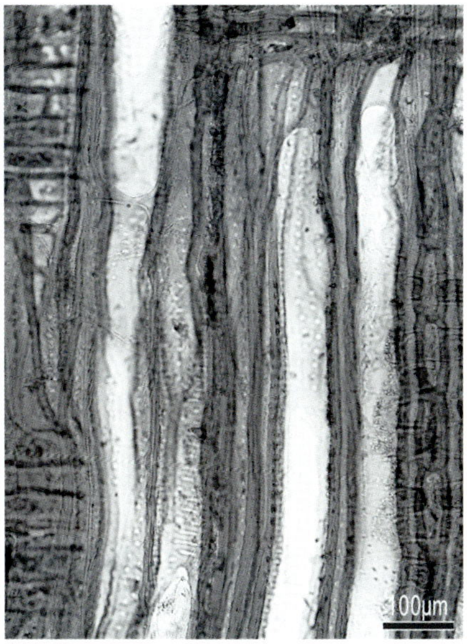

径切面

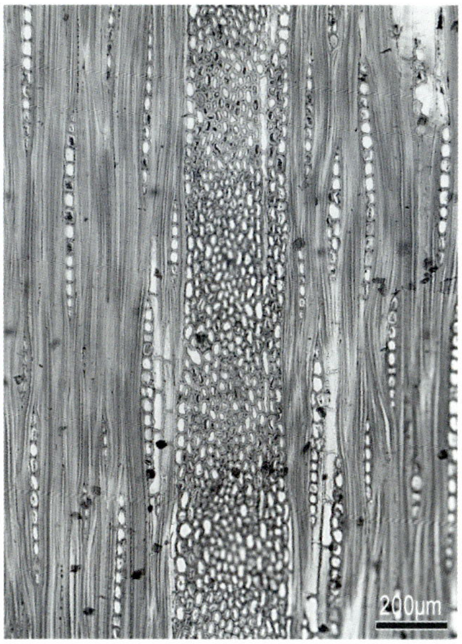

弦切面

微观鉴别要点

单管孔。管间纹孔式互列，单穿孔，导管—射线间纹孔式刻痕状或大圆形。轴向薄壁组织细线状，宽1细胞，与木射线构成网状。环管管胞丰富。宽射线宽12～30细胞，高度超过切片范围，为复合射线；窄射线甚多，单列或宽2细胞，射线组织同形单列及多列。

木材主要性质

结构中而匀，气干密度0.77g/cm³。强度高，握钉力强。干燥较难，防止开裂。加工较难，胶粘及油漆性较差。

木材主要用途

地板、家具、建筑用材、啤酒桶、酒精桶等。

毛药木 *Goupia* spp.

毛药树科 Goupiaceae

属　　名　毛药树属 *Goupia* Aubl.

常见树种　光毛药树 *G. glabra* Aubl.

国外名称

Cupiuba, Koepie, Cachaceiro, Copiuva, Sapino, Saino, Copi

主要产地

南美洲热带地区，特别是亚马孙地区和哥伦比亚等地。

以光毛药树 *G. glabra* Aubl. 为例，描述如下

宏观鉴别要点

散孔材。心材浅红褐色或红褐色，常带细黑色条纹，与边材区分不明显；边材浅黄褐色。生长轮不明显。管孔放大镜下明显，数量少，略大。轴向薄壁组织放大镜下未见。木射线放大镜下明显，略密，窄至略宽。当为生材时具有浓烈臭味，干燥后臭味减退。

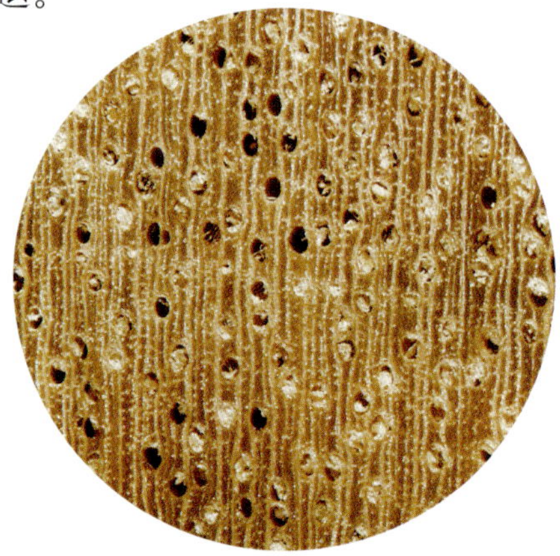

横断面12.5倍

实木照片

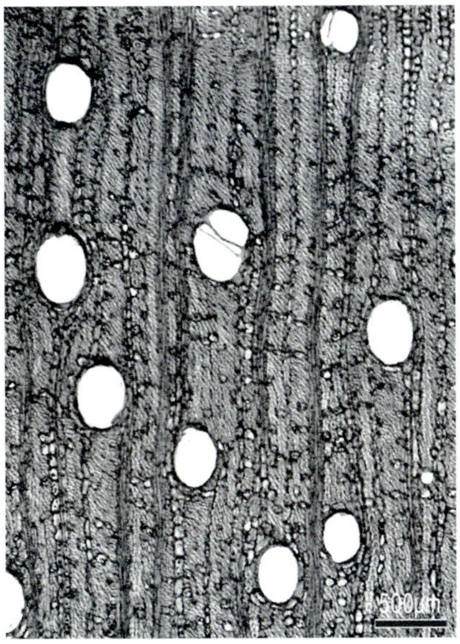

横切面

径切面

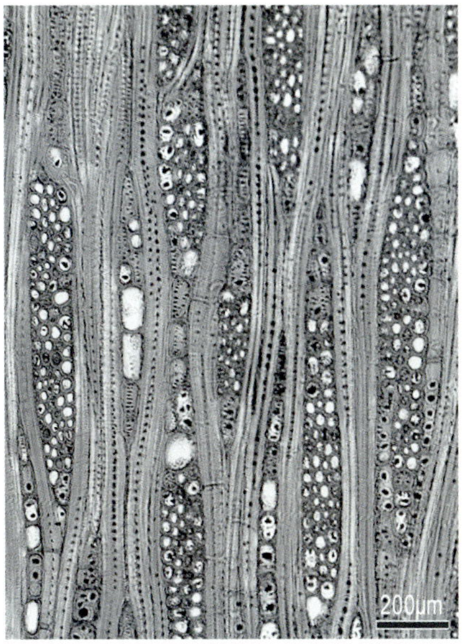

弦切面

微观鉴别要点

单管孔，少数径列复管孔。管间纹孔式互列，复穿孔梯状，导管—射线间纹孔式类似管间纹孔式。木纤维具缘纹孔明显。轴向薄壁组织星散状、星散—聚合状、疏环管状。木射线非叠生，单列射线少，多列射线宽3～10细胞，具连接射线；射线组织异形Ⅰ型。

木材主要性质

结构细至匀，气干密度0.81～0.90g/cm³。强度中至高，抗白蚁和海生钻木动物危害中等。干燥速度中等，会产生轻度翘曲和开裂。加工困难。胶合、染色性能好。

木材主要用途

地板、建筑材、枕木、电杆、农具、单板、细木工、车旋材等。

海棠木 *Calophyllum* spp.

藤黄科 Guttiferae

属　　名　海棠木属 *Calophyllum* L.

常见树种　海棠木 *C. inophyllum* L., 巴西海棠木 *C. brasiliense* Camb., 多花海棠木 *C. floribundum* Hook. f., 大果海棠木 *C. macrocarpum* Hook. f.

国外名称

Bintangor, Bitaog, Bongnget, Tanghon, Mu-u, Santa maria

主要产地

中美洲、南美洲、东南亚等地区。中国南部和西部。

以海棠木 *C. inophyllum* L.为例，描述如下

宏观鉴别要点

散孔材。心材粉红褐色、红褐色至深红褐色，与边材区别略明显；边材浅粉色。生长轮不明显。管孔肉眼下略见，有的含沉积物，斜列或径列，数量少，大小中等。轴向薄壁组织放大镜下可见，带状。木射线放大镜下略见，略密，甚窄。

横断面12.5倍

实木照片

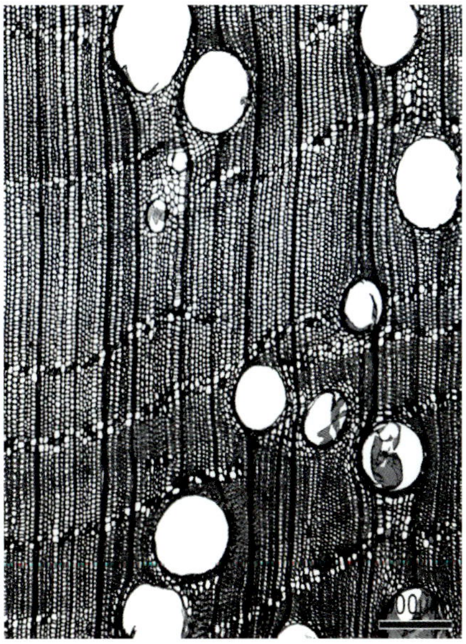

横切面

径切面

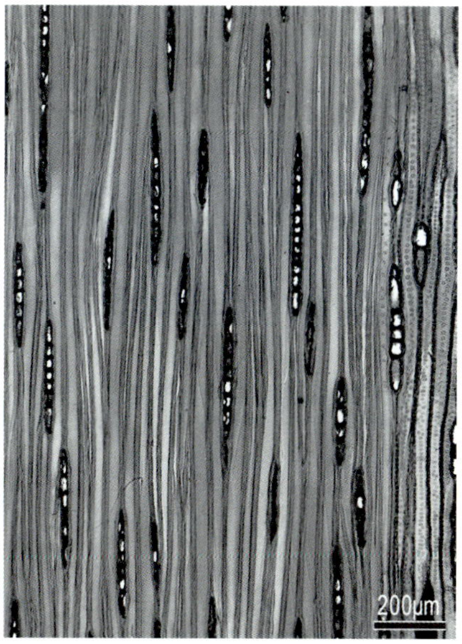

弦切面

微观鉴别要点

单管孔，常斜列。管间纹孔式互列，单穿孔，导管—射线间纹孔式为大圆形及刻痕状。环管管胞量多。轴向薄壁组织呈带状（宽1～4细胞）。木射线非叠生，单列射线（偶2列），射线组织同形或异形单列，少数Ⅲ型及Ⅱ型。

木材主要性质

结构中而匀，气干密度0.60～0.74g/cm³。强度高，略耐腐。干燥困难，速度应缓慢，易翘曲。加工较易，着色或油漆需要填料。

木材主要用途

地板、电杆、桅杆、造船、潜水板、建筑材、家具、车辆、枪托及乐器等。

马蹄荷 *Exbucklandia* spp.

金缕梅科 Hamamelidaceae

属　　名　马蹄荷属 *Exbucklandia* R. W. Brown

常见树种　马蹄荷 *E. populnea*（R. Br） R. W. Brown, 大果马蹄荷 *E. tonkinensis* (Lec.) Steenis.

国外名称

Bigfruit exbucklandia, Common exbucklandia, Gerok

主要产地

亚洲热带及亚热带的印度、缅甸、马来西亚等地。我国主要分布于西南及中南。

以马蹄荷 *E. populnea*（R. Br.） R. W. Brown为例，描述如下

宏观鉴别要点

散孔材。心材浅红褐或浅黄褐色至暗红色，与边材区别不明显；边材浅黄褐色。生长轮明显。管孔甚多，甚小至略小，放大镜下略见，散生或径列。轴向薄壁组织不见。木射线密度中甚细至略细，放大镜下可见。

横断面12.5倍

实木照片

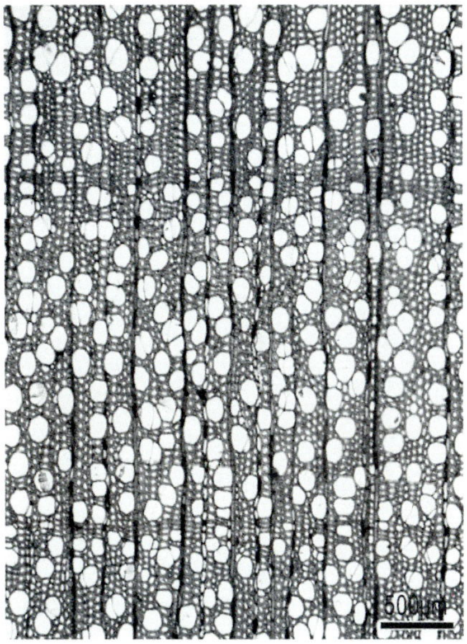

横切面

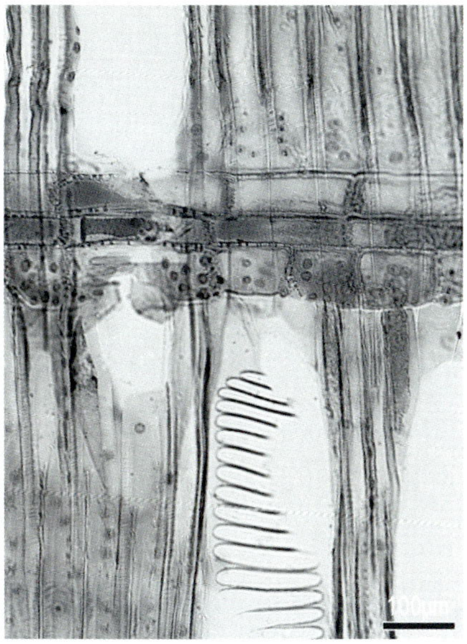

径切面

弦切面

微观鉴别要点

单管孔，稀短径列复管孔（通常2个），散生或径列。管间纹孔式罕见，梯状及对列，梯状复穿孔，导管—射线间纹孔式类似管间纹孔式。纤维管胞具缘纹孔明显。轴向薄壁组织甚少，星散状及似环管状。木射线非叠生，通常为单列射线，稀成对或2列；射线组织异形Ⅱ型；部分射线细胞含树胶。

木材主要性质

结构甚细，均匀，气干密度0.67g/cm³。强度中，耐腐。干燥应缓慢，须防止开裂。加工较易，但板面不易刨光。

木材主要用途

地板、家具、胶合板、雕刻、车厢、房架、枕木、桥梁、船壳板、砧板等。

山核桃 *Carya* spp.

核桃科 Juglandaceae

属　　名　山核桃属 *Carya* Nutt.

常见树种　山核桃 *C. cathayensis* Sarg., 水山核桃 *C. aquatica* (Michx. f.) Nutt., 薄壳山核桃 *C. illinoensis* (Wangenh.) K. Koch, 光皮山核桃 *C. glabra* (P. Mill.) Sweet.

国外名称

Cathay hickory, water hickory, Pignut hickory

主要产地

北美至墨西哥和亚洲。我国分布华东至西南。

以山核桃 *C. cathayensis* Sarg. 为例，描述如下

宏观鉴别要点

环孔材。心材暗红褐色，与边材区别明显，边材红褐或黄褐色。生长轮明显。早材管孔肉眼可见，排成早材带，多呈斜列；侵填体常见；早晚材急变至略急变；晚材管孔略少，放大镜下可见。轴向薄壁组织肉眼下可见，呈带状与轮界状；木射线略密甚细，放大镜下明显。

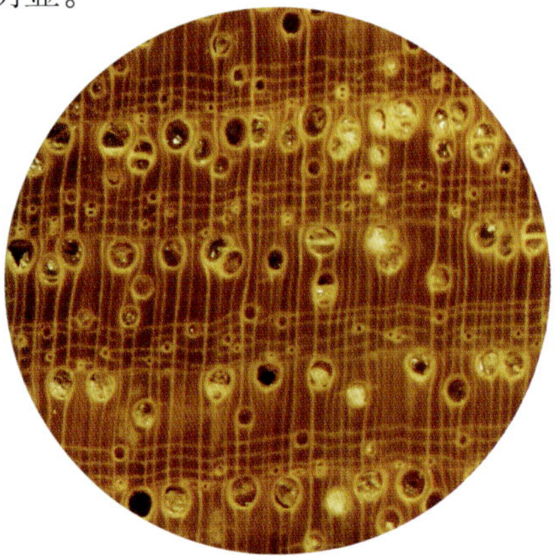

横断面12.5倍

实木照片

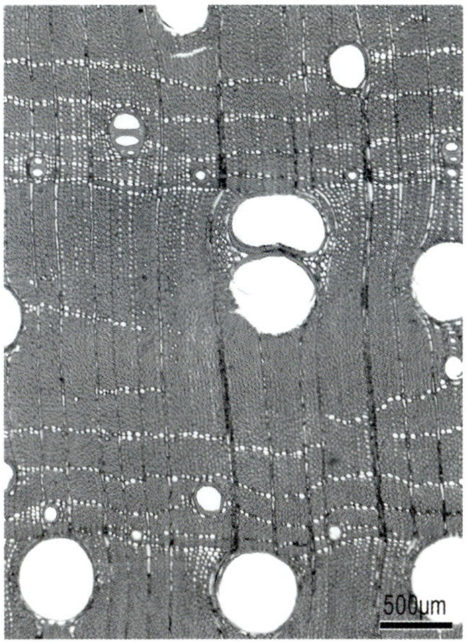

横切面

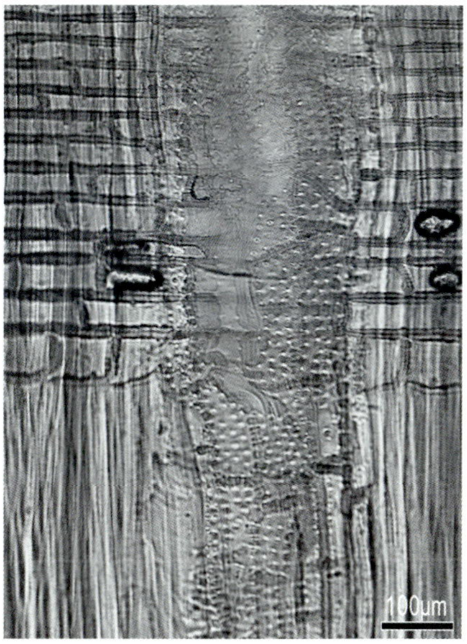

径切面

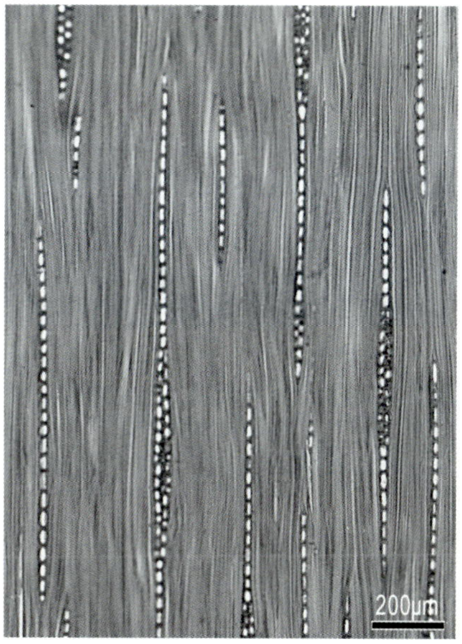

弦切面

微观鉴别要点

单管孔，稀短径列复管孔。管间纹孔式互列，单穿孔，导管—射线间纹孔式类似管间纹孔式。轴向薄壁组织离管带状与星散—聚合状、环管束状与轮界状。木射线非叠生；单列射线数多，多列射线宽2～3细胞，射线组织异形Ⅲ型；射线细胞具菱形晶体。

木材主要性质

结构细至中，不均匀，气干密度0.74g/cm^3。强度及冲击韧性中等，耐久性中等。干燥缓慢，有变形和开裂缺陷。加工容易，切面光滑，耐磨及胶粘性中等。

木材主要用途

地板、雪橇、车辆材、木梯、运动器械等。

黄　杞 *Engelhardtia* spp.

核桃科 Juglandaceae

属　　名　黄杞属 *Engelhardtia* Lesch. ex Bl.

常见树种　黄杞 *E. roxburghiana* Wall., 少叶黄杞 *E. fenzelii* Merr., 云南黄杞 *E. spicata* Bl.

国外名称

Yunnan engelhardtia, roxburgh Engelhardtia

主要产地

泰国、马来西亚、印度尼西亚及我国南部和西南部。

以黄杞 *E. roxburghiana* Wall. 为例，描述如下

宏观鉴别要点

半环孔至散孔材。木材浅灰褐或浅灰红褐色，心边材区别不明显，常带蓝变色杂斑。生长轮不明显至略明显。管孔肉眼下可见，大小中等，略少；径列或斜列。轴向薄壁组织略多，放大镜下明显；离管带状及傍管状。木射线中至略密，极细至略细。

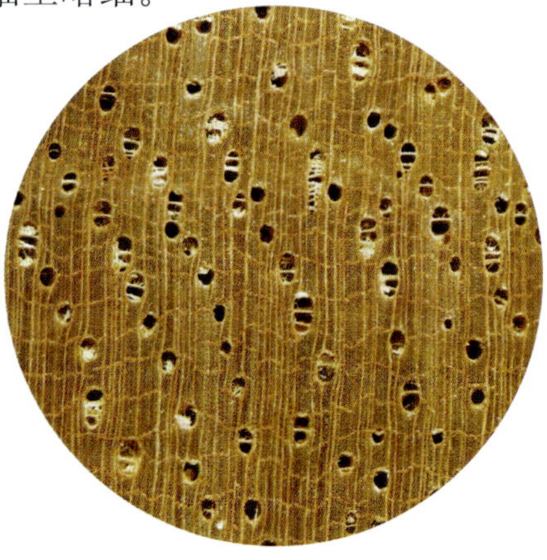

横断面12.5倍

实木照片

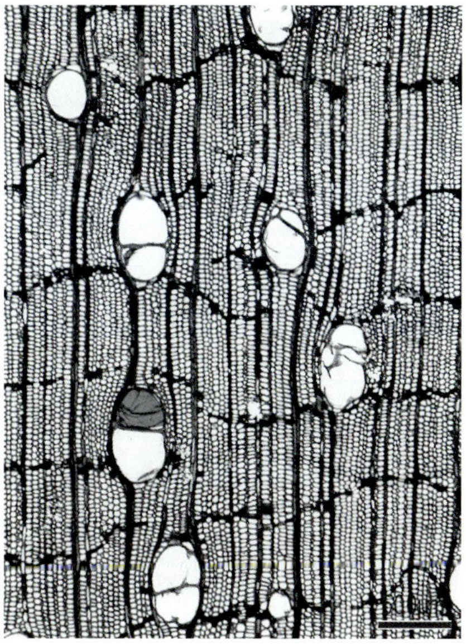

横切面

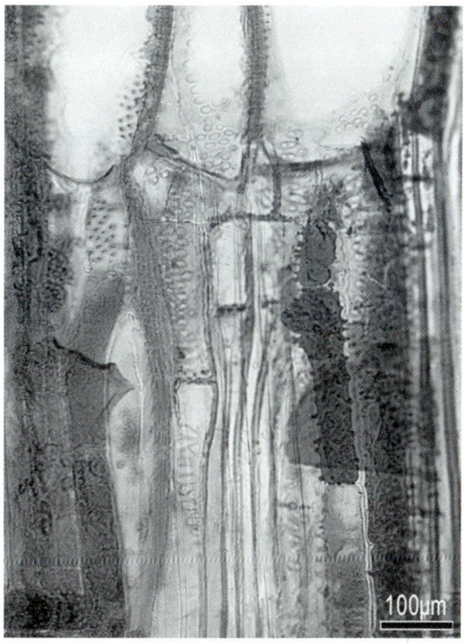

径切面

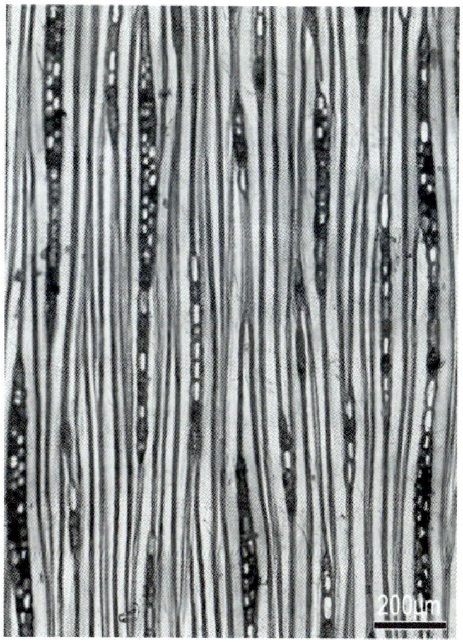

弦切面

微观鉴别要点

单管孔及径列或斜列复管孔。管间纹孔式互列，单穿孔，稀梯状复穿孔，导管—射线间纹孔式类似管间纹孔式或刻痕状。轴向薄壁组织主为离管带状、环管束状与环管状，少数星散或星散—聚合状。木射线非叠生；多列射线宽2~3细胞，具连接射线；射线组织异形Ⅱ型。

木材主要性质

结构细，略均匀，气干密度0.56g/cm³。强度低至中，冲击韧性中等。干燥不难，略翘曲。加工容易，油漆后光亮性中等，易胶粘。

木材主要用途

地板、房屋建筑、门、窗、橱柜、胶合板、枪托等。

核桃楸 *Juglans mandshurica*

核桃科 Juglandaceae

属　　名　核桃属 *Juglans* L.

常见树种　核桃楸 *J. mandshurica* Maxim.

国外名称

Manchurian walnut

主要产地

我国东北部，河北、山西，亦分布朝鲜北部，俄罗斯西伯利亚及远东地区。

以核桃楸 *J. mandshurica* Maxim.为例，描述如下

宏观鉴别要点

半环孔材或似散孔材。心材浅褐或栗褐色，与边材区别明显，边材浅黄褐色。生长轮明显。管孔中等大小，肉眼下可见，呈之字型排列，侵填体常见。轴向薄壁组织放大镜下明显，离管带状，呈不连续细弦线。木射线略密，极细至中，肉眼下略见。

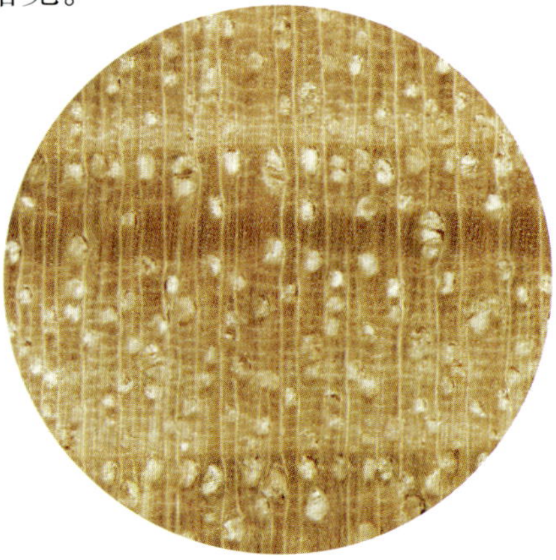

横断面12.5倍

实木照片

横切面

径切面

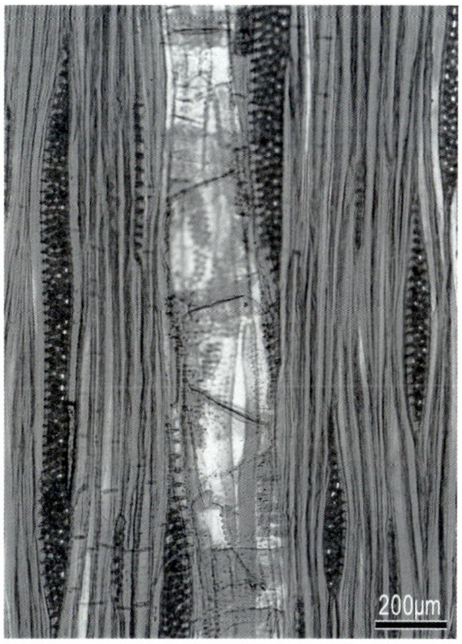

弦切面

微观鉴别要点

单管孔及径列复管孔（2～5个）。管间纹孔式互列，单穿孔，导管—射线间纹孔式类似管间纹孔式。轴向薄壁组织离管带状，少数星散—聚合、环管束与星散状。木射线非叠生，单列射线数多，多列射线宽2～4细胞；射线组织同形单列及多列，少数异形Ⅲ型。

木材主要性质

结构细，略均匀，气干密度0.52g/cm³。强度低或低至中，耐腐，但不抗蚁蛀。干燥缓慢，干燥后性质稳定，不易变形。加工容易，刨面光洁。

木材主要用途

地板、家具、墙板、胶合板、枪托、仪器箱盒、钢琴壳、机模、雕刻等。

黑核桃 *Juglans nigra*

核桃科 Juglandaceae

属　　名　核桃属 *Juglans* L.

常见树种　黑核桃 *J. nigra* L.

国外名称

Black walnut, American black walnut

主要产地

美国东部、意大利。

以黑核桃 *J. nigra* L.为例，描述如下

宏观鉴别要点

半环孔材。心材浅褐色至巧克力色或紫褐色，具有黑色细条纹，与边材区别明显；边材白至淡黄色。生长轮明显。管孔肉眼下可见，分散，略少，甚大，充满侵填体。轴向薄壁组织放大镜下可见，弦向细线状。木射线放大镜下可见，略密，窄细。

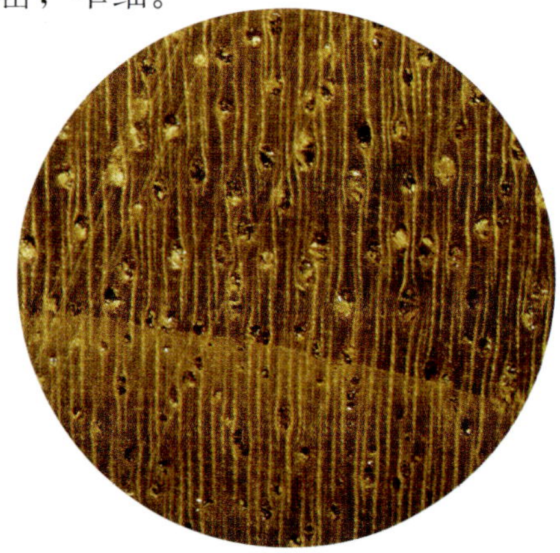

横断面12.5倍

实木照片

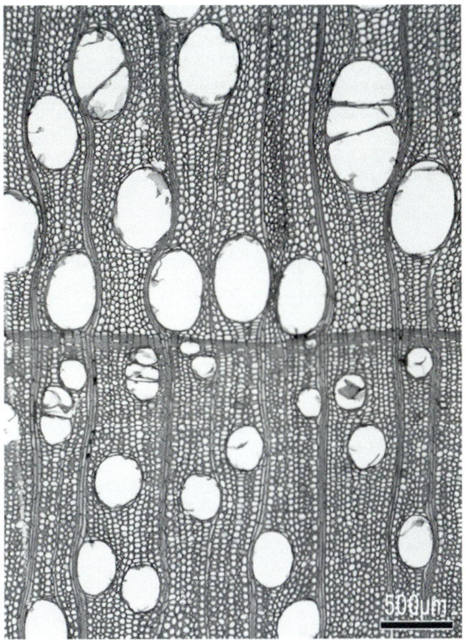

横切面

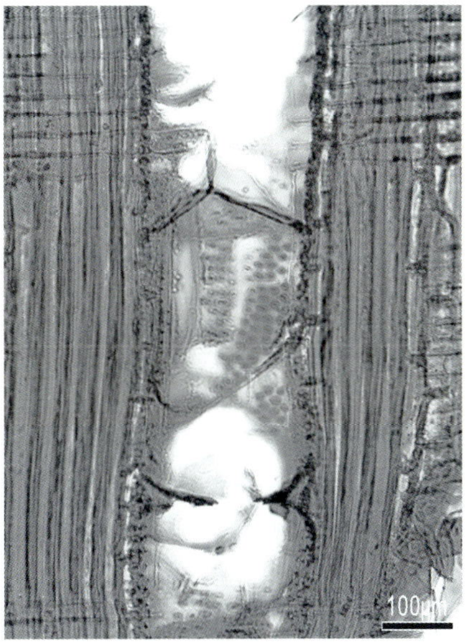

径切面

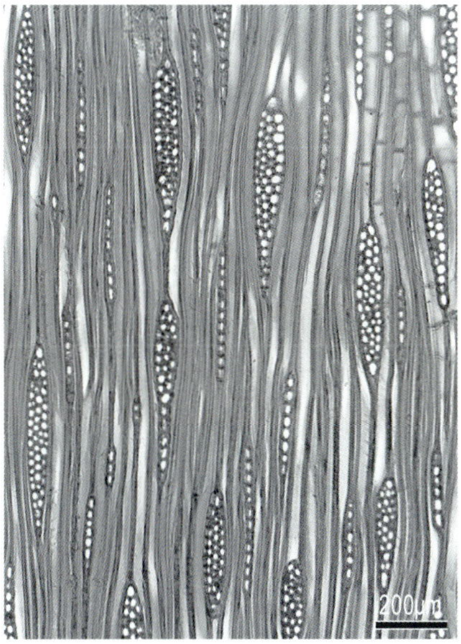

弦切面

微观鉴别要点

单管孔及复管孔（2～3个）。导管间纹孔式互列，单穿孔，导管—射线间纹孔式类似管间纹孔式。轴向薄壁组织星散、带状、疏傍管及环管状，具膨大的含晶异细胞。单列射线较小，多列射线宽2～5细胞；射线组织同形单列及多列，少数异形Ⅲ型。

木材主要性质

结构中，气干密度0.56～0.67g/cm³。强度中。干燥较难，干燥速度应缓慢，防止开裂。加工容易，胶粘和油漆性能良好。

木材主要用途

地板、家具、装饰单板、室内装修、镶板、细木工及枪托等。

安尼樟 *Aniba* spp.

樟科 Lauraceae

属　　名　安尼樟属 *Aniba* Aubl.

常见树种　安尼樟 *A. canelilla* (H. B. K.) Mez., 亚马孙安尼樟 *A. amazonica* Mez., 白背安尼樟 *A. hypoglauca* Sandw.

国外名称

Yellow silverballi, Ginger gale, Kawioi, Kurero silverbali, Canela, Preciosa, Casca-preciosa

主要产地

中美洲及热带南美洲。

以安尼樟 *A. canelilla* (H. B. K.) Mez. 为例，描述如下

宏观鉴别要点

散孔材。心材橄榄色至黑褐色，与边材区别明显，边材浅黄色。生长轮不明显。管孔放大镜下可见，散生，数量少，具侵填体。轴向薄壁组织放大镜下可见，环管状。木射线放大镜下明显，窄，略密。

横断面12.5倍

实木照片

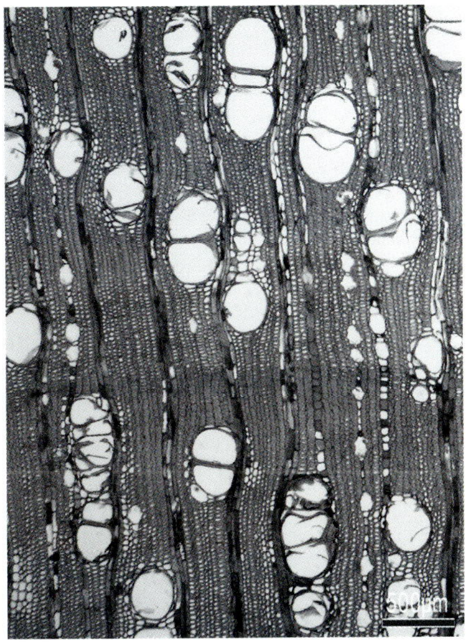

横切面

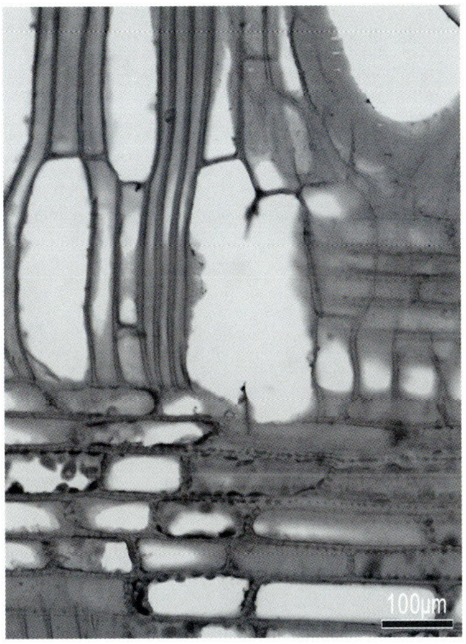

径切面

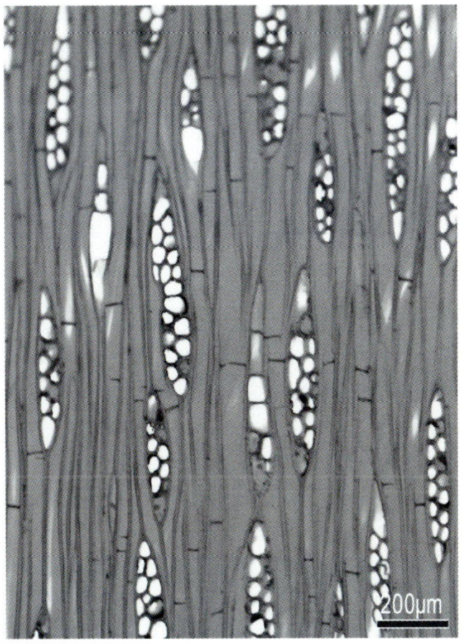

弦切面

微观鉴别要点

单管孔与径列复管孔。管间纹孔式互列，单穿孔，导管—射线间纹孔式大圆形及刻痕状。轴向薄壁组织疏环管状及星散状，油细胞丰富。木射线非叠生，单列射线较少，多列射线宽2～3细胞；射线组织异形Ⅱ型，少数异形Ⅲ型。射线中油细胞常见。

木材主要性质

结构细而均匀，气干密度0.56～0.67g/cm³。强度高，耐腐。干燥速度中等，略有开裂和变形。加工不难，切面光滑。

木材主要用途

地板、建筑、家具、车辆、造船、农具、车旋制品等。

桂　樟 *Cinnamomum* spp.

樟科 Lauraceae

属　　名　樟木属 *Cinnamomum* Schaeffer

常见树种　肉桂 *C. cassia* Presl, 华南桂 *C. austro-sinense* H. T. Cheng, 钝叶桂 *C. bejolghota* (Buch. Ham.) Sweet, 辣汁树 *C. tsangii* Merr.

国外名称

South China cinnamomum, Obtuseleaf cinnamomum, Cassia-Bark Tree, Medang

主要产地

印度尼西亚、马来西亚，亚洲东部、大洋洲及我国南部。

以肉桂 *C. cassia* Presl为例，描述如下

宏观鉴别要点

散孔材。心材浅红褐色，与边材区别明显，边材黄褐色。新切面肉桂气味浓厚，具辛辣及甘甜滋味。生长轮略明显，轮间呈深色带。管孔少至略多，略小至中，斜列或散生，具侵填体。轴向薄壁组织放大镜下明显，呈傍管状。木射线极细至略细。

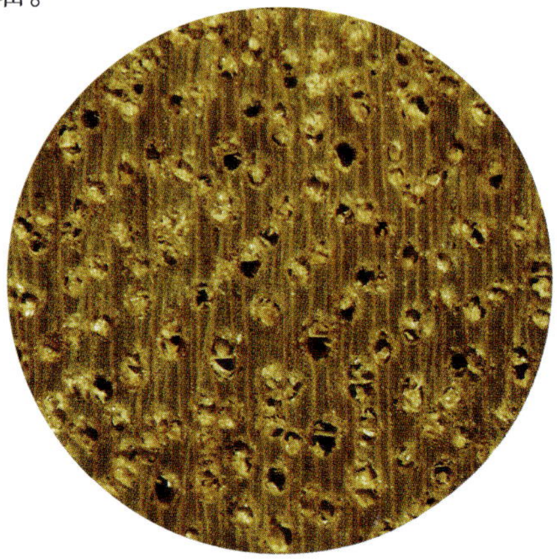

横断面12.5倍

实木照片

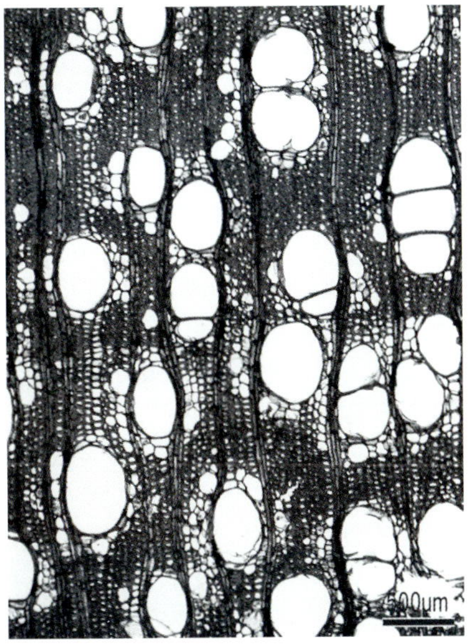

横切面

径切面

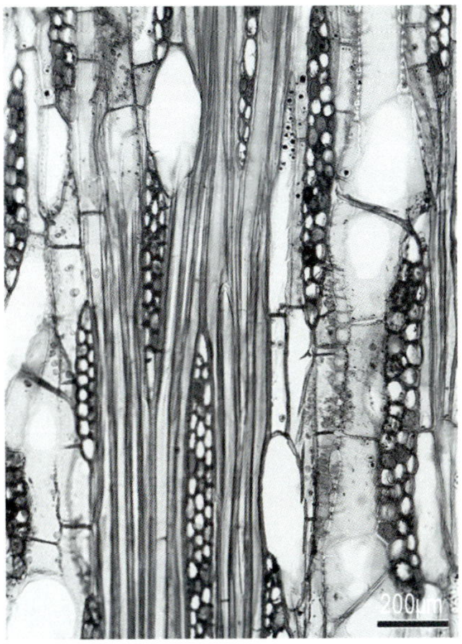

弦切面

微观鉴别要点

单管孔及短径列复管孔。管间纹孔式互列，单穿孔，稀梯状复管孔，导管—射线间纹孔式多为刻痕状。轴向薄壁组织环管状、环管束状、似翼状及似聚翼状；油细胞多。木射线非叠生，单列射线数少，宽木射线宽2～3细胞；射线组织异形Ⅲ型或Ⅱ型；射线中具油细胞。

木材主要性质

结构细，均匀，气干密度0.71g/cm³。强度中，干缩及冲击韧性中等。易遭虫蛀。切削容易，切面光滑；油漆后光亮性好，胶粘性能中等。钉钉不难，不劈裂。

木材主要用途

地板、家具、农具、房屋结构及室内装修。

铁樟木 *Eusideroxylon* spp.

樟科 Lauraceae

属　　名　铁樟属 *Eusideroxylon* Teujsm. & Binnend.

常见树种　坤甸铁樟木 *E. zwageri* Teijsm. & Binnend., 铁樟木 *E. malagangai* Sym.

国外名称

Belian, Borneo ironwood, Uling, Onglen, Bulian, Badjudjang, Tihin, Ulin, Oelin

主要产地

马来西亚、印度尼西亚及菲律宾。

以坤甸铁樟木 *E. zwageri* Teijsm. & Binnend.为例，描述如下

宏观鉴别要点

散孔材。心材黄褐色至红褐色，久则转呈黑色，与边材区别明显，边材黄褐色至红褐色。生长轮不明显。管孔肉眼可见，散生或略呈斜列，内含沉积物。轴向薄壁组织肉眼下可见，呈翼状、聚翼状、环管状及带状。木射线放大镜下可见，稀至中，窄。

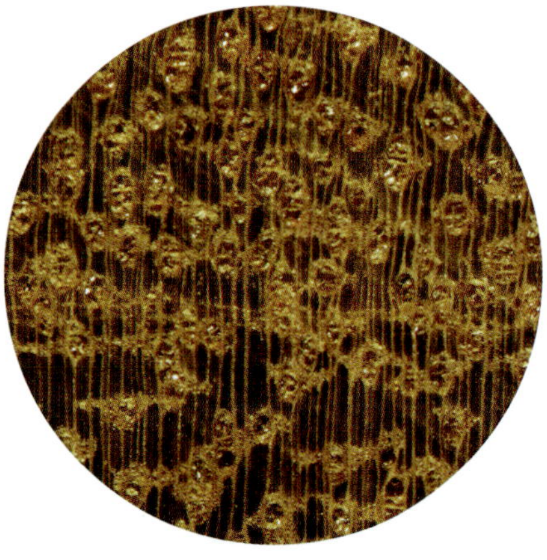

横断面12.5倍

实木照片

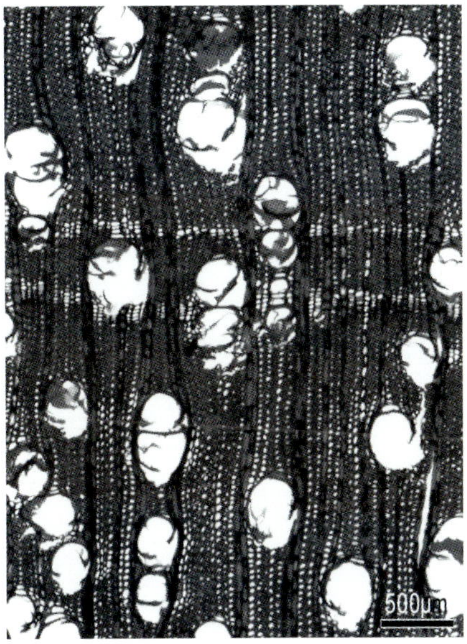

横切面

径切面

弦切面

微观鉴别要点

单管孔，少数径列复管孔（2～4个）。管间纹孔式互列，单穿孔，导管—射线间纹孔式大圆形，少数刻痕状。轴向薄壁组织呈翼状、聚翼状、环管状、不规则带状及轮界状；油细胞或粘液细胞普遍。木射线非叠生，单列射线甚少，多列射线宽2～4细胞，射线组织异形Ⅲ型。

木材主要性质

结构细至中，略均匀，气干密度1.20g/cm³。强度甚高，耐腐性强。干燥困难，速度慢，有劈裂和面裂倾向。加工较难，切面光滑，胶粘性能差。

木材主要用途

地板、房柱、电杆、码头、桥梁等。

绿心樟 *Ocotea* spp.

樟科 Lauraceae

属　　名　绿心樟属 *Ocotea* Aubl.

常见树种　绿心樟 *O. rodiei* Mez, 小肋绿心樟 *O. costulata* (Nees.) Mez, 细孔绿心樟 *O. porosa* L. Barrose

国外名称

Greenheart, Laurel, Laurel blanco, Laurel negro, Laurel rosa

主要产地

热带及亚热带美洲，少数产热带南非。

以绿心樟 *O. rodiei* Mez 为例，描述如下

宏观鉴别要点

散孔材。心材黄色至黄褐色微带绿色，有时具不规则条纹，与边材区别明显或不明显，边材色浅。生长轮常不明显。管孔放大镜下明显，散生或略斜列，侵填体可见。轴向薄壁组织放大镜下略明显，环管状。木射线放大镜下可见，略密，窄。

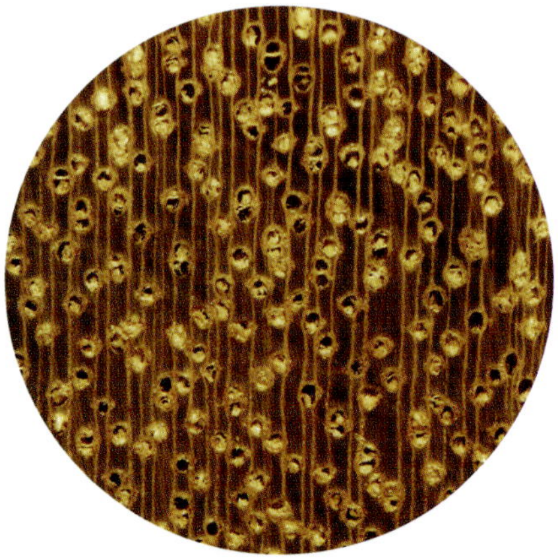

横断面12.5倍

实木照片

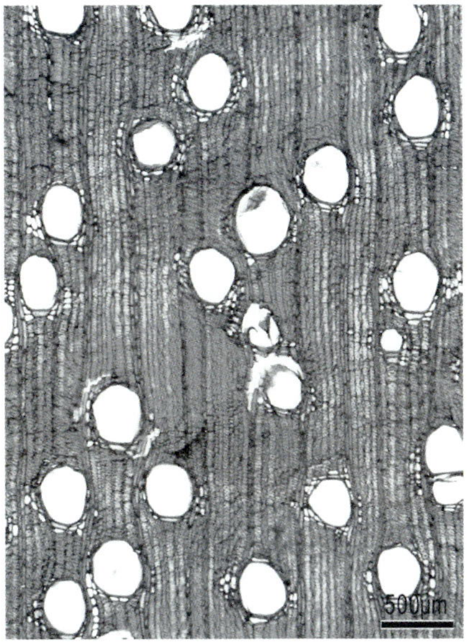

横切面

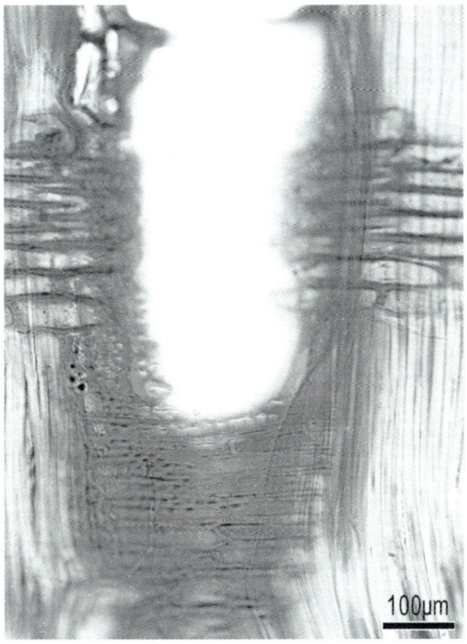

径切面

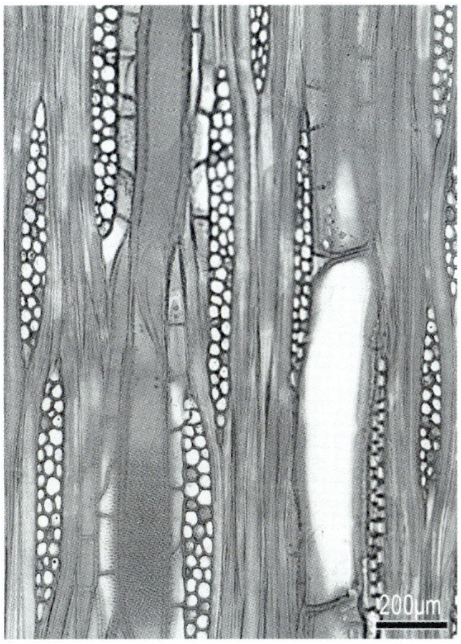

弦切面

微观鉴别要点

单管孔，少数短径列复管孔（多为2个）。管间纹孔式互列，单穿孔，导管—射线间纹孔式大圆形或类似管间纹孔式。轴向薄壁组织环管状、环管束状，少数侧向伸展似翼状。木射线非叠生，单列射线数少，多列射线宽2～3细胞，射线组织异形Ⅲ型。

木材主要性质

结构细而均匀，气干密度0.97g/cm^3。强度高，耐腐和抗蚁性强。干燥缓慢，干燥后略有面裂、端裂和翘曲。加工性能中等，工具易钝。耐磨性、耐候性、耐燃性均佳。

木材主要用途

地板、房屋建筑、家具、造船、车辆、农具、矿柱、电杆及化工用木桶等。

檫　木 *Sassafras tzumu*

樟科 Lauraceae

属　　名　檫木属 *Sassafras* Trew.

常见树种　檫木 *S. tzumu* (Hemsl.) Hemsl., 北美檫木 *S. albidum* (Nutt.) Nees, 台湾檫木 *S. randaiense* (Hay.) Rehd.

国外名称

Sassafras, Chinese sassafras

主要产地

北美洲，我国西南及长江流域以南和台湾地区。

以檫木 *S. tzumu* (Hemsl.) Hemsl.为例，描述如下

宏观鉴别要点

环孔材。心材栗褐或暗褐色，与边材区别明显，边材浅褐或浅褐带红或黄色。生长轮明显。早材管孔肉眼下明显，排成早材带（2～5个管孔）；侵填体常见。早晚材急变，晚材管孔甚小至略小，呈斜列或弦列成短波浪形。轴向薄壁组织放大镜下明显。木射线极细至略细。

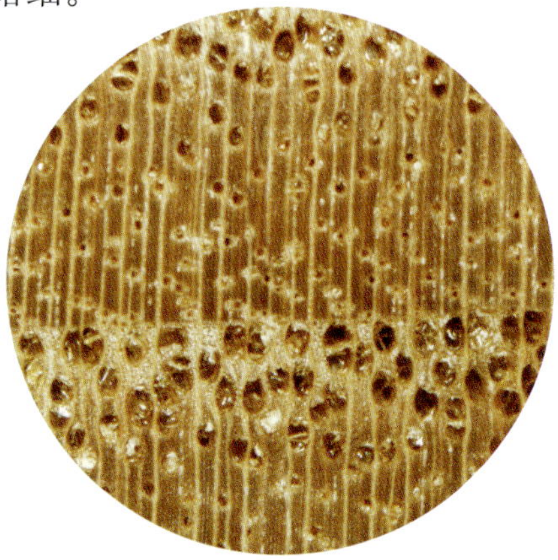

横断面12.5倍

实木照片

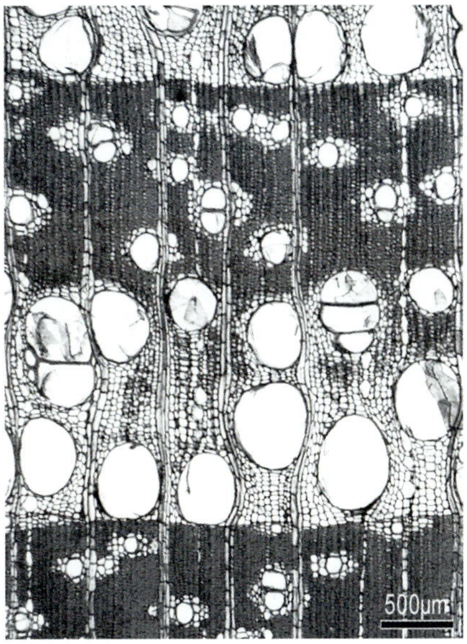

横切面

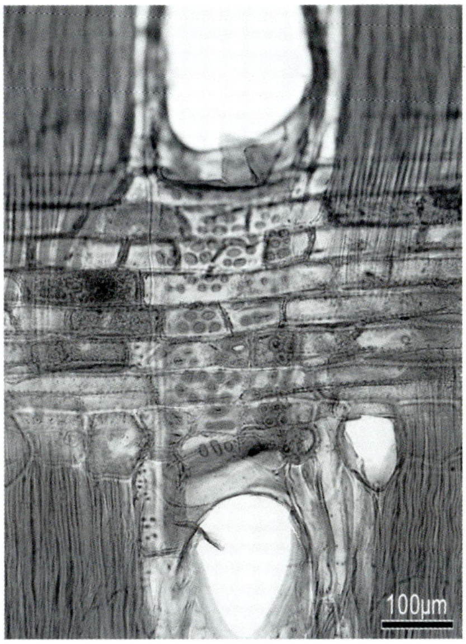

径切面

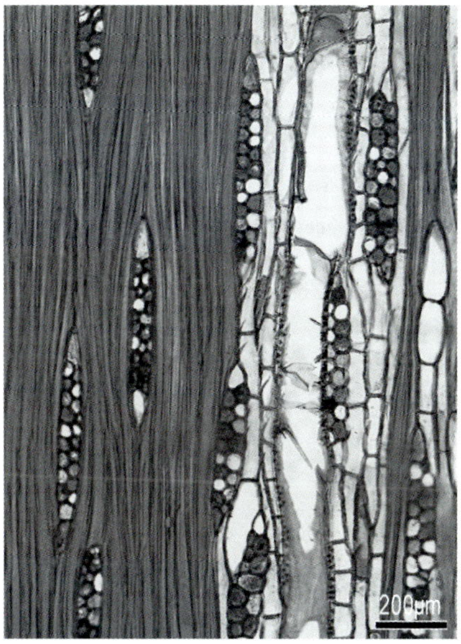

弦切面

微观鉴别要点

单管孔，少数短径列复管孔。管间纹孔式互列，单穿孔，导管—射线间纹孔式大圆形及刻痕状。轴向薄壁组织环管束状、稀环管状或似翼状及星散状；具油细胞。木射线非叠生，单列射线甚少，多列射线宽2～3细胞，射线组织异形Ⅱ型及Ⅲ型；油细胞普遍。

木材主要性质

结构中至粗，不均匀，气干密度0.55 g/cm³。强度低或低至中，耐腐和抗蚁性强。干燥容易，速度中等。加工容易，切面光滑。胶粘和油漆性能良好。

木材主要用途

地板、船壳、甲板、家具、胶合板、房屋建筑、码头等。

纤皮玉蕊 *Couratari* spp.

玉蕊科 Lecythidaceae

属　　名　纤皮玉蕊属 *Couratari* Aubl.

常见树种　椭圆叶纤皮玉蕊 *C. oblongifolia* Ducke et Knuth, 圭亚那纤皮玉蕊 *C. guianensis*, 多花纤皮玉蕊 *C. multiflora*

国外名称

Tauari, Imbirema, Tauari-amarelo

主要产地

热带南美洲的圭亚那、苏里南、巴西等。

以椭圆叶纤皮玉蕊 *C. oblongifolia* Ducke et Knuth为例，描述如下

宏观鉴别要点

散孔材。心材淡黄白色，与边材区别不明显，边材色浅。生长轮不明显。管孔肉眼下略见，数量少，略大。轴向薄壁组织放大镜下明显，呈梯状。木射线放大镜下亦明显。

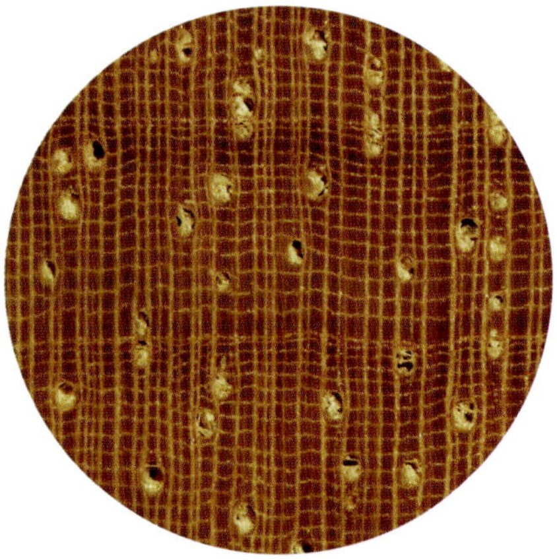

横断面12.5倍

实木照片

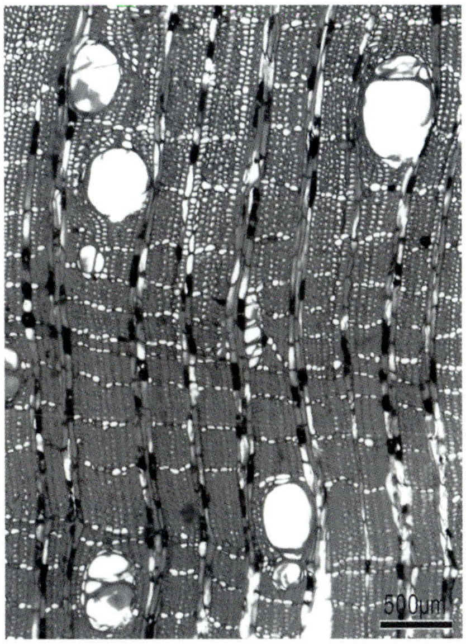

横切面

径切面

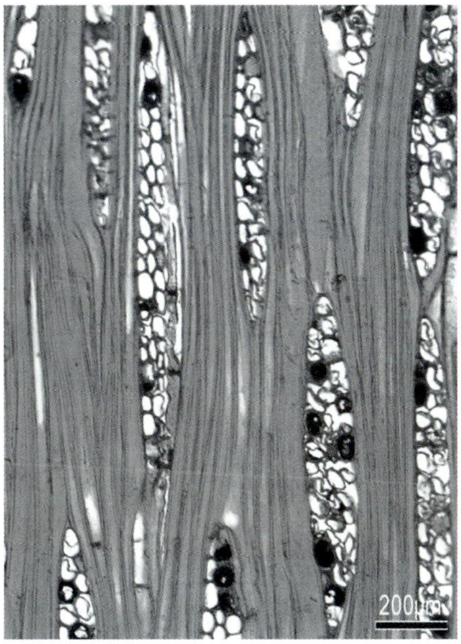

弦切面

微观鉴别要点

单管孔，少数径列复管孔。管间纹孔式互列，单穿孔，导管—射线间纹孔式大圆形、刻痕状及似管间纹孔式。轴向薄壁组织丰富，带状（宽1细胞，偶呈对）。木射线非叠生，单列射线数少，多列射线宽2～4细胞，射线组织同形单列及多列。

木材主要性质

结构细，略均匀，气干密度0.59g/cm³。强度中等，耐腐性强，抗白蚁和干木害虫能力差。干燥良好，速度快。加工容易，切面光滑。胶粘性能好。

木材主要用途

地板、家具、室内装修、胶合板、包装箱盒、木模、玩具等。

白　兰 *Paramichelia* spp.

木兰科 Magnoliaceae

属　　名　假白兰属 *Paramichelia* (Pierre) Hu

常见树种　假白兰 *P. baillonii* (Pierre) Hu

国外名称

Baillon paramichelia

主要产地

印度、缅甸、柬埔寨，我国云南西双版纳。

以假白兰 *P. baillonii* (Pierre) Hu为例，描述如下

宏观鉴别要点

散孔材。心材浅绿黄褐色，与边材区别明显，边材灰黄褐色。生长轮略明显，轮间呈浅色细线。管孔略少，略小至中，肉眼下可见，间有白色沉积物，散生。轴向薄壁组织量少，肉眼下可见，轮界状。木射线稀至中，极细至略细。

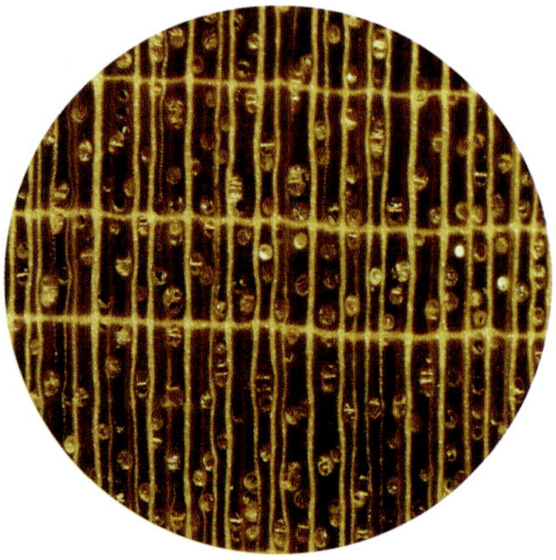

横断面12.5倍

实木照片

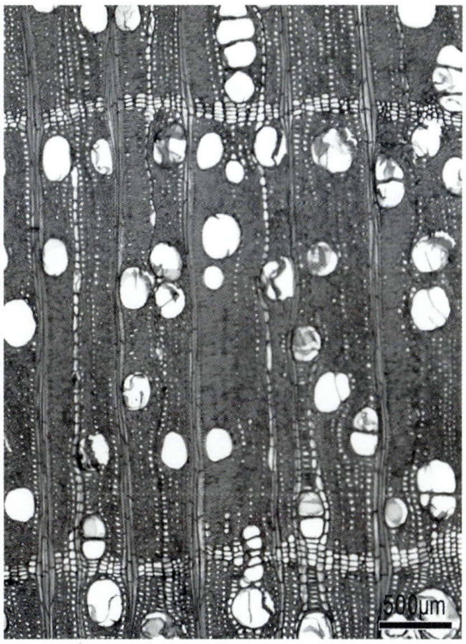

横切面

径切面

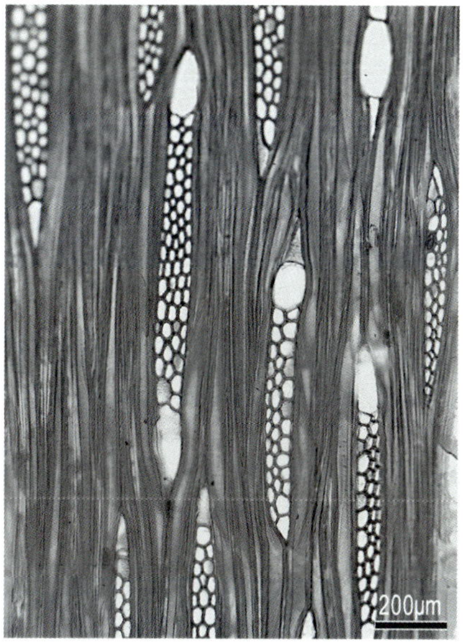

弦切面

微观鉴别要点

单管孔及径列复管孔。管间纹孔式梯状及梯状对列，复穿孔梯状，导管—射线间纹孔式类似管间纹孔式、刻痕与单侧复纹孔式。轴向薄壁组织量轮界状（宽3～7细胞）。木射线非叠生，单列射线甚少，多列射线宽2～4细胞；射线组织异形Ⅱ型及Ⅲ型；油细胞或粘液细胞常见。

木材主要性质

结构细，均匀，气干密度0.67g/cm³。强度及冲击韧性中等，耐腐性中等。干燥较易，少开裂。加工容易，切面光滑，胶粘和油漆性能良好。

木材主要用途

地板、房屋建筑、门窗、家具、枕木、桥梁、农具、胶合板、玩具及工艺品等。

阿摩楝 *Amoora* spp.

楝科 Meliaceae

属　　名　阿摩楝属 *Amoora* Roxb.

常见树种　阿摩楝 *A. rohituka* Wight & Arn, 卡突阿摩楝 *A. aherniana* Merr., 兜状阿摩楝 *A. cuculata* Roxb., 褐阿摩楝 *A. rubiginosa* Hiem, 瓦状阿摩楝 *A. wallichii* King,

国外名称

Bekak, Amoora, Tasua

主要产地

马来西亚、印度尼西亚、泰国、印度、缅甸、巴基斯坦、菲律宾及中国南部。

以阿摩楝 *A. rohituka* Wight & Arn为例，描述如下

宏观鉴别要点

散孔材。心材红褐色，与边材区别不明显，边材白色至浅褐或粉红色。生长轮不明显。管孔肉眼下可见至略明显，散生或略呈斜列，数少，略大，内含树胶等沉积物。轴向薄壁组织放大镜下隐约可见，傍管状。木射线放大镜下可见，密度中等，甚窄至窄。

横断面12.5倍

实木照片

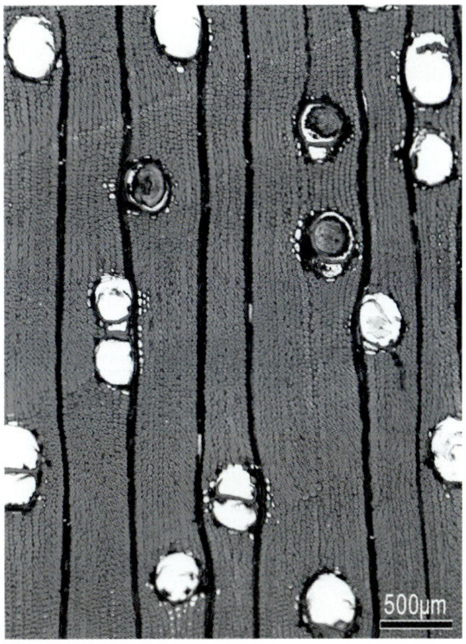

横切面

径切面

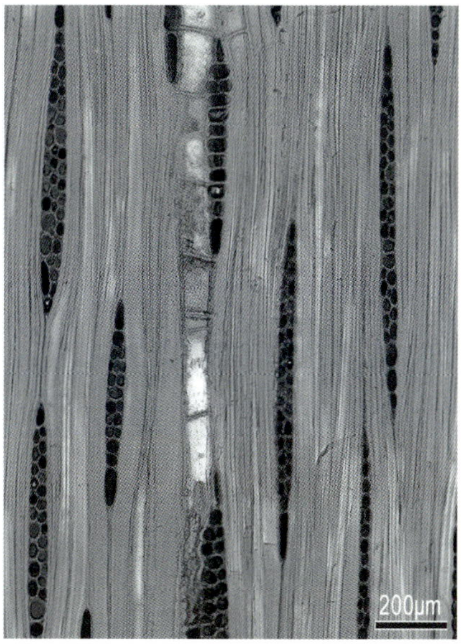

弦切面

微观鉴别要点

单管孔及径列复管孔。管间纹孔式互列，单穿孔，导管—射线间纹孔式类似管间纹孔式。轴向薄壁组织主为环管状、环管束状，少数翼状及星散状，分室含晶细胞常见。分隔木纤维普遍。木射线非叠生，单列射线较少，多列射线宽2～3细胞，射线组织异形Ⅲ型，稀Ⅱ型。

木材主要性质

结构中，均匀。气干密度0.53g/cm³。强度低，不耐腐。干燥良好，有轻微溃陷和扭曲倾向。加工较易，刨面光滑，胶粘和油漆性能中等。

木材主要用途

地板、建筑、室内装修、家具、细木工、车辆、造船、单板等。

麻 楝 *Chukrasia* spp.

楝科 Meliaceae

属　　名　麻楝属 *Chukrasia* A. Juss.

常见树种　麻楝 *C. tabularis* A. Juss., 毛麻楝 *C. tabularis* var. velutina (Wall.) King

国外名称

Chittagong chichrassy, Surian batu, Lat hoa

主要产地

印度、缅甸、泰国、马来西亚、越南及中国南部热带地区。

以麻楝 *C. tabularis* A. Juss.为例，描述如下

宏观鉴别要点

散孔材。心材栗黄褐，与边材区别明显，边材灰红褐色。生长轮略明显。管孔散生或倾向于斜径列，内含树胶等沉积物。轴向薄壁组织放大镜下明显，轮界状、环管束状与环管状。木射线稀至中，甚细至略细。

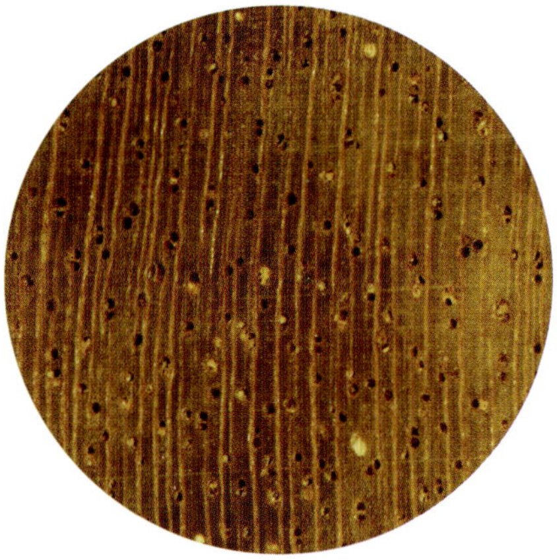

横断面12.5倍

实木照片

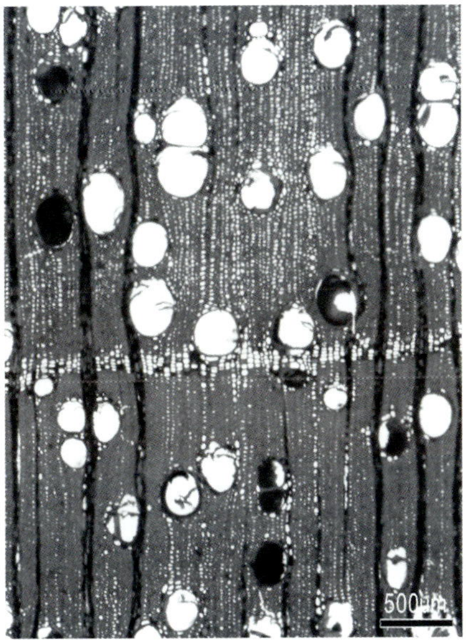

横切面

径切面

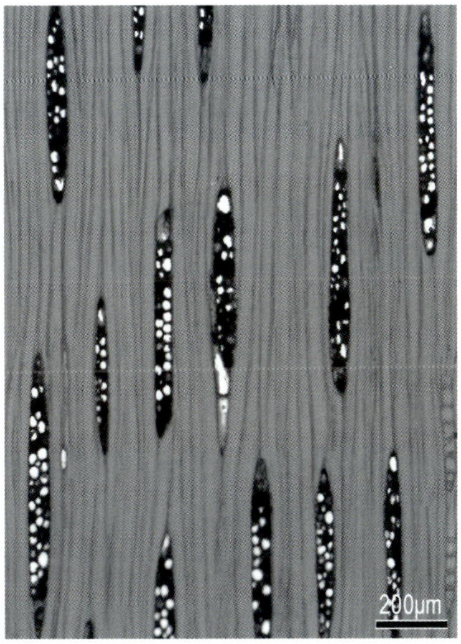

弦切面

微观鉴别要点

单管孔及短径列复管孔（2～3个），散生或斜列，部分管孔内含树胶。管间纹孔式互列，单穿孔，导管—射线间纹孔式类似管间纹孔式。轴向薄壁组织量少，轮界、星散状、环管束状与环管状。分隔木纤维可见。木射线非叠生，单列射线少；多列射线宽2～3细胞；射线组织异形Ⅲ型，稀同形单列及多列。射线细胞多数含树胶。

木材主要性质

结构细而匀，气干密度0.62～0.88g/cm³。强度中，耐腐，抗蚁性强。干燥良好，有细微表裂。加工容易，且表面光滑，胶粘和油漆性能优良。

木材主要用途

地板、家具、门窗、房屋建筑、雕刻、钢琴壳、船壳板等。

非洲楝 *Entandrophragma* spp.

楝科 Meliaceae

属　　名　非洲楝属 *Entandrophragma* C. DC.

常见树种　安哥拉非洲楝 *E. angolense* C. DC.，刚果楝 *E. congoense* A. Chev.

国外名称

Tiama, Mukusu, Edinam, Gedu nohor, Kiluka

主要产地

加纳、尼日利亚、乌干达等。

以安哥拉非洲楝 *E. angolense* C. DC. 为例，描述如下

宏观鉴别要点

散孔材。心材粉红色至红褐色略带紫色，与边材区别略明显；边材奶白色或浅粉色。生长轮不明显。管孔放大镜下明显，数量少，中等大小。轴向薄壁组织放大镜下可见，环管状或弦向带状。木射线放大镜下明显，密度稀，窄至略宽。

横断面12.5倍

实木照片

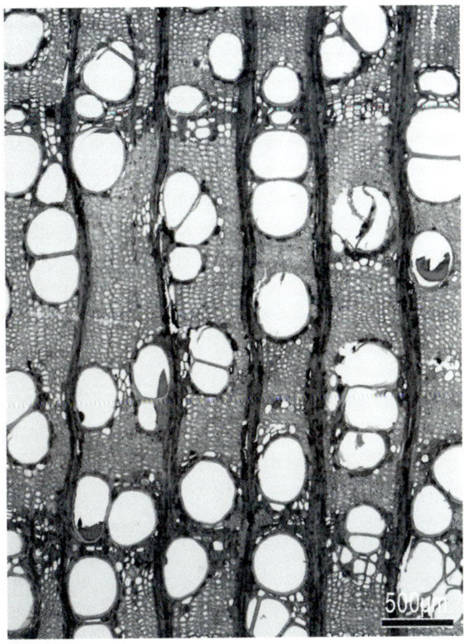

横切面

径切面

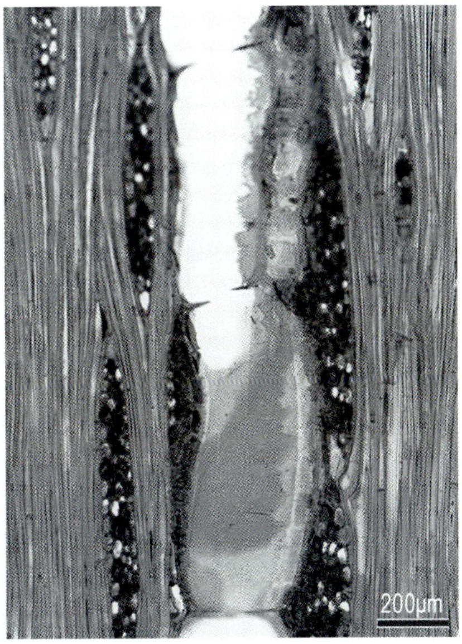

弦切面

微观鉴别要点

单管孔，少数径列复管孔（多为2个）。管间纹孔互列，单穿孔，导管—射线间纹孔式类似管间纹孔式。轴向薄壁组织环管束状及环管状，少数翼状、轮界状。木射线非叠生，单列射线甚少，多列射线宽2～5细胞，射线组织异形Ⅲ型。

木材主要性质

结构细而匀，气干密度0.65～0.72g/cm³。强度中，耐腐强，抗腐朽菌和白蚁性能中等。干燥较快，有细裂纹，环裂产生。加工容易，钉钉、胶粘、油漆性能良好。

木材主要用途

地板、家具、房屋建筑、装饰材料、矿柱、体育用材、玩具等。

卡雅楝 *Khaya* spp.

楝科 Meliaceae

属　　名　卡雅属 *Khaya* A. Juss.

常见树种　白卡雅楝 *K. anthotheca* C. DC., 红卡雅楝 *K. ivorensis* A. Chev., 非洲卡雅楝 *K. nyasica* Stapf ex Baker f.

国外名称

Khaya, Krala, Mangona, Lagos wood, Odupon, Bissilom, Mahogany

主要产地

西非和中非地区。

以白卡雅楝 *K. anthotheca* C. DC.为例，描述如下

宏观鉴别要点

散孔材。心材红褐色，与边材区别略明显，边材黄褐色。生长轮不明显。管孔肉眼下可见，略少，常有沉积物。轴向薄壁组织放大镜下不可见。木射线放大镜下明显，窄至略宽。

横断面12.5倍

实木照片

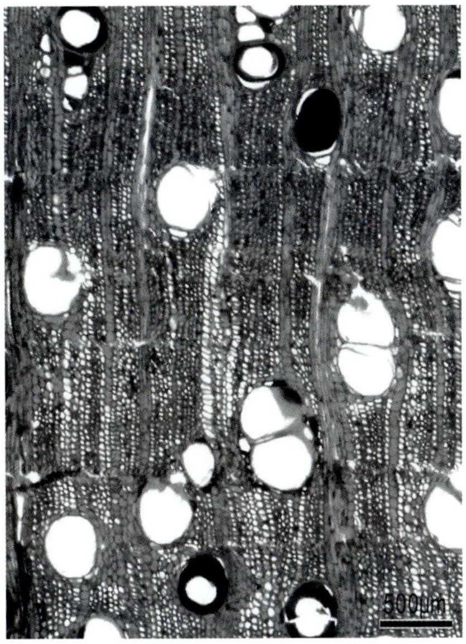

横切面

径切面

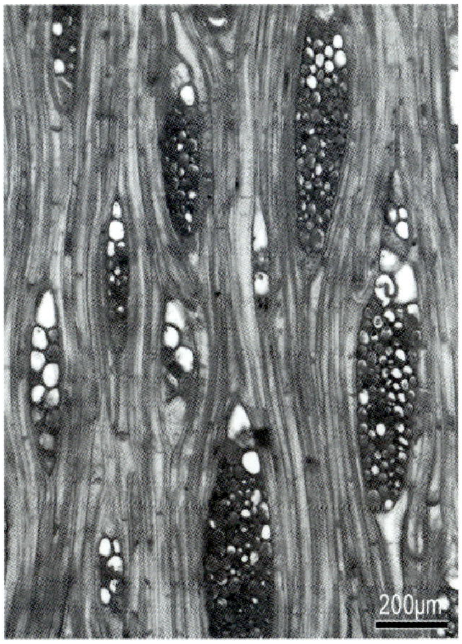

弦切面

微观鉴别要点

单管孔及径列复管孔（2～3个），内含树胶。管间纹孔式互列，单穿孔，导管—射线间纹孔式类似管间纹孔式。轴向薄壁组织较少，疏环管状、环管束状和轮界状。分隔木纤维普遍。木射线非叠生，单列射线少，多列射线宽2～6细胞，射线组织异形Ⅱ型。

木材主要性质

结构细，气干密度0.52g/cm³。强度中等，耐腐中等。干燥性能优良，速度快，但有降等可能。加工容易，胶合与刨切性能良好，握钉力中等。

木材主要用途

地板、装饰单板、门窗、家具、乐器及枪托等。

楝　木 *Melia* spp.

楝科 Meliaceae

属　　名 楝属 *Melia* L.

常见树种 苦楝 *M. azedarach* L., 南岭楝 *M. dulia* Cav., 川楝 *M. toosendan* Sieb. et Zucc.

国外名称

Chinaberry, Persian lilac, Chinaberry tree, Mindi, Tamaga, Xondi, Paraiso, Xoan

主要产地

东半球热带和亚热带地区。我国主产西南，广东等地。

以苦楝 *M. azedarach* L.为例，描述如下

宏观鉴别要点

环孔材至半环孔材。心材红褐色，与边材区别明显，边材黄白或浅黄褐。生长轮明显。早材管孔肉眼下明显，排成连续早材带，晚材管孔肉眼下略见，散生或弦列。轴向薄壁组织肉眼下略见，环管状及环管束状。木射线肉眼下略见，稀，宽。

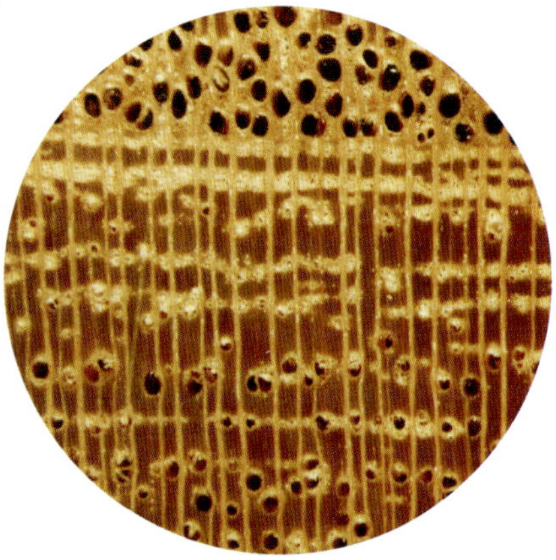

横断面12.5倍

实木照片

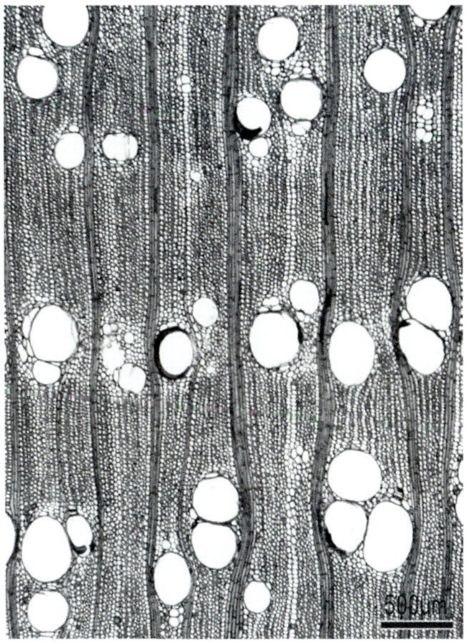

横切面

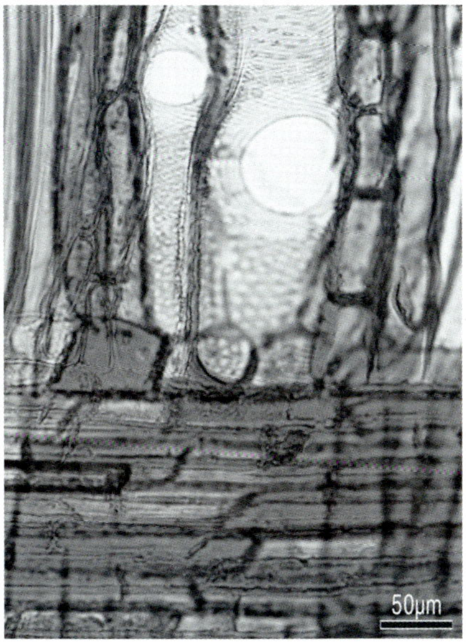

径切面

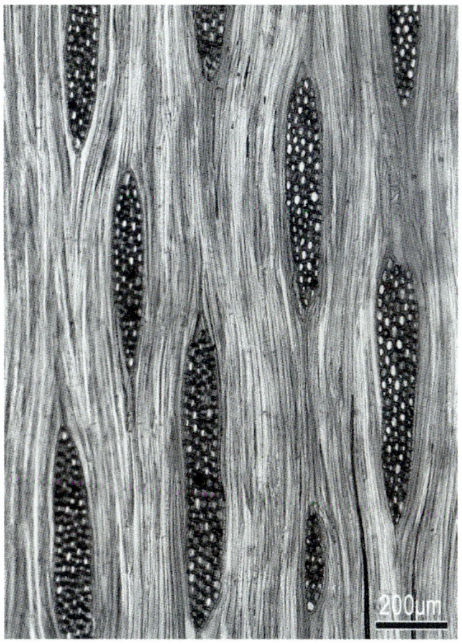

弦切面

微观鉴别要点

早材单管孔及径列复管孔，晚材多为管孔团。管间纹孔式互列，单穿孔，导管—射线间纹孔式类似管间纹孔式。轴向薄壁组织为轮界状、疏环管状、环管束状及星散状，具菱形晶体。木射线非叠生，单列射线甚少，多列射线宽2～8细胞；射线组织同形单列及多列和异形Ⅲ型。

木材主要性质

结构中，不均匀，气干密度0.50g/cm³。强度低，耐腐，抗白蚁。干燥良好，加工容易，刨面光滑，胶粘和油漆性能良好。

木材主要用途

地板、家具、农具、胶合板、仪器箱盒、玩具、球拍等。

相思木 *Acacia* spp.

含羞草科 Mimosaceae

属　　名　相思树属 *Acacia* Mill.

常见树种　相思树 *A. confusa* Merr., 黑荆树 *A. decurrens* var. mollis Lindl., 盖氏相思 *A. galpinii* Burth et Davy ,黑相思 *A. melanoxylon* R. Br.,西氏相思 *A. sieberiana* DC.

国外名称

Rich acacia, P. N. G. brown wattle, P. N. G. red wattle, South African wattle

主要产地

主产地在大洋洲和非洲。我国海南、广东、广西、江西、湖南和台湾等地有产。

以相思树 *A. confusa* Merr.为例，描述如下

宏观鉴别要点

散孔材。心材黑褐色，常杂有黑色或暗褐色条纹，与边材区别明显，边材浅黄褐色或黄褐色。生长轮略明显。管孔略少，略小至中，斜列，侵填体少见。轴向薄壁组织放大镜下明显，环管束状。木射线放大镜下明显，稀至中，极细至甚细。

横断面12.5倍

实木照片

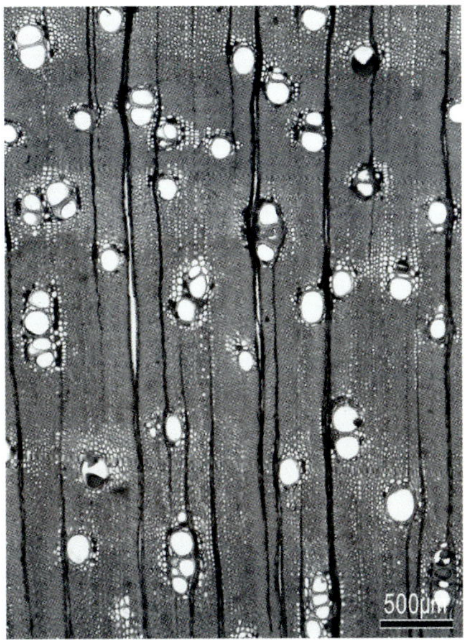

横切面

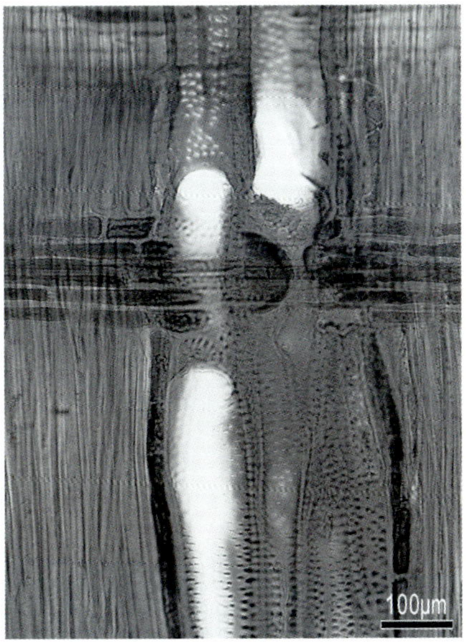

径切面

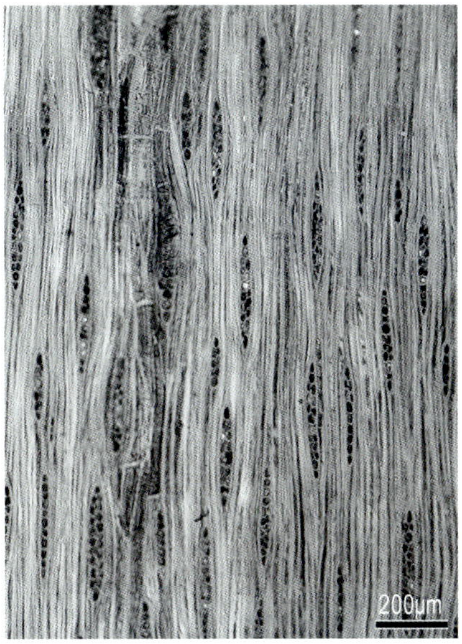

弦切面

微观鉴别要点

单管孔及少数短径列复管孔。管间纹孔式互列，系附物纹孔；单穿孔，导管—射线间纹孔式类似管间纹孔式。轴向薄壁组织环管状与环管束状、似翼状、稀聚翼状。木射线局部斜列，单列射线较多，多列射线宽2～3细胞；射线组织同形单列及多列。

木材主要性质

结构细而匀，气干密度0.85g/cm³。强度中至高，耐腐，握钉力强。干燥缓慢，有端裂。加工容易，锯解较难，胶粘和油漆性能良好。

木材主要用途

地板、枕木、造船龙骨、家具、木雕等。

合　欢 *Albizia* spp.

含羞草科 Mimosaceae

属　　名 合欢属 *Albizia* Durazz.

常见树种 西非合欢 *A. zygia* (DC.) Macbride, 加勒比合欢 *A.caribaea* Britt. et Rose, 锈合欢 *A. ferruginea* Benth., 合欢 *A. julibrissin* Durazz., 山合欢 *A. kalkora* (Roxb.) Prain

国外名称

Albizia, Silk-Tree albizia, Okuro, Iatandza, Carabali, Tantakayo

主要产地

亚洲、非洲及大洋洲热带、亚热带和温带南部。我国分布长江流域以南各省区。

以西非合欢 *A. zygia* (DC.) 为例，描述如下

宏观鉴别要点

散孔材。心材浅栗褐色，与边材区别明显，边材黄白色。生长轮不明显。管孔肉眼下可见，中至大。轴向薄壁组织放大镜下可见，环管束状和翼状。木射线稀少；略宽。

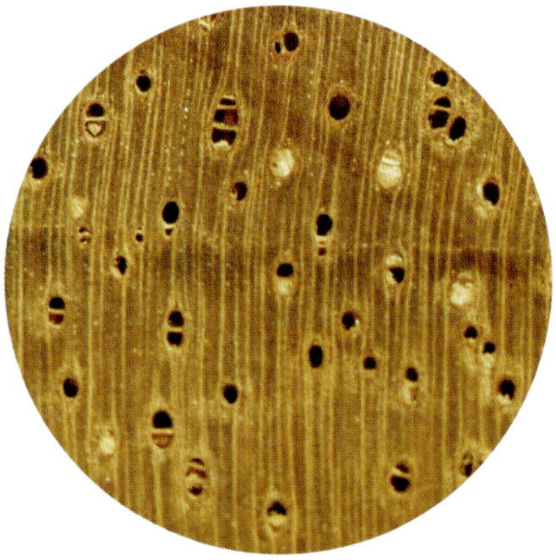

横断面12.5倍

实木照片

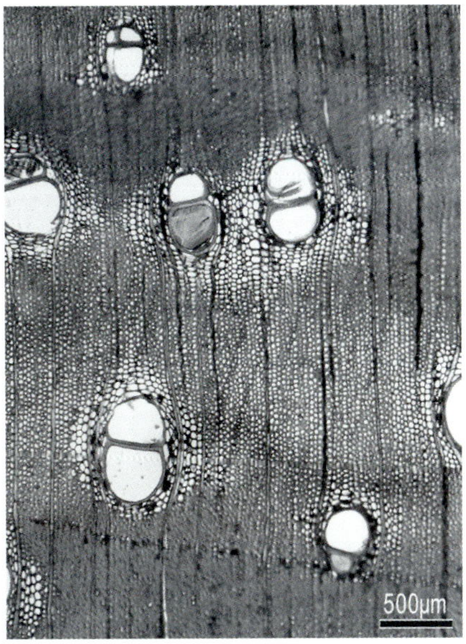

横切面

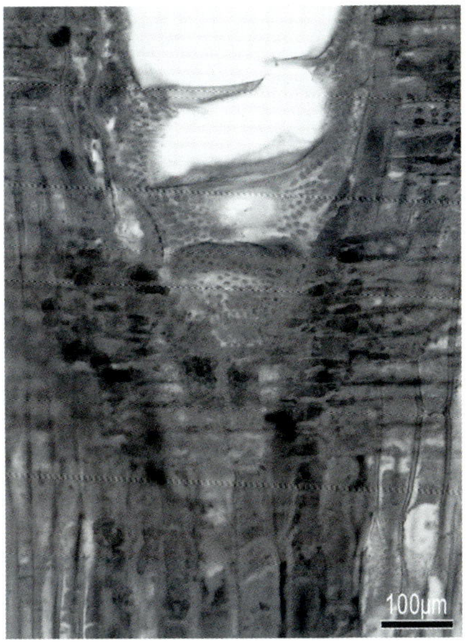

径切面

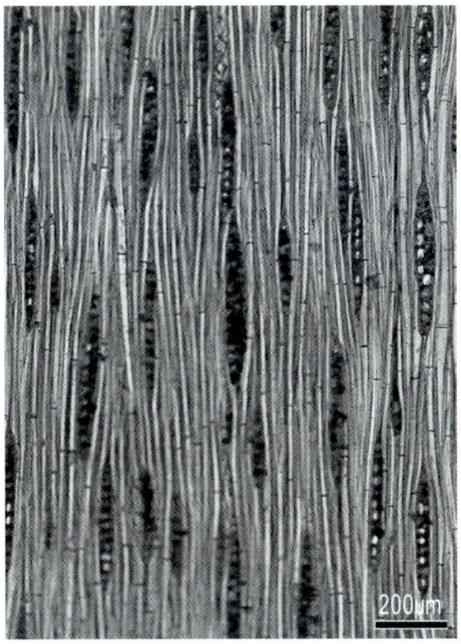

弦切面

微观鉴别要点

单管孔及径列复管孔。管间纹孔式互列，系附物纹孔；单穿孔，导管—射线间纹孔式类似管间纹孔式。轴向薄壁组织环管束状与翼状。具分隔木纤维。木射线非叠生，单列射线少，多列射线宽2～5细胞，射线组织同形单列及多列。

木材主要性质

结构细而均匀，气干密度0.58g/cm³。强度及冲击韧性中，耐腐性中等。加工容易，切面光滑。

木材主要用途

地板、家具、农具、房屋建筑、电杆、坑木、车厢及缝纫机台面等。

阿那豆 *Anadenanthera* spp.

含羞草科 Mimosaceae

属　　名　阿那豆属 *Anadenanthera* Speg.

常见树种　大果阿那豆 *A. macrocarpa* Brenan

国外名称

Curupy, Angico preto, Cebil, Cebil colorado, Curupay-ata

主要产地

热带南美洲的巴西、阿根廷、巴拉圭等地。

以大果阿那豆 *A. macrocarpa* Brenan为例，描述如下

宏观鉴别要点

散孔材。心材浅褐至粉红褐色，几乎总是具黑色带状条纹，边材黄褐色或浅粉色。生长轮略明显，界以轮界薄壁组织。管孔放大镜下明显，数少，略大。轴向薄壁组织放大镜下明显。木射线放大镜下略见，略密，窄。

横断面12.5倍

实木照片

横切面

径切面

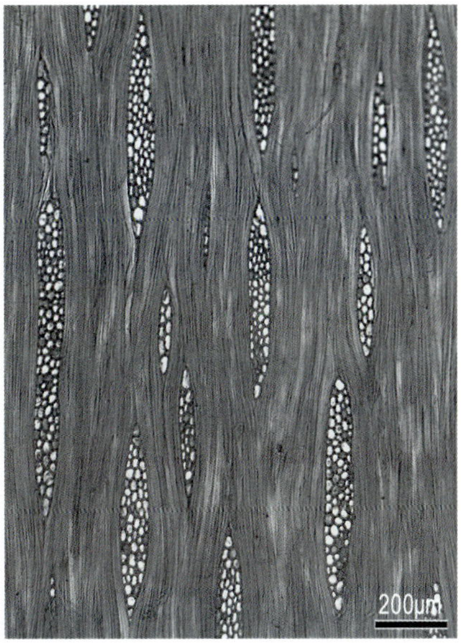

弦切面

微观鉴别要点

单管孔及径列复管孔。管间纹孔式互列，系附物纹孔，部分导管含树胶；单穿孔，导管—射线间纹孔式类似管间纹孔式。轴向薄壁组织环管束状、翼状、聚翼状及轮界状，具分室含晶细胞。具分隔木纤维。木射线非叠生，单列射线少，多列射线宽2～4细胞；射线组织同形单列及多列。

木材主要性质

结构细，均匀，气干密度1.05g/cm³。强度高，耐腐性强。干燥缓慢，有面裂和劈裂倾向。加工困难，工具易钝。

木材主要用途

地板、建筑、海港码头、枕木、矿柱、工具柄、车旋制品等。

圆盘豆 *Cylicodiscus* spp.

含羞草科 Mimosaceae

属　　名　圆盘豆属 *Cylicodiscus* Harms

常见树种　加蓬圆盘豆 *C. gabunensis* Harms

国外名称

Okan, Denya, Adadua, Eyee, Edum, Oduma, Adom, Bokoka, African greenheart

主要产地

尼日利亚、加纳、加蓬、刚果（布）等。

以加蓬圆盘豆 *C. gabunensis* Harms为例，描述如下

宏观鉴别要点

散孔材。心材金黄褐色，久则氧化后变深呈红褐色，具带状条纹，与边材区别明显，边材浅黄色。生长轮不明显。管孔肉眼下可见，略呈斜列，数少，大小中等。轴向薄壁组织放大镜下明显，翼状及环管状。木射线放大镜下可见，稀至中，窄。

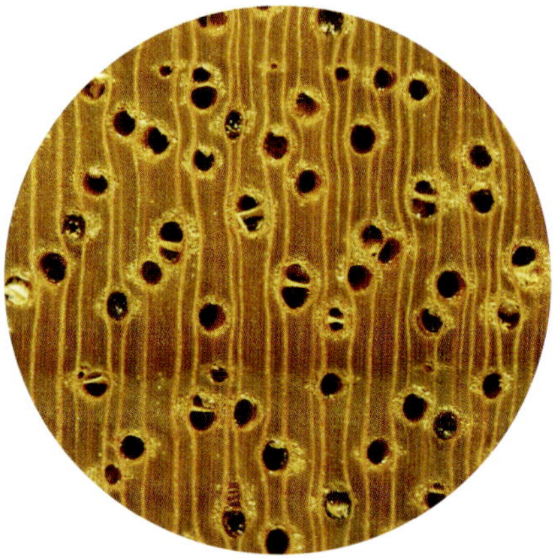

横断面12.5倍

实木照片

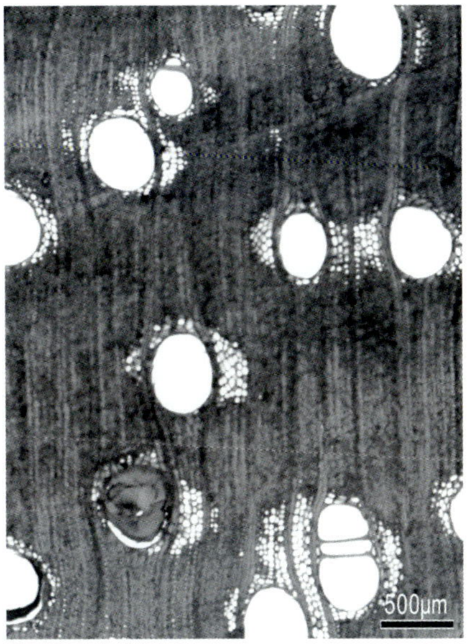

横切面

径切面

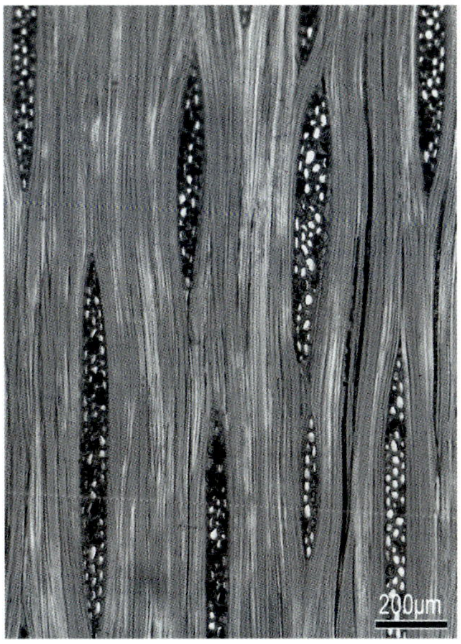

弦切面

微观鉴别要点

单管孔，少数径列复管孔（2～3个），有时略规则斜列。管间纹孔式互列，系附物纹孔；单穿孔，导管—射线间纹孔式类似管间纹孔式。轴向薄壁组织翼状、少数聚翼状。木纤维壁甚厚。木射线非叠生，有时局部呈整齐斜列，多列射线宽2～4细胞；射线组织同形多列，细胞内多含树胶。

木材主要性质

结构细而均，气干密度1.07g/cm³。强度高，耐腐性强，抗蚁蛀，抗海生钻木动物危害。干燥缓慢，表面和端部有开裂倾向。加工困难，但耐候性和耐磨性好。

木材主要用途

地板、桩柱、桥梁、电杆、枕木、矿柱、造船等。

赛落腺豆 *Parapiptadenia* spp.

含羞草科 Mimosaceae

属　　名　赛落腺豆属 *Parapiptadenia* Brenan.

常见树种　坚硬赛落腺豆 *P. rigida* Brenan.

国外名称

Angico, Angico-vermelho

主要产地

热带南美洲地区。

以坚硬赛落腺豆 *P. rigida* Brenan.为例，描述如下

宏观鉴别要点

散孔材。心材褐色，常见深色条纹，与边材区别不明显，边材色浅。生长轮略明显。管孔放大镜下略明显，散生，数少，略小，具沉积物。轴向薄壁组织放大镜下明显，环管状、翼状及轮界状。木射线放大镜下可见，略密，窄。

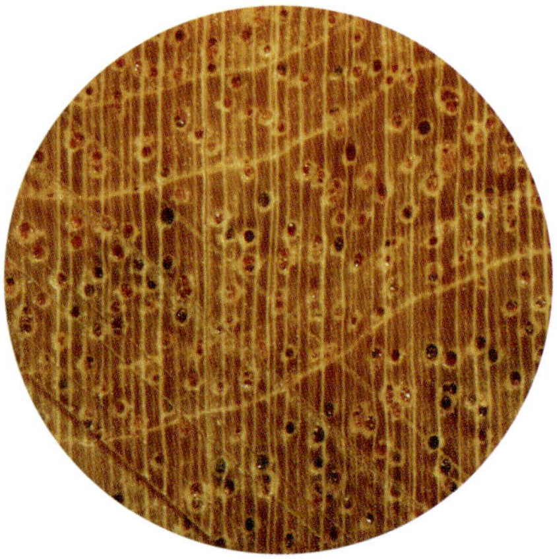

横断面12.5倍

实木照片

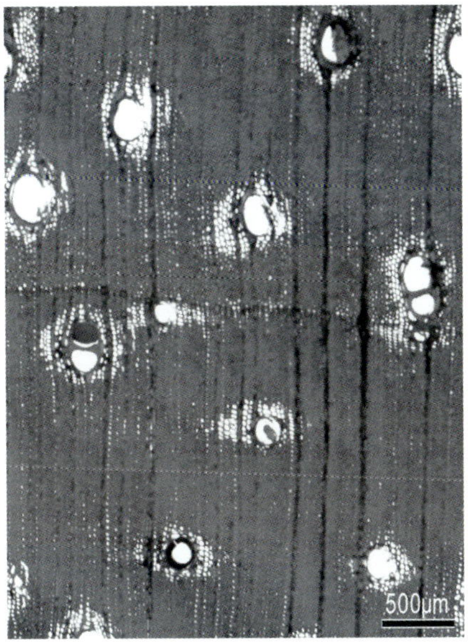

横切面

径切面

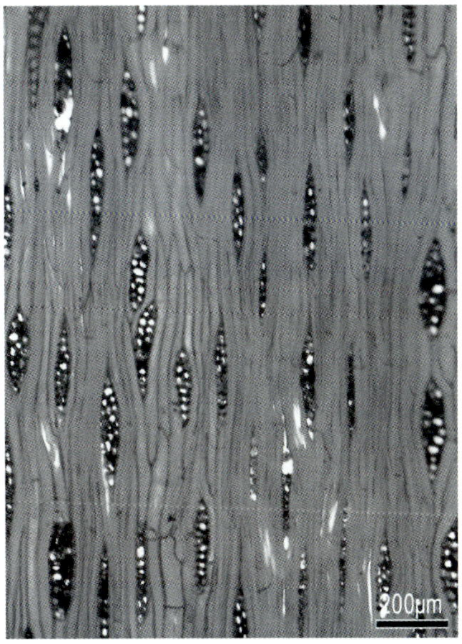

弦切面

微观鉴别要点

单管孔，少数径列复管孔，具树胶。管间纹孔式互列，单穿孔，系附物纹孔；导管—射线间纹孔式类似管间纹孔式。轴向薄壁组织环管束状、翼状及轮界状，分室含晶细胞普遍。木纤维壁甚厚，具分隔木纤维。木射线非叠生，单列射线较少，多列射线宽2～3细胞，射线组织同形单列及多列。

木材主要性质

结构细而均，气干密度0.85g/cm³。强度高，耐腐性强，抗菌虫侵害。干燥宜缓慢，防止降等。加工性能中等，刨切略困难。耐候性好。

木材主要用途

地板、家具、室内装修、车辆、造船、矿柱、运动器材等。

腺瘤豆 *Piptadeniastrum* spp.

含羞草科 Mimosaceae

属　　名　腺瘤豆属 *Piptadeniastrum* Brenan.

常见树种　腺瘤豆 *P. africanum* Brenan.

国外名称

Dabema, Dahoma, Odan, Ekhimi, Agboin, Atui, Toum, Bokungu, Likundu, Mbeli

主要产地

热带非洲。

以腺瘤豆 *P. africanum* Brenan.为例，描述如下

宏观鉴别要点

散孔材。心材金黄褐色，与边材区别明显，边材灰白色。生长轮不明显。管孔肉眼下可见，数少，略大，有些管孔含沉积物或树胶。轴向薄壁组织肉眼下明显，翼状及环管状，少数聚翼状及轮界状。木射线放大镜下可见，稀至中，窄至略宽。

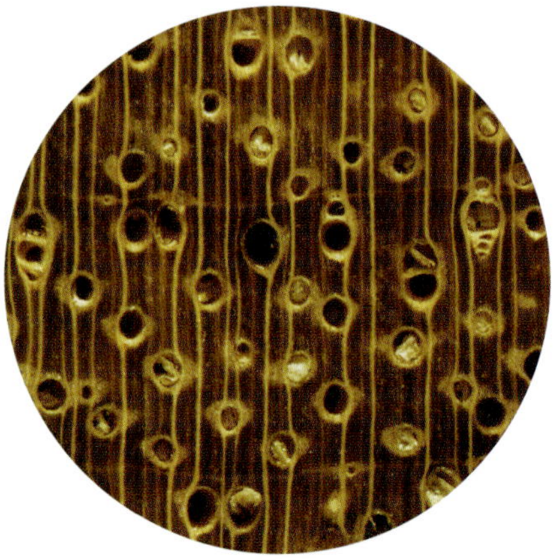

横断面12.5倍

实木照片

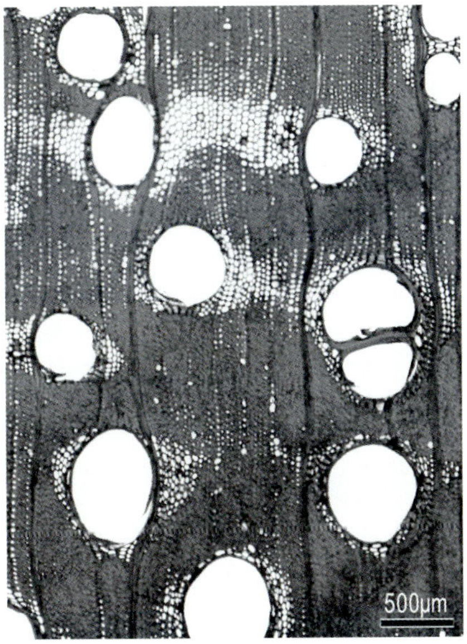

横切面

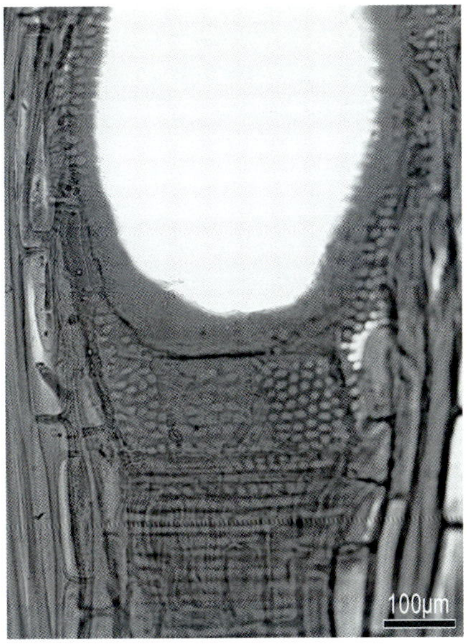

径切面

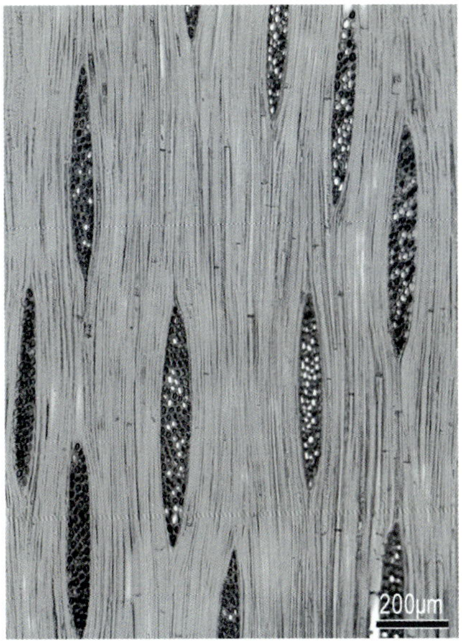

弦切面

微观鉴别要点

单管孔，少数径列复管孔。管间纹孔式互列，系附物纹孔，单穿孔；导管—射线间纹孔式类似管间纹孔式。轴向薄壁组织翼状、环管束状，少数聚翼状、轮界状及星散状，分室含晶细胞普遍。分隔木纤维普遍。木射线非叠生，多列射线宽2～5细胞，射线组织同形多列，细胞内多充满树胶。

木材主要性质

结构细而均，气干密度0.68g/cm³。强度中等，耐腐性中等，抗白蚁和干木虫害。干燥困难，开裂、变形严重。加工性能中等，切面光滑。砂光性能良好。

木材主要用途

地板、房屋建筑、门、单板、胶合板、家具、造船、车辆、运动器材等。

木荚豆 *Xylia* spp.

含羞草科 Mimosaceae

属　　名　木荚豆属 *Xylia* Benth.

常见树种　木荚豆 *X. xylocarpa* (Roxb.) Taub.

国外名称

Pyinkado, Irul, Cam xe, Sokram, Deng, Sokram

主要产地

热带亚洲、非洲及马达加斯加。

以木荚豆 *X. xylocarpa* (Roxb.) Taub.为例，描述如下

宏观鉴别要点

散孔材。心材红褐色，具较深色的带状条纹，与边材区别明显，边材浅红白色。生长轮明显。管孔肉眼下可见，散生或略斜列，大小中等。部分管孔内有时含白色沉积物或树胶。轴向薄壁组织肉眼下可见。木射线放大镜下可见，略密，甚窄。

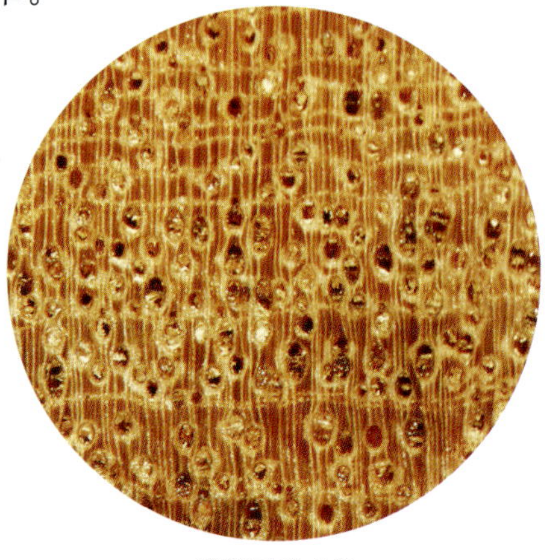

横断面12.5倍

实木照片

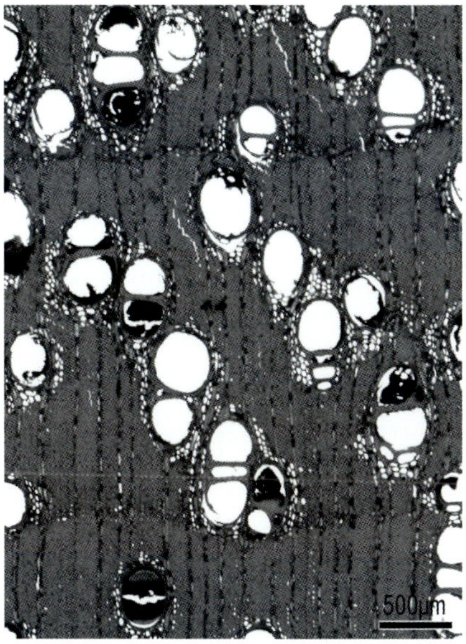

横切面

径切面

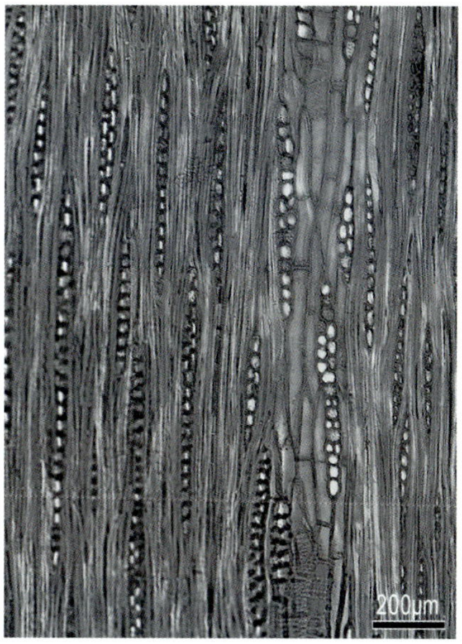

弦切面

微观鉴别要点

单管孔及径列复管孔。管间纹孔式互列，系附物纹孔；单穿孔；导管—射线间纹孔式类似管间纹孔式。轴向薄壁组织翼状、环管束状、聚翼状、轮界状及少数星散状。具分隔木纤维。木射线非叠生，单列射线高3～20细胞；多列射线宽2～3细胞，射线组织同形单列及多列，有的细胞内含树胶。

木材主要性质

结构细而均，气干密度1.18g/cm³。强度甚高，耐腐性强，心材抗白蚁和水生钻木动物。干燥相当困难，速度宜慢。加工困难，切面光滑。钉钉和胶粘均困难。

木材主要用途

地板、码头、桥梁、矿柱、枕木、造船及农具等。

波罗蜜 *Artocarpus* spp.

桑科 Moraceae

属　　名　波罗蜜属 *Artocarpus* J. R. et G. Forst.

常见树种　波罗蜜 *A. heterophyllus* Lam., 异叶桂木 *A. anisophyllus* Miq., 莱柯桂木 *A. lakoocha* Roxb., 剑叶桂 *A. lanceifolius* Roxb.等

国外名称

Jack- Fruit, Terap, Koemboe, Teo, Ainee, Mit nai, Manao, Keledang

主要产地

印度尼西亚、马来西亚、泰国、越南。我国分布广东、海南、台湾、广西、云南等地。

以波罗蜜 *A. heterophyllus* Lam.为例，描述如下

宏观鉴别要点

散孔材。心材新鲜时黄褐色，久则呈深褐色，与边材区别略明显，边材灰白色。生长轮不明显。管孔肉眼下可见，数少，侵填体丰富，具白色沉积物，纵面呈白线。轴向薄壁组织主为翼状，稀为聚翼状。木射线放大镜下可见，稀至中，略宽。

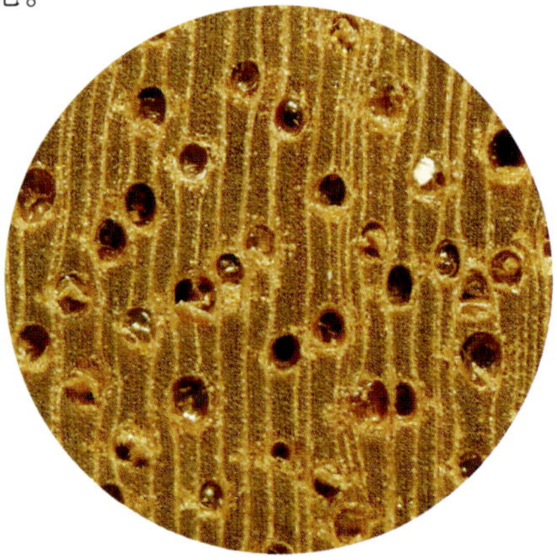

横断面12.5倍

实木照片

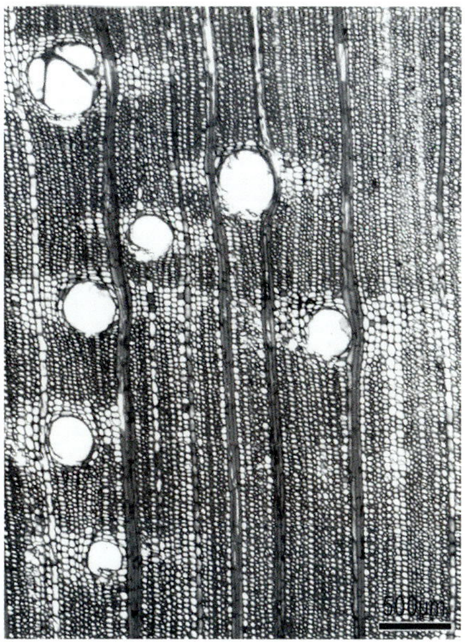

横切面

径切面

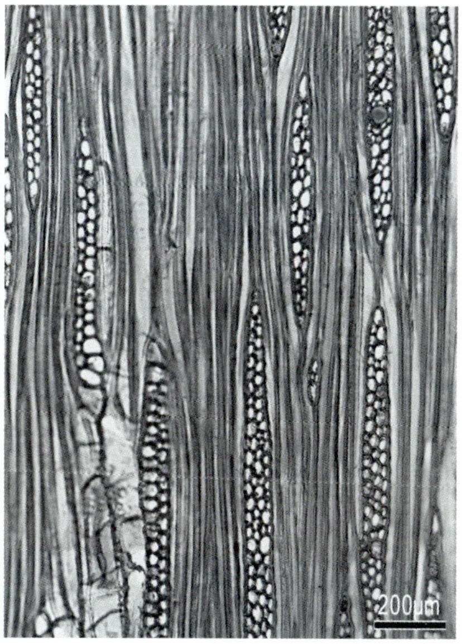

弦切面

微观鉴别要点

单管孔，少数径列复管孔（2～3个）。管间纹孔式互列，单穿孔，导管与射线间纹孔式大圆形，少数刻痕状。轴向薄壁组织翼状，少数聚翼状。木射线非叠生，单列射线略少，多列射线宽2～7细胞；射线组织异形Ⅱ型；射线中可见乳汁管。

木材主要性质

结构细至中，气干密度大于0.59g/cm³。强度中，耐腐。干燥良好，速度应缓慢。加工容易，刨面光滑。胶粘性能良好，油漆后光亮性优良。

木材主要用途

地板、建筑、室内装修、家具、单板、农具、造船等。

乳桑木 *Bagassa* spp.

桑科 Moraceae

属　　名　乳桑属 *Bagassa* Aubl.

常见树种　圭亚那乳桑 *B. guianensis* Aubl.

国外名称

Tatajuba, Bagasse, Amarelao, Cow wood

主要产地

圭亚那、巴西北部和苏里南。

以圭亚那乳桑 *B. guianensis* Aubl.为例，描述如下

宏观鉴别要点

散孔材。心材黄色，久则呈栗色或褐色，与边材区别略明显；边材灰白色。生长轮略明显或不明显。管孔肉眼下可见，放大镜下明显，散生，略少，略大，侵填体丰富。轴向薄壁组织放大镜下不见。木射线放大镜下明显，略密，窄。

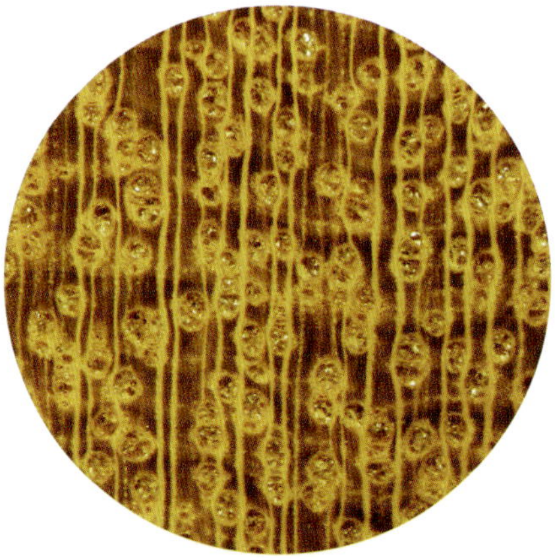

横断面12.5倍

实木照片

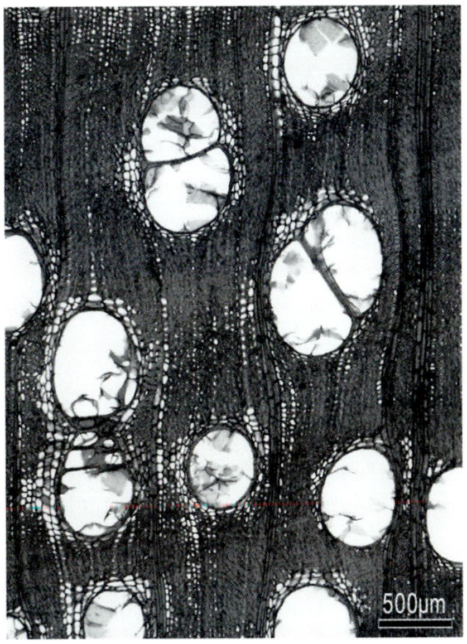

横切面

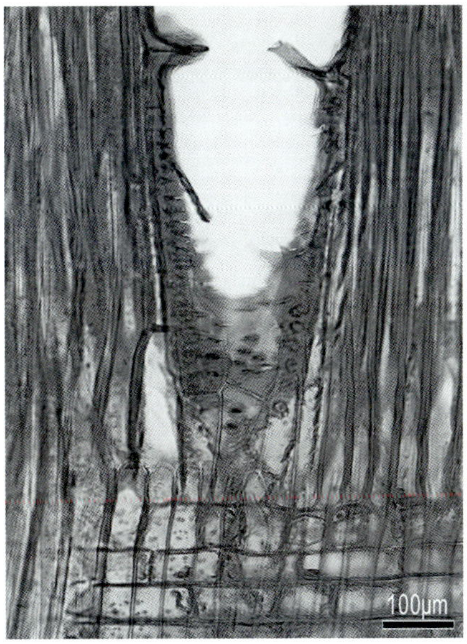

径切面

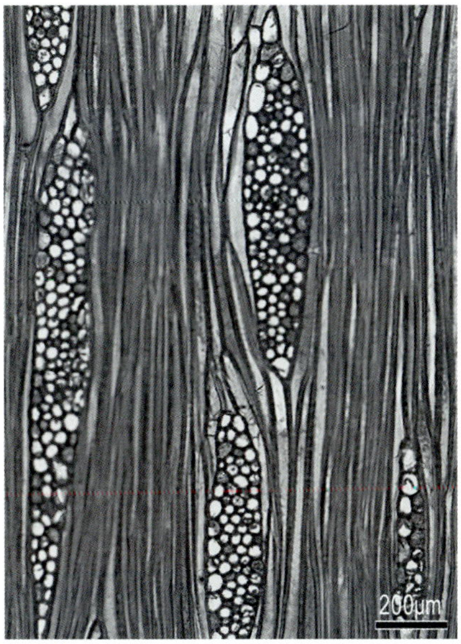

弦切面

微观鉴别要点

单管孔，少数径列复管孔（多数2～5个），侵填体丰富。管间纹孔式互列，单穿孔，导管—射线间纹孔式类似管间纹孔式。轴向薄壁组织环管束状，少数翼状、星散状，晶体可见。木射线非叠生，多列射线宽2～4细胞，射线组织异形多列，含菱形晶体和硅石。

木材主要性质

结构细而匀，气干密度0.80g/cm³。强度高，耐腐性强，抗海生钻木动物。干燥宜慢，防止翘曲和开裂。加工性能中等，刨切性能和胶合性能均好。

木材主要用途

地板、家具、细木工、甲板、船骨架、楼梯、体育器材等。

饱食桑 *Brosimum* spp.

桑科 Moraceae

属　　名　饱食桑属 *Brosimum* Sw.

常见树种　窄叶饱食桑 *B. paraensse* Hub., 尖叶饱食桑 *B. acutifolium* Huber., 麦粉饱食桑 *B. alicastrum* Swartz, 帕氏饱食桑 *B. parinarioides* Ducke, 亚马孙饱食桑 *B. potabile* Duke, 红饱食桑 *B. rubescens* Taub., 良木饱食桑 *B. utile* (H. B. K.) Pittier

国外名称

Capomo, Ojoche, Satine, Amapa, Sande, Janita, Cow-tree, Amapa-doce, Garrote

主要产地

巴西、圭亚那、苏里南、墨西哥，中美洲及西印度群岛等。

以窄叶饱食桑 *B. paraensse* Hub.为例，描述如下

宏观鉴别要点

散孔材。心材红褐色至草莓红，偶具黑棕色条纹，边材黄白色。生长轮不明显。管孔肉眼下不见。轴向薄壁组织放大镜下略见。木射线放大镜下略见。

横断面12.5倍

实木照片

横切面

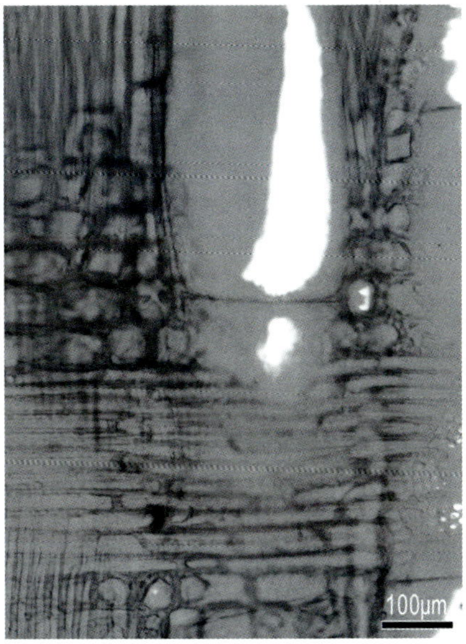

径切面

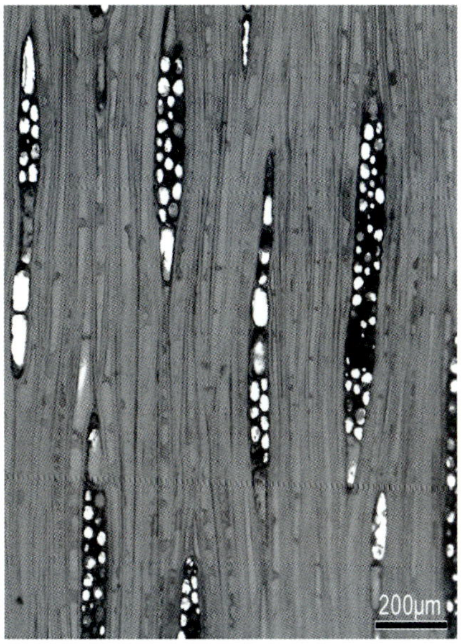

弦切面

微观鉴别要点

单管孔，少数径列复管孔（2～5个）。管间纹孔式互列，单穿孔，导管—射线间纹孔式类似管间纹孔式。木纤维壁甚厚。轴向薄壁组织翼状、带状。木射线非叠生，单列射线高3～6细胞，细胞大；多列射线宽2～3细胞，高6～30细胞；射线组织异形Ⅱ型，含菱形晶体。

木材主要性质

结构细而匀，气干密度大于0.91g/cm³。强度高，耐腐性强，抗白蚁。干燥良好。加工略困难，旋切性能和表面加工性能良好，胶合性能优良。

木材主要用途

地板、家具、室内外装修、单板、细木工、乐器、雕刻、台球棒等。

克拉桑 *Clarisia* spp.

桑科 Moraceae

属　　名 克拉桑属 *Clarisia* Ruiz and Pav.

常见树种 总花克拉桑 *C. racemosa* Ruiz and Pav.

国外名称

Guariuba, Oiticica amarela, Murure, Oity, Caraco, Aji, Arracacho

主要产地

墨西哥、秘鲁、哥伦比亚、巴西等地。

以总花克拉桑 *C. racemosa* Ruiz and Pav.为例，描述如下

宏观鉴别要点

散孔材。心材鲜黄色，置久后呈黄褐色，与边材区别明显，边材黄白色。生长轮不明显。管孔肉眼下可见，放大镜下明显，含侵填体，散生，数量少，略大。轴向薄壁组织放大镜下明显，带状。木射线放大镜下明显，密，窄。

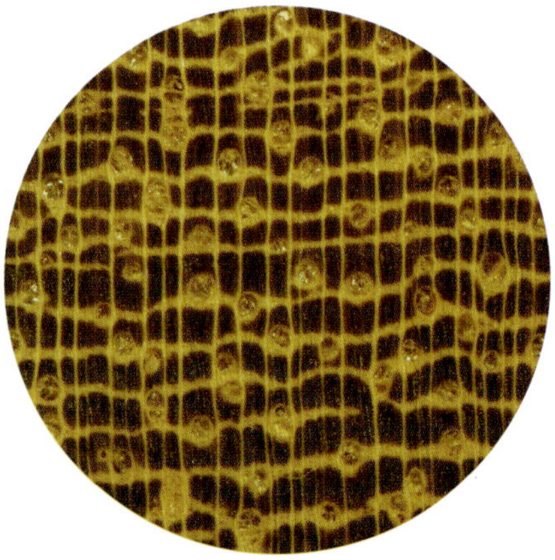

横断面12.5倍

实木照片

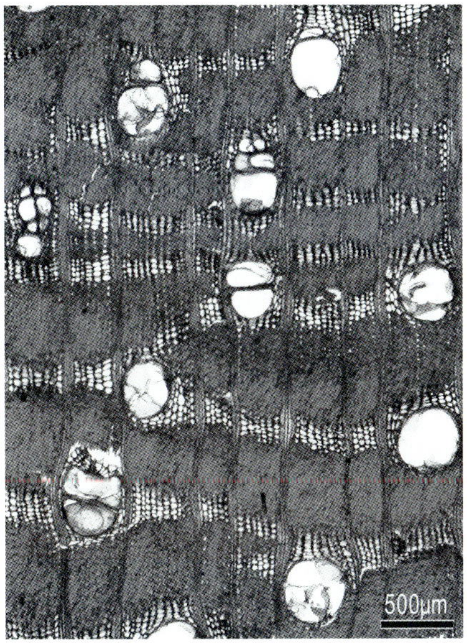

横切面

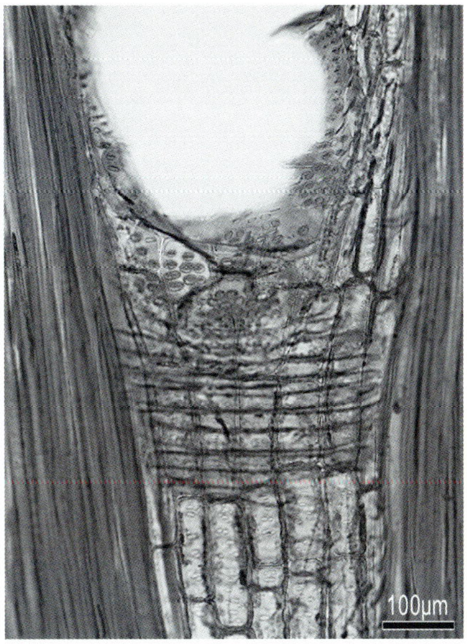

径切面

弦切面

微观鉴别要点

单管孔和径列复管孔，侵填体丰富。管间纹孔式互列，单穿孔，导管—射线间纹孔式刻痕状。轴向薄壁组织翼状、带状（宽3～8细胞），叠生。木射线非叠生，单列射线偶见，多列射线宽2～7细胞；射线组织异形多列。

木材主要性质

结构细而匀，气干密度0.70g/cm³。强度高，不耐腐。干燥速度应缓慢，防止扭曲。加工容易，表面加工性能、旋切性、胶合及染色性能良好。

木材主要用途

地板、房屋建筑、造船、家具、细木工板、单板、楼梯、木器等。

红 桉 *Eucalyptus* spp.

桃金娘科 Myrtaceae

属　　名　桉属 *Eucalyptus* L’Herit.

常见树种　赤桉 *E. camaldulensis* Dehnh., 柠檬桉 *E. citriodora* Hook., 红桉 *E. dealbata* Cunn. Ex schauer, 边缘桉 *E. marginata* Donn ex Smith, 大叶桉 *E. robusta* Smith

国外名称

River red gum, Mindanao gum, Swamp mahogany, Karri, Jarrah

主要产地

原产澳大利亚，世界各地均有引种。我国种植于南方及西南等地。

以红桉 *Eucalyptus* sp.为例，描述如下

宏观鉴别要点

散孔材。心材深红褐色，与边材区别略明显。管孔肉眼下可见，具侵填体或沉积物，之字形排列。轴向薄壁组织放大镜下可见，似环管状或不见。木射线放大镜下明显。

横断面12.5倍

实木照片

横切面

径切面

弦切面

微观鉴别要点

单管孔，少数径列复管孔（2～3个）；斜列，具侵填体；管间纹孔式互列，系附物纹孔，单穿孔，导管与射线间纹孔式大圆形或刻痕状。具环管管胞。轴向薄壁组织环管状、星散—聚合状。木射线非叠生，射线组织同形单列及双列。

木材主要性质

结构细而匀，气干密度0.70～0.90g/cm³。强度中等至高，不耐腐。干燥困难，速度应缓慢，防止开裂。加工不难，油漆性能良好，易胶合。

木材主要用途

地板、房屋建筑、农具、家具等。

红铁木 *Lophira* spp.

金莲木科 Ochnaceae

属　　名　红铁木属 *Lophira* Banks ex Gaertn.

常见树种　翼红铁木 *L. alata* Banks ex Gaertn.

国外名称

Ekki, Azobe, Bongossi, Bakundu, Kaku, Esore, Endwi, Akoura, Red ironwood

主要产地

西非如塞拉利昂、尼日利亚和喀麦隆等。

以翼红铁木 *L. alata* Banks ex Gaertn.为例，描述如下

宏观鉴别要点

散孔材。心材红褐色或暗褐色；与边材区别明显。管孔肉眼下可见，内含白色或黄色沉积物。轴向薄壁组织放大镜下明显，呈白色细线。木射线放大镜下明显。

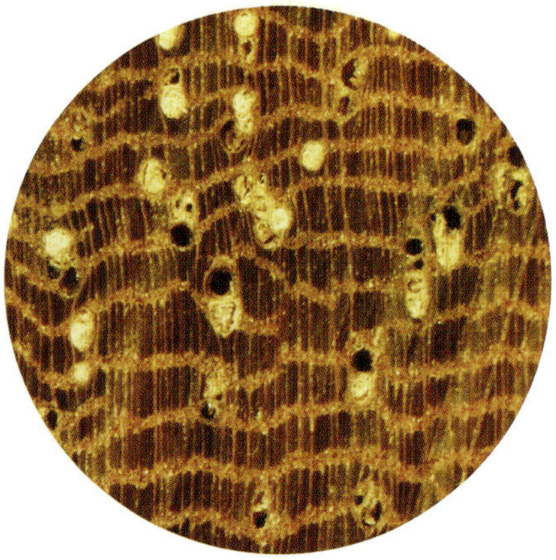

横断面12.5倍

实木照片

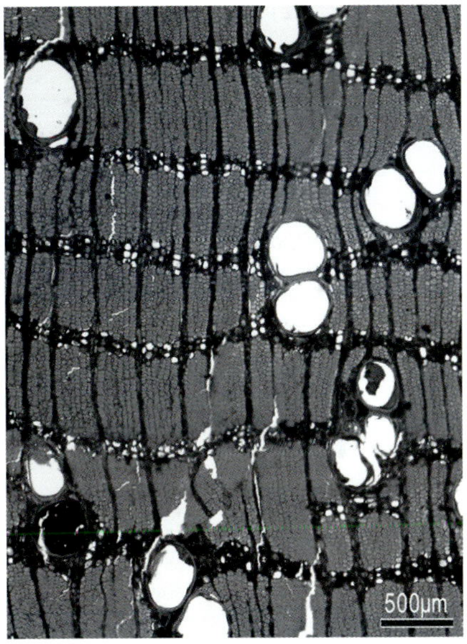

横切面

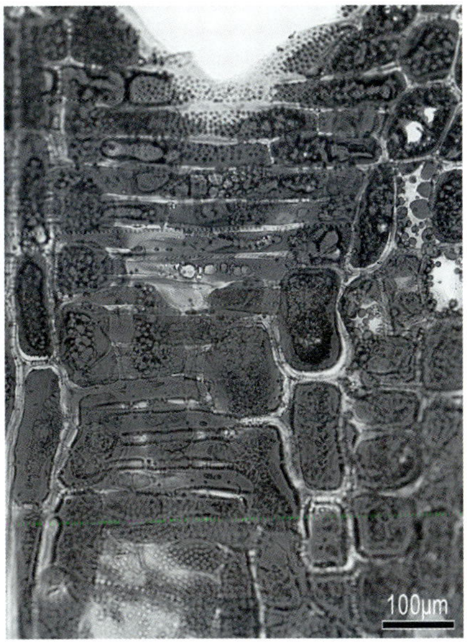

径切面

弦切面

微观鉴别要点

主为径列复管孔（多为2个），少数单管孔。管间纹孔式互列，系附物纹孔。单穿孔，导管与射线间纹孔式类似管间纹孔式。轴向薄壁组织带状（宽3～4细胞）；具分室含晶细胞。木纤维壁甚厚。木射线非叠生，多数为2列射线，射线组织同形单列及多列。

木材主要性质

结构中，气干密度1.07g/cm³。强度高，耐腐。干燥困难，应防止开裂。加工困难，易使刀具变钝。胶合和抛光性能良好。

木材主要用途

地板、码头桩木、桥墩、枕木、车辆材、雕刻及细木工等。

水曲柳 *Fraxinus mandshurica*

木犀科 Oleaceae

属　　名　白蜡树属 *Fraxinus* L.

常见树种　水曲柳 *F. mandshurica* Rupr.

国外名称

Manchurican Ash

主要产地

我国东北及华北，俄罗斯远东地区、朝鲜、日本也有分布。

以水曲柳 *F. mandshurica* Rupr.为例，描述如下

宏观鉴别要点

环孔材。心材灰褐或浅栗褐色，与边材区别明显。早材管孔中至大，肉眼下明显；早材至晚材急变。晚材管孔略少；甚小至略小。轴向薄壁组织放大镜下明显，傍管状及轮界状。木射线稀至中。

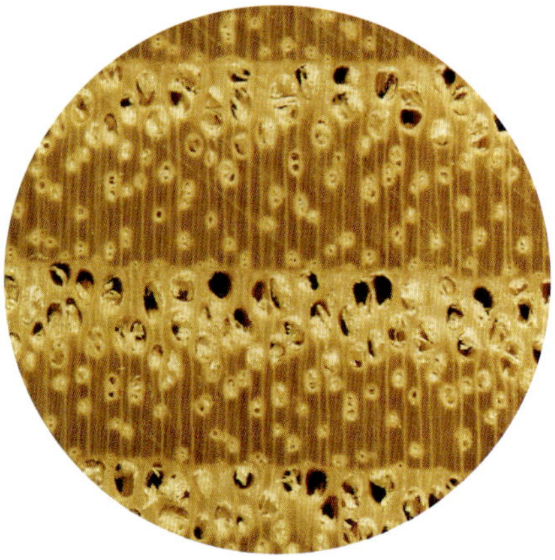

横断面12.5倍

实木照片

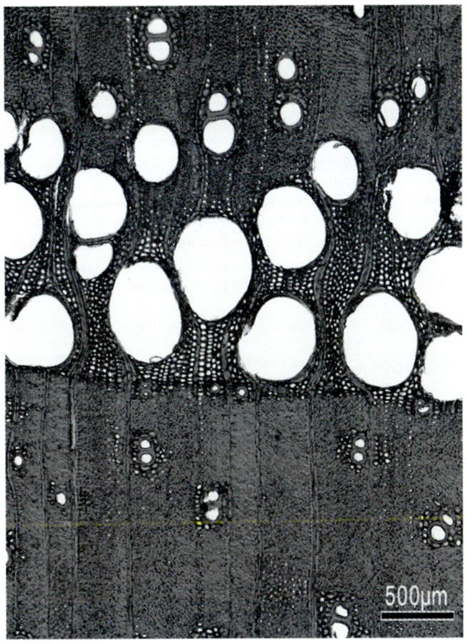

横切面

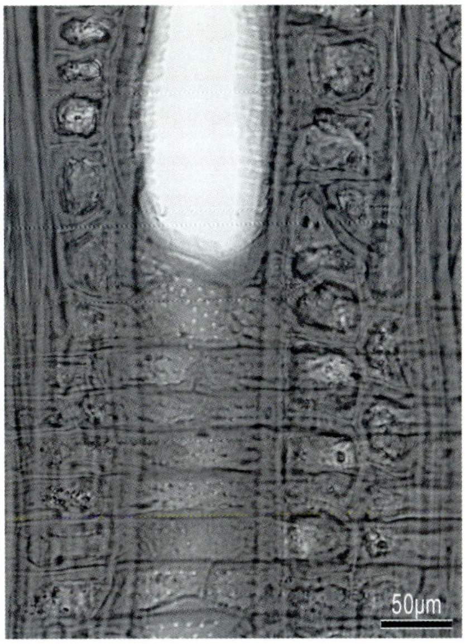

径切面

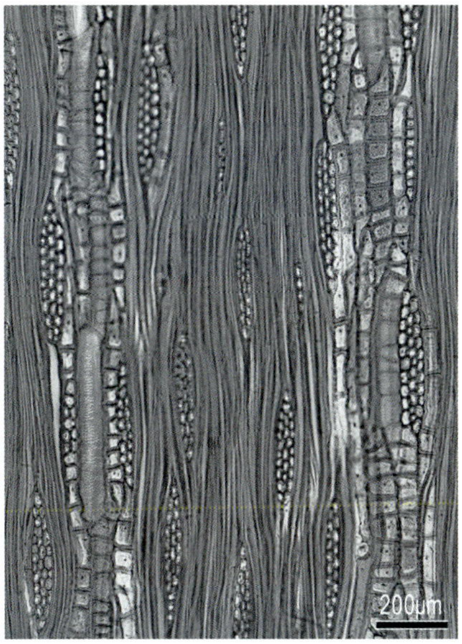

弦切面

微观鉴别要点

单管孔及径列复管孔（通常2个）；散生或短斜列。管间纹孔式互列，单穿孔，导管与射线间纹孔式类似管间纹孔式。具环管管胞。轴向薄壁组织环管束状、环管状，少数似翼状与聚翼状及轮界状，稀星散状。木纤维壁薄，径壁具缘纹孔明显。木射线非叠生；单列射线少；多列射线宽2～3细胞，射线组织同形单列及多列。

木材主要性质

结构粗，气干密度0.60g/cm³左右。强度中等，耐腐。加工容易，刨面光滑，胶合与油漆性能良好。握钉力强。

木材主要用途

地板、家具、胶合板、装饰单板、室内装修、文具、乐器等。

萼叶茜草木 *Calycophyllum* spp.

茜草科 Rubiaceae

属　　名　萼叶茜草属 *Calycophyllum* DC.

常见树种　萼叶茜草 *C. spruceanum* Benth., 极白萼叶茜草 *C. andidissimum* G.M., 丛花萼叶茜草 *C. multiflorum* Griseb.

国外名称

Pau mulato, Camaron, Palo camaron, Surra, Palo blanco

主要产地

热带南美洲和西印度群岛。

以萼叶茜草 *C. speruceanum* Benth.为例，描述如下

宏观鉴别要点

散孔材。心材米灰色或黄灰色，与边材区别不明显。生长轮不明显。管孔放大镜下略见；侵填体可见。轴向薄壁组织放大镜下不见。木射线肉眼下略见。

横断面12.5倍

实木照片

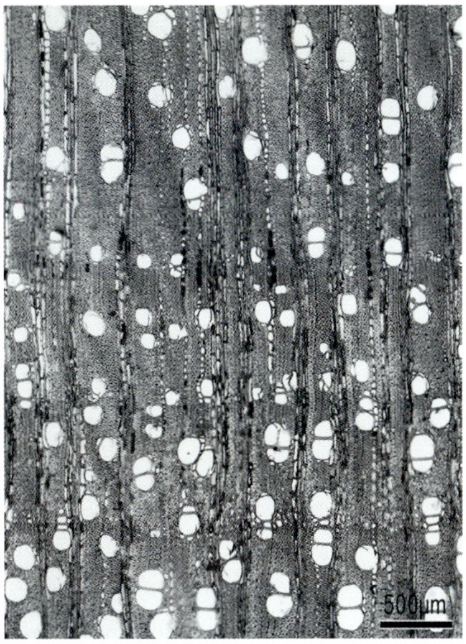

横切面

径切面

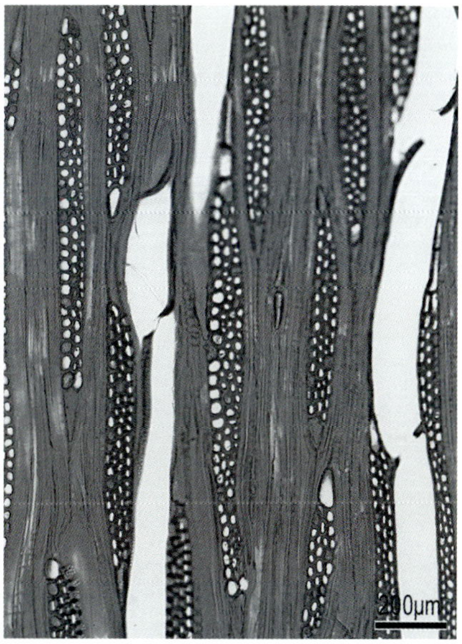

弦切面

微观鉴别要点

单管孔，径列复管孔（多数2～3个）。管间纹孔式互列，单穿孔；导管与射线间纹孔式类似管间纹孔式。轴向薄壁组织为星散状。木纤维壁甚厚，单纹孔明显。木射线非叠生；单列射线偶见，多列射线宽2～4细胞。射线组织异形多列。

木材主要性质

结构细，气干密度0.83g/cm³。强度高，耐腐性中等。干燥需仔细，防止开裂和扭曲。加工困难，需要良好的加工工具。抛光性能良好。钉钉易劈裂。

木材主要用途

地板、工具柄、细木工、仪器箱盒、雕刻、体育器材等。

黄胆木 *Nauclea* spp.

茜草科 Rubiaceae

属　　名　黄胆属 *Nauclea* L.

常见树种　狄氏黄胆木 *N. diderrichii* Merill

国外名称

Opepe, Kusia, Badi, Bilinga, Akondoc, N' gulu-Maza, Kilingi, Bundui, Aloma, Engolo

主要产地

西非至中非。

以狄氏黄胆木 *N. diderrichii* Merill为例，描述如下

宏观鉴别要点

散孔材。心材深黄色；与边材区别明显。边材色浅。生长轮不明显。管孔肉眼下可见；散生。轴向薄壁组织放大镜下不见。木射线放大镜下可见。

横断面12.5倍

实木照片

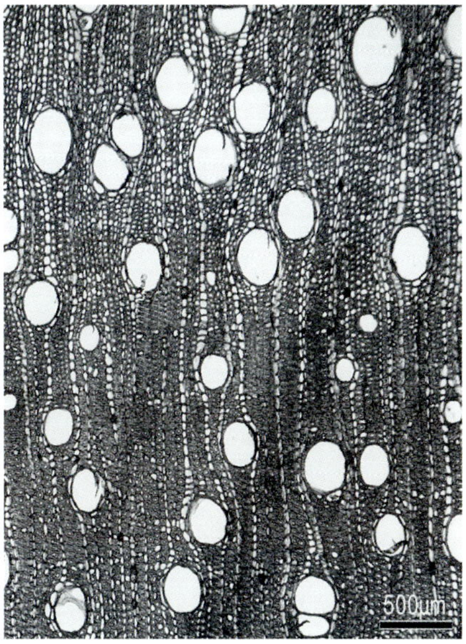

横切面

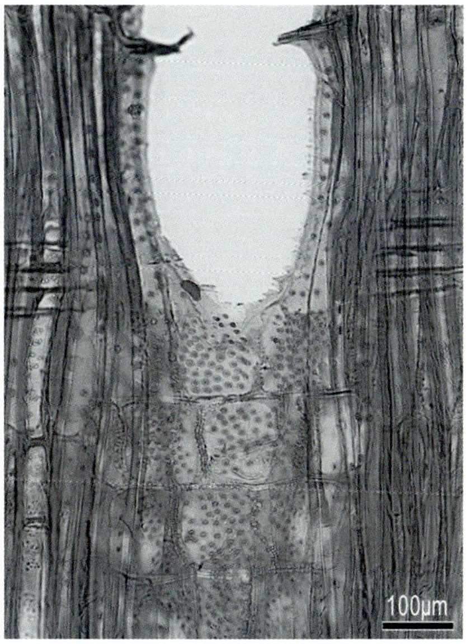

径切面

弦切面

微观鉴别要点

主为单管孔，偶短径列复管孔（2个）；近径列。管间纹孔式互列，系附物纹孔，单穿孔，导管与射线间纹孔式类似管间纹孔式。轴向薄壁组织为星散及星散—聚合状。木射线非叠生；单列射线较少，多列射线宽3～4细胞，射线组织异形Ⅰ型。

木材主要性质

结构细至略粗，气干密度0.60～0.80g/cm³。强度中等，耐腐。干燥速度应缓慢，防止开裂和变形。加工性能中等，胶合性能良好，握钉力弱。

木材主要用途

地板、家具、房屋建筑、细木工、门窗、装饰单板及造船、桥梁、枕木等。

巴福芸香 *Balfourodendron riedelianum*

芸香科 Rutaceae

属　　名 巴福芸香属 *Balfourodendron* Engl.

常见树种 巴福芸香 *B. riedelianum* Engl.

国外名称

Pau marfim, lvorywood, Guntambu, Moroti, Quatambu, Elfenbenstra, Farinha seca

主要产地

巴西、巴拉圭、阿根廷北部。

以巴福芸香 *B. riedelianum* Engl.为例，描述如下

宏观鉴别要点

散孔材。心材浅黄白色、麦秆黄色，久则转为浅黄褐色。管孔在肉眼下不易见，甚多，甚小。轴向薄壁组织放大镜下不可见。木射线在放大镜下略见。

横断面12.5倍

实木照片

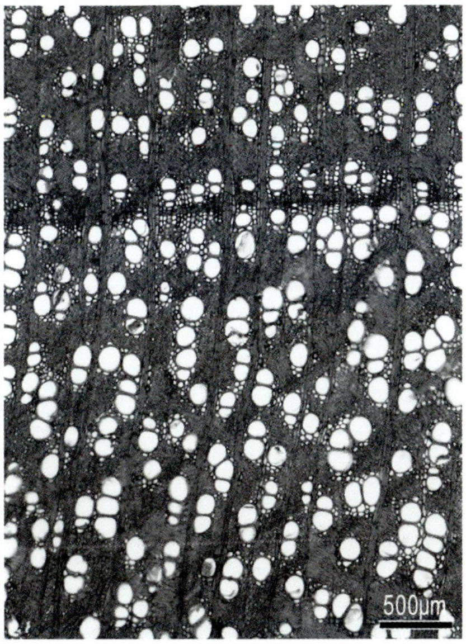

横切面

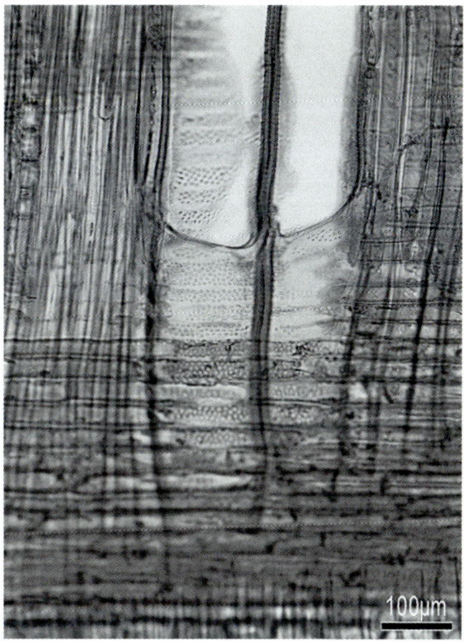

径切面

弦切面

微观鉴别要点

单管孔和径列复管孔（2～4个）。管间纹孔式互列，单穿孔，导管与射线间纹孔式类似管间纹孔式。轴向薄壁组织环管束状、星散—聚合状；具分室含晶细胞。木射线非叠生。单列射线偶见，多列射线宽2～4细胞；射线组织同形单列及多列。

木材主要性质

结构甚细，气干密度0.80g/cm³。强度中等或较高，不耐腐。干燥良好，速度宜慢，防止开裂和变形。加工性能中等，抛光和涂饰性能良好。

木材主要用途

实木地板、实木复合地板、家具、单板、雕刻、玩具及车旋制品等。

天料木 *Homalium* spp.

天料木科 Samydaceae

属　　名　天料木属 *Homalium* Jacq,

常见树种　烈味天料木 *H. foetidum* (Roxb.) Benth., 毛天料木 *H. tomentosum*.Benth.

国外名称

Aranga, Malas, Delingsem, Hjia, Hia, Gia

主要产地

热带及亚热带，如缅甸、印度尼西亚、菲律宾、马来西亚及巴布亚新几内亚。

以天料木 *Homalium* sp.为例，描述如下

宏观鉴别要点

散孔材。心材橘黄色至红褐色。与边材区别不明显。生长轮略明显。管孔肉眼下不见或略见；径列；数少至略少；侵填体可见。轴向薄壁组织不可见。木射线放大镜下明显；略密至密；窄。

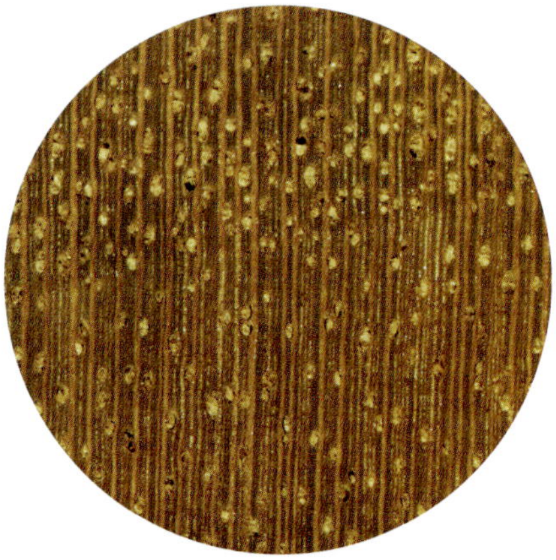

横断面12.5倍

实木照片

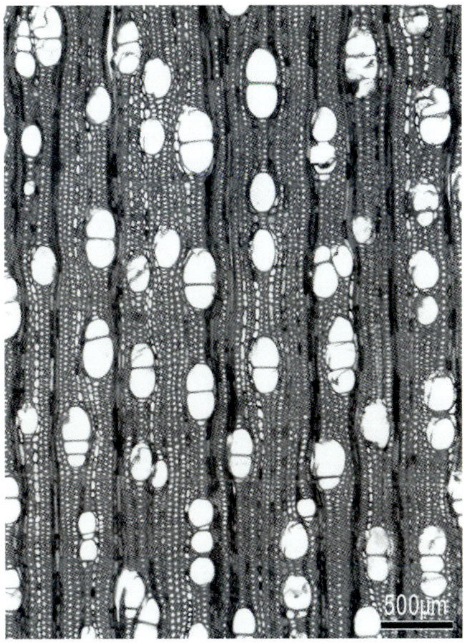

横切面

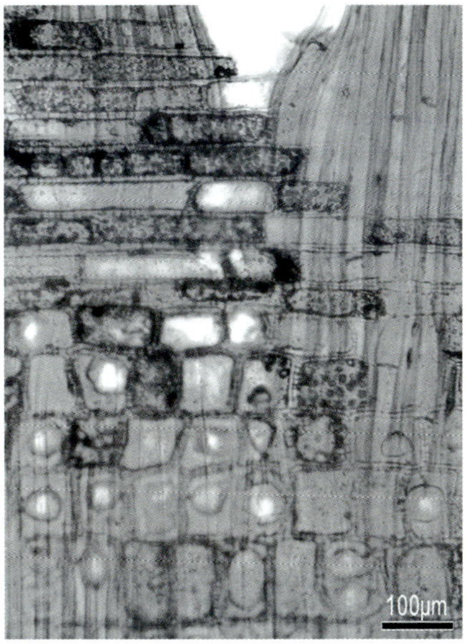

径切面

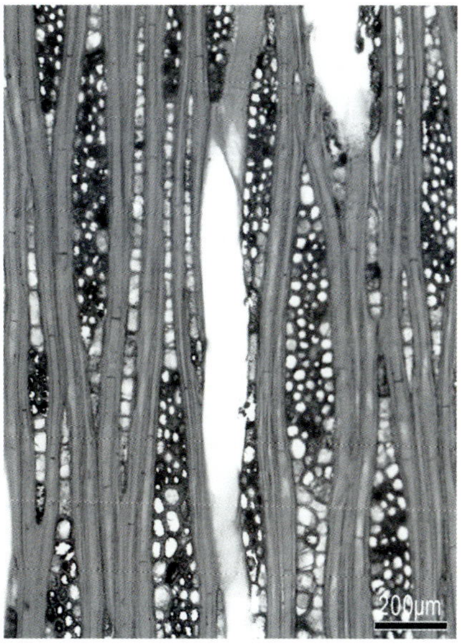

弦切面

微观鉴别要点

径列复管孔（2～4个），少数单管孔。管间纹孔式互列，单穿孔，偶见梯状复穿孔。导管与射线间纹孔式类似管间纹孔式。轴向薄壁组织甚少。纤维壁较厚，具缘纹孔明显；具分隔木纤维。木射线非叠生，单列射线较少，多列射线宽2～4（偶5）细胞。射线组织异形Ⅱ型及Ⅰ型；少数细胞含树胶；菱形晶体丰富。

木材主要性质

结构细，气干密度0.90g/cm³。强度中至高，耐腐性中等。干燥良好，速度宜稍慢。加工容易，切面光滑。

木材主要用途

地板、桥梁、造船、家具、电杆、矿柱、枕木及农具等。

番龙眼 *Pometia* spp.

无患子科 Sapindaceae

属　　名　番龙眼属 *Pometia* J. R. et G. Forst.

常见树种　番龙眼 *P. pinnata* Forst.，赤杨叶番龙眼 *P. alnifolia* Radlk. ,毛番龙眼 *P. tomentosa* Teysm & Binn.

国外名称

Kasai, Taun, Truong, Matoa, Malugai, Toun, Kasi besar daun, Lan doing, Sibu

主要产地

东南亚及巴布亚新几内亚。

以番龙眼 *P. pinnata* Forst.为例，描述如下

宏观鉴别要点

散孔材。心材红褐色，常带紫红色；与边材区别不明显。生长轮略明显。管孔肉眼下可见；数少；略大，散生；具白色沉积物。轴向薄壁组织放大镜下可见，轮界状及环管状。木射线放大镜下可见，略密至密；甚窄。

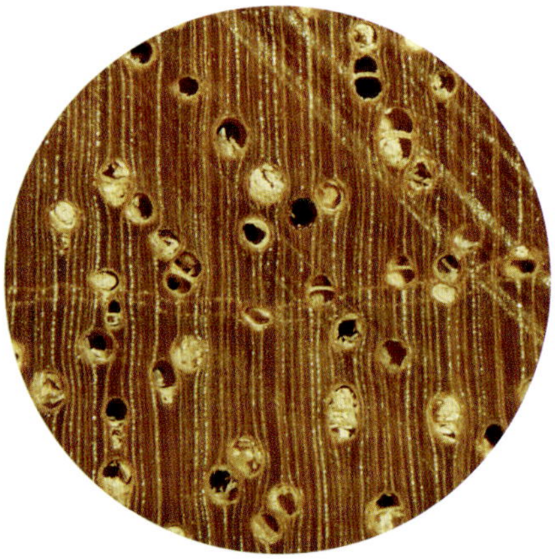

横断面12.5倍

实木照片

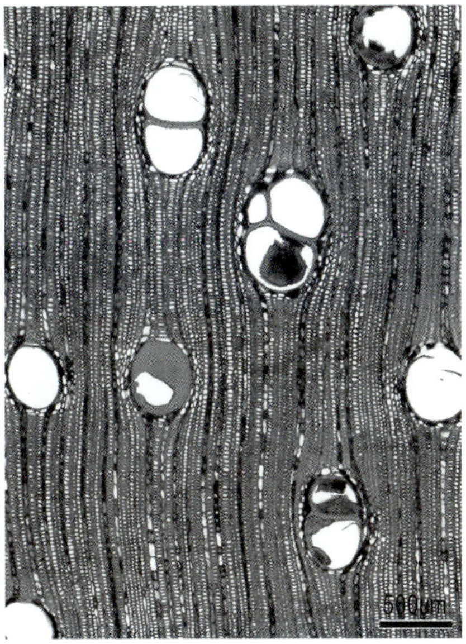

横切面

径切面

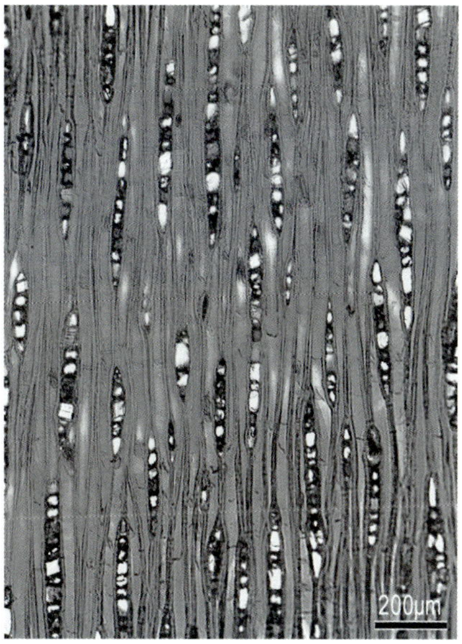

弦切面

微观鉴别要点

单穿孔为主，管间纹孔式互列，导管与射线间纹孔式类似管间纹孔式。轴向薄壁组织环管束状、轮界状；具分室含晶细胞，分隔木纤维普遍。木射线非叠生；单列射线高1～27细胞；少数两列；射线组织异形单列，偶异形Ⅲ型。射线细胞菱形晶体丰富。

木材主要性质

结构细，气干密度0.50～0.70g/cm^3。强度中等，稍耐腐或耐腐。干燥困难，速度宜慢，防止开裂和变形。加工容易，切面光滑。胶合、油漆及染色性能良好。

木材主要用途

地板、室内装修、家具、农具及文体用品等。

铁线子 *Manilkara* spp.

山榄科 Sapotaceae

属　　名　铁线子属 *Manilkara* Adans.

常见树种　二齿铁线子 *M. bidentata* A. cher., 圭亚那铁线子 *M. huberi*（Ducke）Chevalier., 考基铁线子 *M. kauki*（L.）Dubard, 迈氏铁线子 *M. merrilliana* H. J. Lam.

国外名称

Macaranduba, kating, Sawokecik, Sawo Ketjik, Duyok-duyok, Koemea

主要产地

东南亚及热带南美洲。

以铁线子 *Manilkara* sp.为例，描述如下

宏观鉴别要点

散孔材。心材棕红色或巧克力色，与边材区别略明显。生长轮不明显。管孔放大镜下略见；径向排列呈管孔链，内含沉积物；数少；略小。轴向薄壁组织放大镜下略见，细弦线带状。木射线放大镜下略见；密，窄。

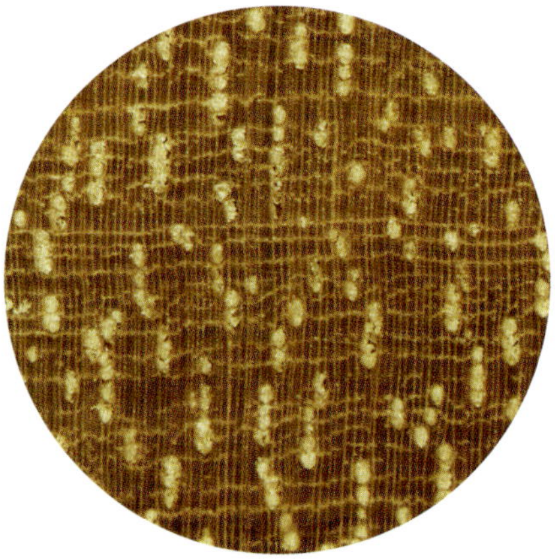

横断面12.5倍

实木照片

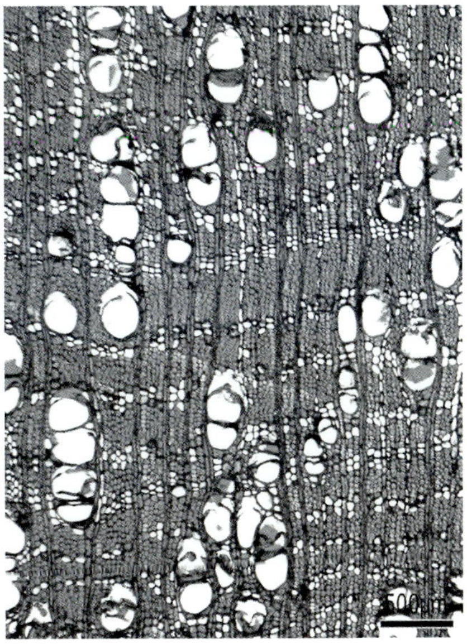

横切面

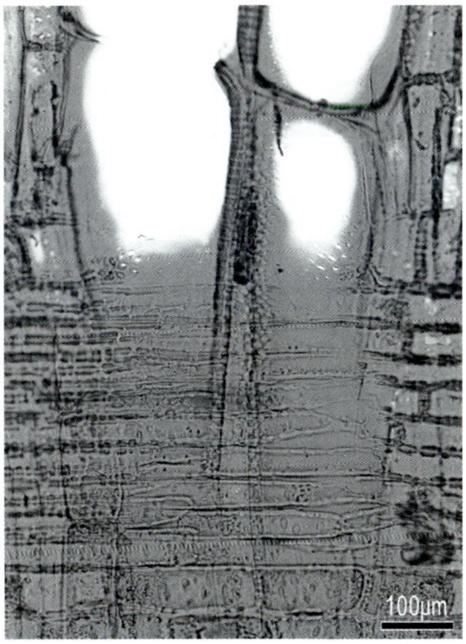

径切面

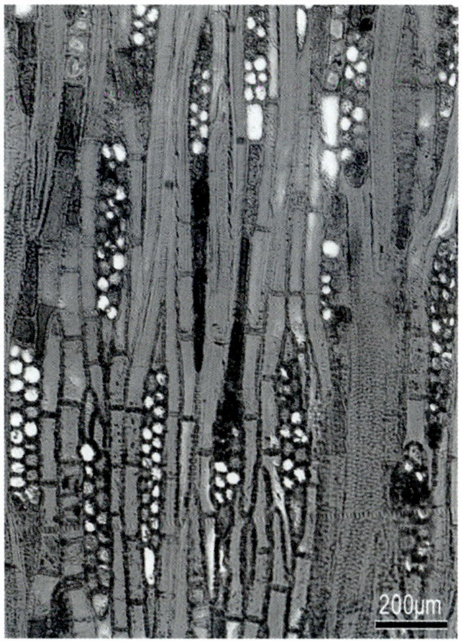

弦切面

微观鉴别要点

主为径列复管孔（多数3～5个），少数单管孔；侵填体常见。管间纹孔式互列，单穿孔，导管与射线间纹孔式大圆形或刻痕状。轴向薄壁组织带状，宽1～3细胞；分室含晶细胞普遍。木射线非叠生。单列及双列射线，射线组织异形Ⅰ型。

木材主要性质

结构细，气干密度0.90～1.10g/cm³。强度甚高，耐腐性极强。干燥困难，须防止开裂。加工困难，切面光滑。

木材主要用途

地板、梁、柱、枕木、工具柄等。

纳托山榄 *Palaquium* spp.

山榄科 Sapotaceae

属　　名 胶木属 *Palaquium* Blanco

常见树种 倒卵胶木 *P. obovatum* Engl., 布克胶木 *P. burckii* H. J. Lam, 固塔胶木 *P. gutta* Baill.,喙状胶木 *P. rostratum* Burck

国外名称

Nyatoh, Malak malak, Nyatoh puteh

主要产地

印度尼西亚和马来西亚。

以倒卵胶木 *P. obovatum* Engl.为例，描述如下

宏观鉴别要点

散孔材。心材红褐带紫色，与边材区别明显。生长轮略明显。管孔肉眼下可见，含侵填体等沉积物；径向排列。轴向薄壁组织放大镜下明显，离管带状。木射线放大镜下略明显。

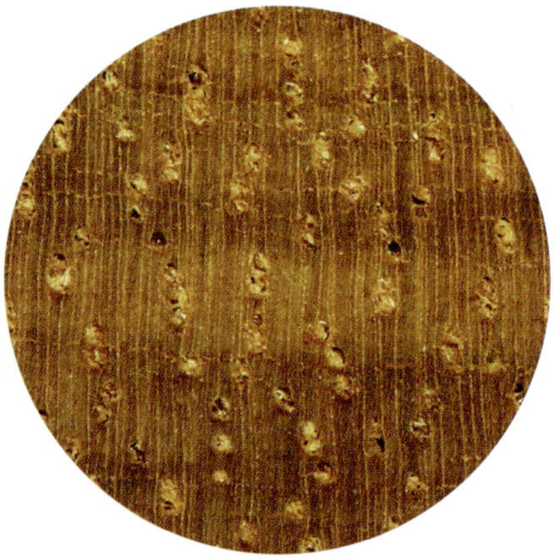

横断面12.5倍

实木照片

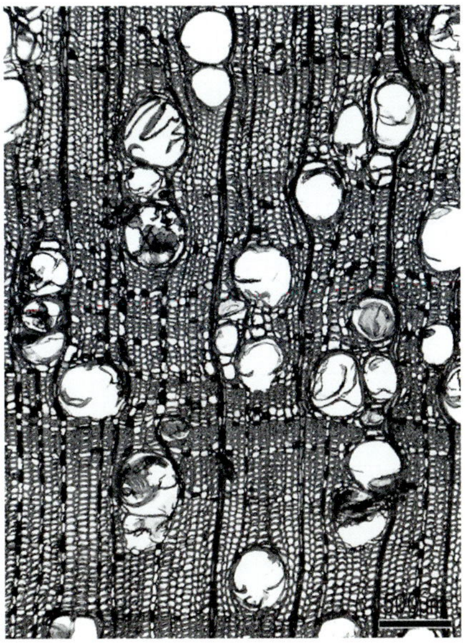

横切面

径切面

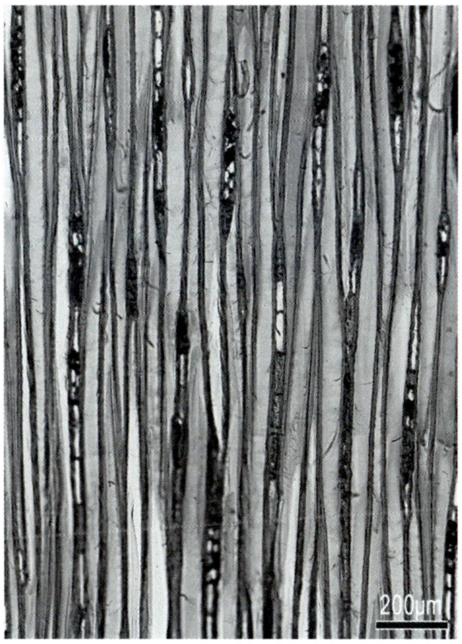

弦切面

微观鉴别要点

单管孔及径列复管孔（多数2～3个）。管间纹孔式互列，单穿孔，导管与射线间纹孔式为刻痕状及大圆形。轴向薄壁组织离管带状，宽1～2细胞；分室含晶细胞普遍。木射线非叠生。单列甚少，多列射线宽2～3细胞，有时单列部分与多列部分近等宽。射线组织异形Ⅱ型，偶Ⅰ型；射线细胞含树胶及硅石。

木材主要性质

结构细，气干密度0.50～0.80g/cm³。强度中等，耐腐。干燥宜稍慢，防止开裂和翘曲。加工容易，刨面光滑，胶合性能良好。

木材主要用途

地板、室内装修、家具、单板、胶合板及细木工等。

黄山榄 *Planchonella* spp.

山榄科 Sapotaceae

属　　名　山榄属 *Planchonella* Pierre

常见树种　肥果山榄 *P. pachycarpa* Pires

国外名称

Goiabao, Abju-casca-grossa, Abjurana, Abjurana-amarela, Abjurana goiaba, Perotinga

主要产地

巴西，亚马孙低洼地区。

以肥果山榄 *P. pachycarpa* Pires为例，描述如下

宏观鉴别要点

散孔材。心材黄色或稻草色，与边材区别不明显。生长轮不明显。管孔肉眼和放大镜下均不见。轴向薄壁组织肉眼下可见，带状。木射线放大镜下略见。

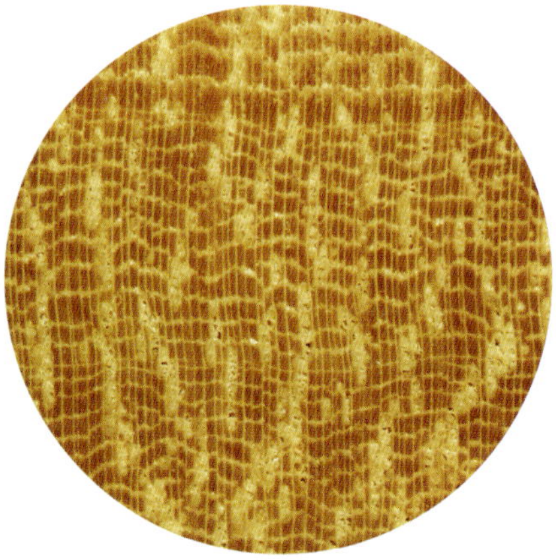

横断面12.5倍

实木照片

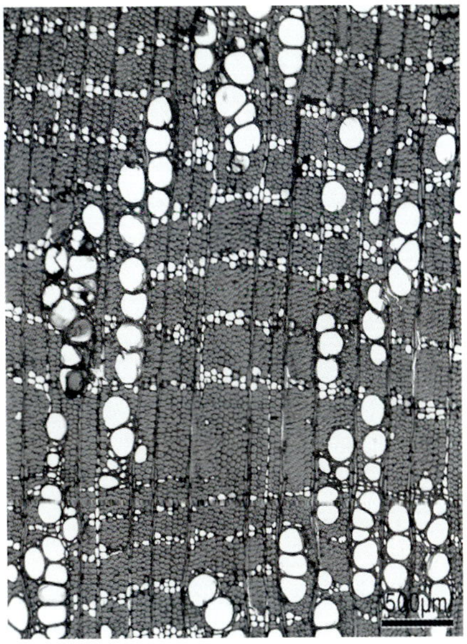

横切面

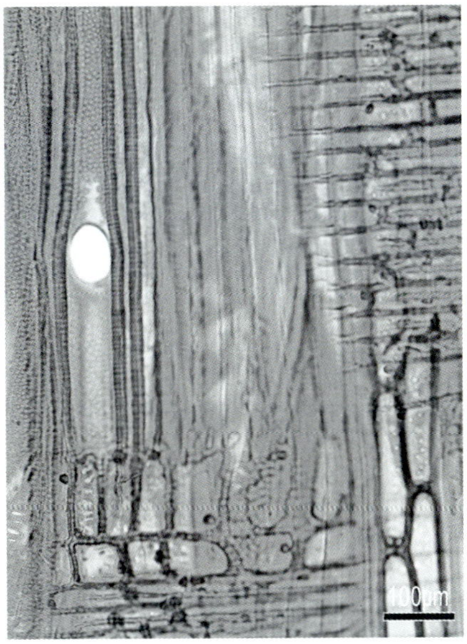

径切面

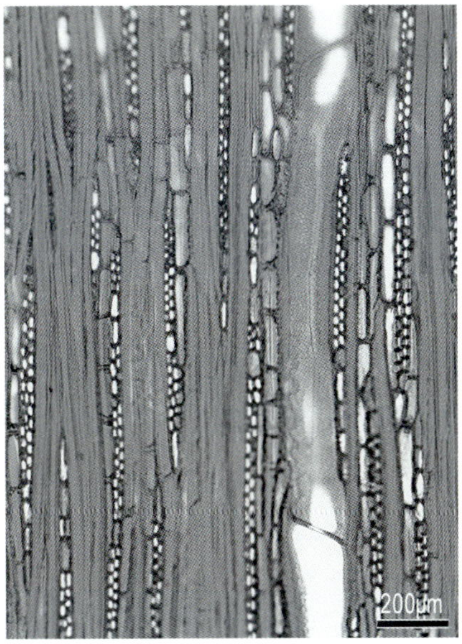

弦切面

微观鉴别要点

单管孔及径列复管孔（多数2～4个）；径向排列。管间纹孔式互列，单穿孔，偶见复穿孔。导管与射线间纹孔式类似管间纹孔式及刻痕状。轴向薄壁组织带状，宽1～3细胞。木射线非叠生。单列较少；多列射线宽2细胞。射线组织异形Ⅰ型及Ⅱ型。

木材主要性质

结构细至甚细，气干密度0.91g/cm^3。强度高，耐腐性差。干燥需小心处理，防止扭曲和开裂。加工容易，胶合和旋切性能良好。

木材主要用途

地板、镶嵌地板、家具、室内装修、工艺品、单板、房屋建筑等。

尼索桐 *Nesogordonia* spp.

梧桐科 Sterculiaceae

属　　名　尼索桐属 *Nesogordonia* Bail.

常见树种　尼索桐 *N. leplaei* R. Capuron, 罂粟尼索桐 *N. papaverifera* R. Capuron,

国外名称

Kondo Findo, Dnata, Kotibe, Otutu, Owoe, Ovoe, Ovoue, Ovoui, Arborbora, Kondofindo, Tsanya, Naouga, Epro, Cotibe

主要产地

热带非洲如加纳、加蓬、喀麦隆、塞拉利昂、科特迪瓦、尼日利亚等地。

以尼索桐 *N. leplaei* R. Capuron为例，描述如下

宏观鉴别要点

散孔材。心材红褐色，深红褐色；与边材区分明显，具淡黑色条纹。生长轮不明显。管孔肉眼下可见。轴向薄壁组织放大镜下不见。木射线放大镜下可见。

横断面12.5倍

实木照片

横切面

径切面

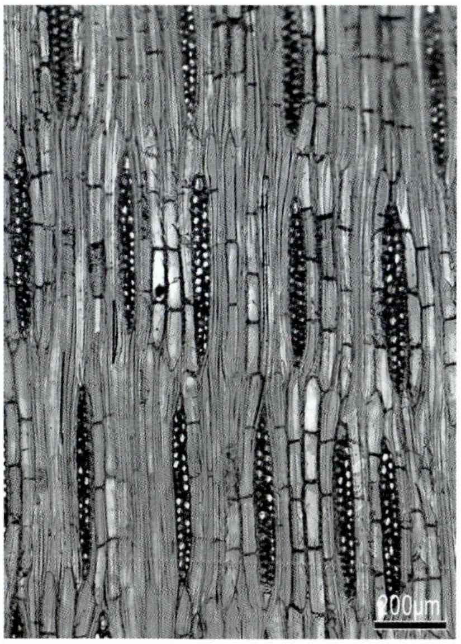

弦切面

微观鉴别要点

单管孔及短径列复管孔（2～4个）。管间纹孔式互列，单穿孔；导管与射线间纹孔式类似管间纹孔式。轴向薄壁组织主为星散—聚合、单列带状及疏环管状；具分室含晶细胞。木射线叠生，多列射线宽2～3细胞，射线组织同形多列。

木材主要性质

结构甚细，气干密度0.70～0.80g/cm³。强度高，耐腐。干燥速度慢，略开裂和变形。胶合及抛光性能良好。

木材主要用途

地板、室内外装修、单板、胶合板、家具、农具、工具柄、雕刻及车旋制品等。

褐苹婆 *Sterculia* spp.

梧桐科 Sterculiaceae

属　　名　苹婆属 *Sterculia* L.

常见树种　褐苹婆 *S. rhinopetala* K. Schum.

国外名称

Brown Sterculia, Aye, N' kanang

主要产地

尼日利亚、加纳、科特迪瓦热带雨林低洼地带和稀树草原区。

以褐苹婆 *S. rhinopetala* K. Schum.为例，描述如下

宏观鉴别要点

散孔材。心材灰红至红褐色；与边材区分明显。生长轮不明显。管孔肉眼下可见，内含沉积物，放大镜下明显，数少，略大。轴向薄壁组织带状。木射线放大镜下明显。

横断面12.5倍

实木照片

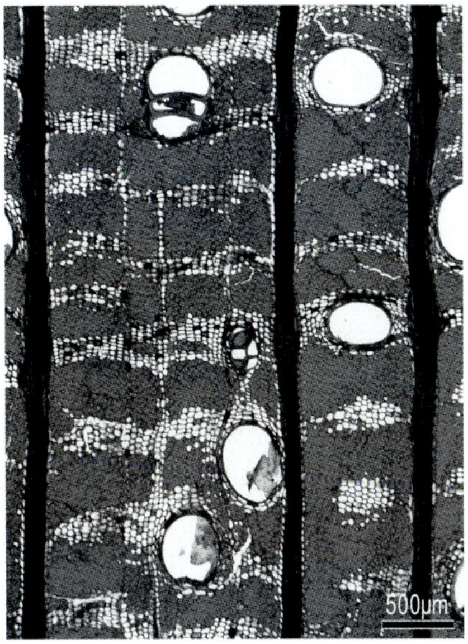

横切面

径切面

弦切面

微观鉴别要点

主为单管孔，少数径列复管孔；具树胶。管间纹孔式互列，单穿孔，导管与射线间纹孔式类似管间纹孔式。轴向薄壁组织带状（宽4～13细胞）；具分室含晶细胞，菱形晶体连续30个以上。木射线非叠生，多列射线（单列偶见）宽2～12细胞，高50个细胞或以上；射线组织异形多列；具鞘细胞；含菱形晶体，分布直立和方形射线细胞中。

木材主要性质

结构细，气干密度0.73～0.77g/cm³。强度高，略耐腐。干燥速度应缓慢，防止开裂和翘曲。加工较困难，染色、抛光及胶合性能良好。

木材主要用途

地板、家具、细木工、造船、桩、柱、玩具、车旋制品等。

荷　木 *Schima* spp.

山茶科 Theaceae

属　　名　荷木属 *Schima* Reinw. ex Bl.

常见树种　荷木 *S. superba* Gardn. ex Champ., 银荷木 *S. argentea* Pritz., 中华荷木 *S. sinensis* (Hemsl.) Airy-Shaw, 西南荷木 *S. wallichii* Choisy

国外名称

Gugertree, Samak

主要产地

我国西南部至东部和南部，东南亚的马来西亚及印度等地。

以荷木 *S. superba* Gardn. ex Champ.为例，描述如下

宏观鉴别要点

散孔材。木材浅红褐色至暗黄褐色，心边材区别不明显。生长轮略明显。管孔放大镜下可见；甚多，大小略一致。轴向薄壁组织不见。木射线中至略密。

横断面12.5倍

实木照片

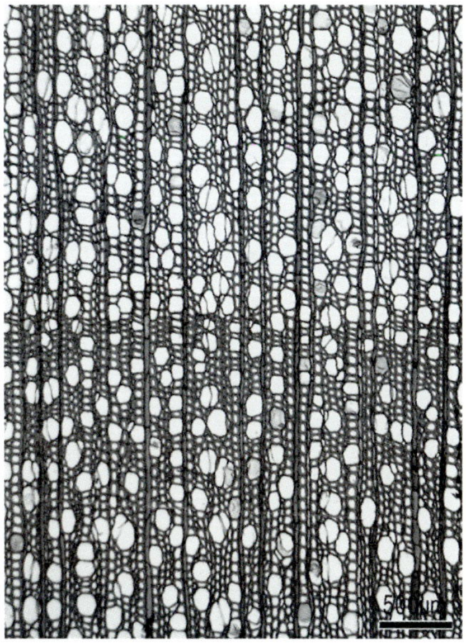

横切面

径切面

弦切面

微观鉴别要点

单管孔，少数短径列复管孔（2～3个）。管间纹孔式主为梯状，穿孔板梯状，导管与射线间纹孔式为刻痕状及少数大圆形。轴向薄壁组织量少，星散状与数个相连及环管状；分室含晶细胞普遍。木射线非叠生；主为单列射线，高1～30细胞；多列射线甚少，宽2细胞；射线组织异形Ⅱ型，稀异形Ⅰ型。

木材主要性质

结构甚细，气干密度0.60～0.70g/cm³。强度中等，稍耐腐。干燥容易翘曲，应慎重处理。加工略困难，表面光滑，油漆性能良好，握钉力中等。

木材主要用途

地板、胶合板、家具、室内装修、包装箱、玩具等。

榆　木 *Ulmus* spp.

榆科 Ulmaceae

属　　名　榆木属 *Ulmus* L.

常见树种　春榆 *U. davidiana* var. *japonica* Nakai, 裂叶榆 *U. laciniata* Mayr, 大果榆*U. macrocarpa* Hance, 白榆 *U. pumila* L.

国外名称

Elm

主要产地

北温带，我国南北有分布；北美洲、欧洲及亚洲亦有分布。

以榆木 *Ulmus* sp.为例，描述如下

宏观鉴别要点

环孔材。心材浅栗褐色，与边材区别略明显。生长轮明显。早材管孔中至略大，肉眼下明显，排成早材带，宽1～3管孔，内含侵填体；早材至晚材急变。晚材管孔甚小，放大镜下明显。轴向薄壁组织在放大镜下明显，傍管状。木射线稀至中；极细至中。

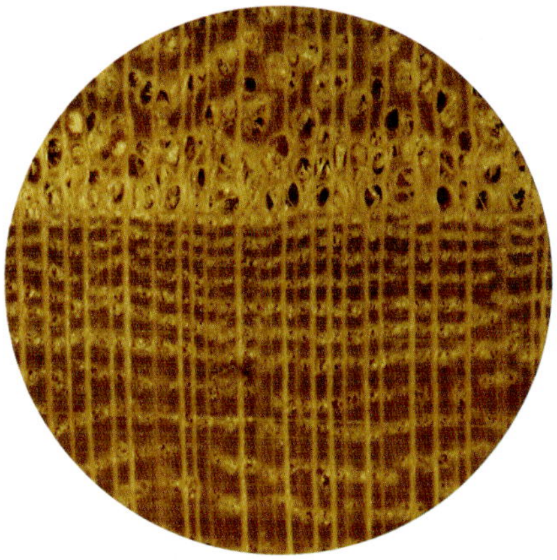

横断面12.5倍

实木照片

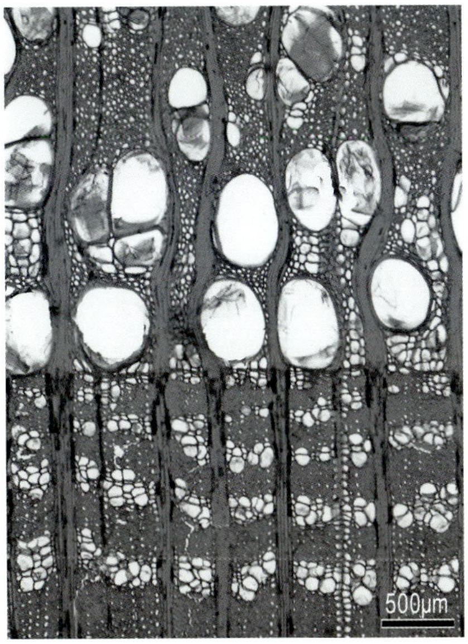

横切面

径切面

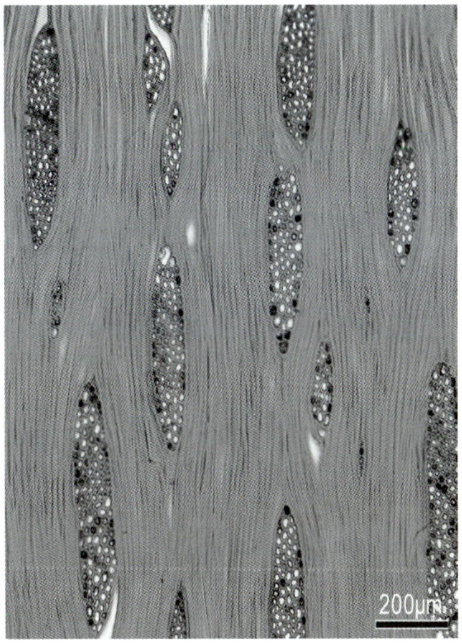

弦切面

微观鉴别要点

早材单管孔；晚材多呈管孔团，弦列或波浪形。管间纹孔式互列，单穿孔，导管与射线间纹孔式类似管间纹孔式。螺纹加厚仅存小导管壁和维管管胞壁上。轴向薄壁组织主为傍管型。木射线非叠生；多列射线宽2～6细胞，射线组织同形单列及多列。

木材主要性质

结构中，不均匀。气干密度0.60g/cm³左右。强度低或中，稍耐腐。干燥困难，易开裂和翘曲。加工较容易，刨面光滑，油漆性能优良。

木材主要用途

地板、家具、室内装修、单板等。

柚　木 *Tectona grandis*

马鞭草科 Verbenaceae

属　　名　柚木属 *Tectona* L. f.

常见树种　柚木 *T. grandis* L. f.

国外名称

Teak, Common teak, Jati

主要产地

原产印度、缅甸，我国栽培于广东、海南、广西南部、云南南部和台湾南部。

以柚木 *T. grandis* L. f.为例，描述如下

宏观鉴别要点

环孔材至半环孔材。心材浅褐或褐色，久则暗黄褐色，与边材区别明显，边材黄色。木材略具皮革味。生长轮明显。具光泽。早材带管孔大，在肉眼下明显，排成连续早材带；侵填体常见，具白色沉积物。晚材管孔放大镜下明显；略少。轴向薄壁组织在放大镜下可见。木射线放大镜下明显。

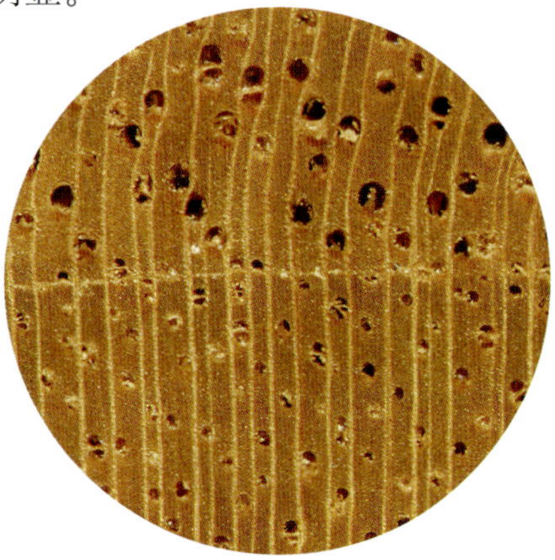

横断面12.5倍

实木照片

横切面

径切面

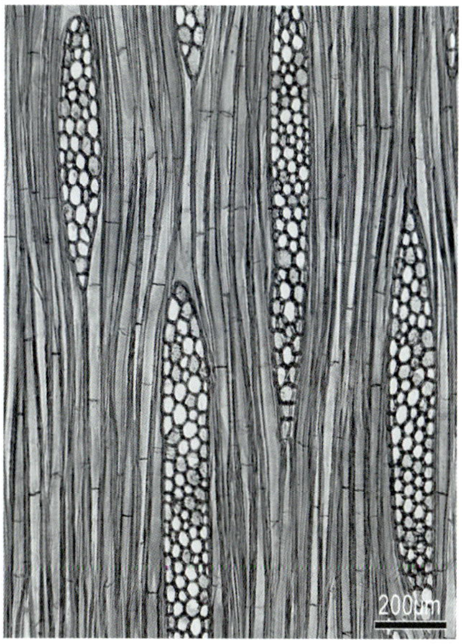

弦切面

微观鉴别要点

早材单管孔，晚材单管孔及短径列复管孔。管间纹孔式互列，单穿孔，导管与射线间纹孔式类似管间纹孔式。轴向薄壁组织环管状或至环管束状、轮界状。分隔木纤维普遍。多列木射线宽2～5细胞，射线组织同形单列及多列，稀异形III型。

木材主要性质

结构粗较，不均匀。气干密度0.60g/cm³。强度中等，耐腐性强。干燥良好，速度缓慢，使用时尺寸稳定性好。加工较容易，切面光滑，胶合及油漆性能优良。

木材主要用途

地板、家具、室内装修、装饰单板、造船、雕刻、乐器及车旋制品等。

维腊木 *Bulnesia* spp.

蒺藜科 Zygophyllaceae

属　　名　维腊木属 *Bulnesia* Fagonia

常见树种　乔木维腊木 *B. arborea* (Jacq.) Engl.，萨米维腊木 *B. sarmienti* Lorentz ex Griseb

国外名称

Verawood, Vera, Vera aceituna, Vera pocktree, Guayacan, Bera cuchivaro

主要产地

委内瑞拉、智利、墨西哥等。

以维腊木 *Bulnesia* sp.为例，描述如下

宏观鉴别要点

散孔材。新切木材色浅为深橄榄绿色或深褐色，久则转为暗绿色，并带灰至近黑色条纹。具有明显浓郁香气。纵切面管孔线与纤维组织形成交错花纹。生长轮在放大镜下略见。管孔在肉眼下不易见，甚小，甚多，内含沉积物；木射线在放大镜下可略见，数多，甚窄。

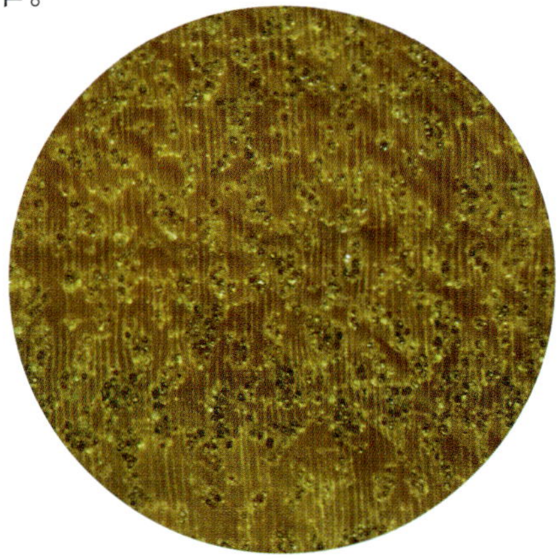

横断面12.5倍

实木照片

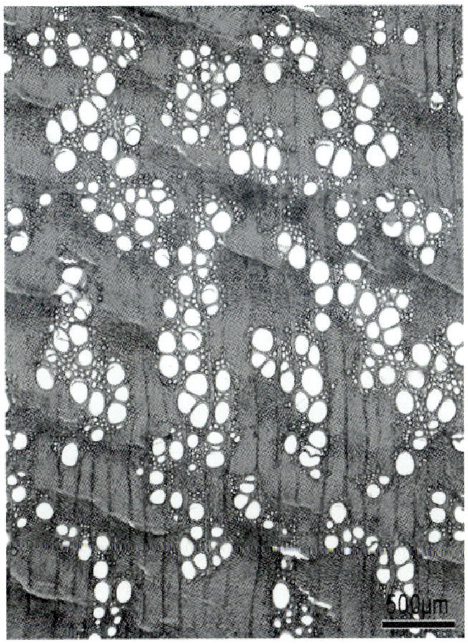

横切面

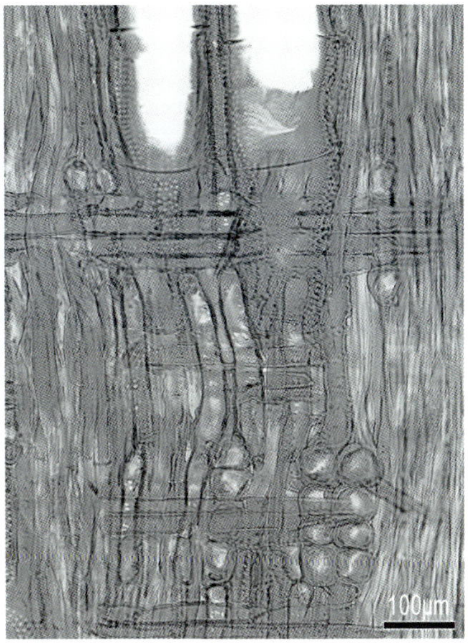

径切面

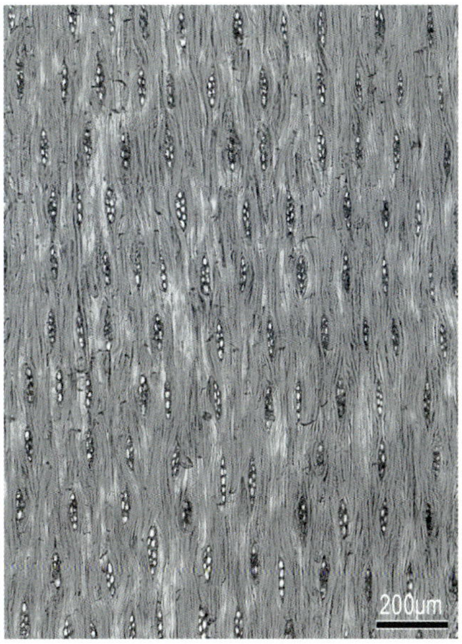

弦切面

微观鉴别要点

主为单管孔，少数复管孔（2～3个），呈短径列和弦列。管间纹孔式互列，单穿孔，导管与射线间纹孔式类似管间纹孔式。环管管胞具缘纹孔明显。轴向薄壁组织环管束状，少数星散状；分室含晶细胞普遍，少数呈异细胞膨大。木纤维壁甚厚。木射线叠生。单列射线偶见，多列射线宽2细胞，高4～12细胞，射线组织同形单列及多列。

木材主要性质

结构甚细，气干密度0.90～1.20g/cm³。强度高，耐腐。干燥困难，速度应缓慢。加工困难，切面光滑，油漆性能良好，钉钉需预先钻孔。车旋和抛光性能良好，耐磨性极好。

木材主要用途

地板、雕刻、家具、工具柄、车旋制品等。

铁　杉 *Tsuga* spp.

松科 Pinaceae

属　　名　铁杉属 *Tsuga* Carr.

常见树种　铁杉 *T. chinensis* Pritz., 云南铁杉 *T. dumosa* (D. Don) Eichl, 异叶铁杉 *T. heterophylla* (Raf.) Sarg., 高山铁杉 *T. metensiana* (Bong.) Carr.

国外名称

Hemlock, Western hemlock, Mountain hemlock

主要产地

亚洲东部及北美洲。我国产秦岭以南及长江流域以南至西南山区。

以铁杉 *T. chinensis* Pritz. 为例，描述如下

宏观鉴别要点

边材黄白色至淡黄褐色或淡黄褐色微红。心边材区别不明显。光泽性差；生材有令人不愉快的气味。生长轮明显，轮间晚材带色深；早材带通常较宽，早材至晚材略急变至急变。

横断面12.5倍

实木照片

横切面

径切面

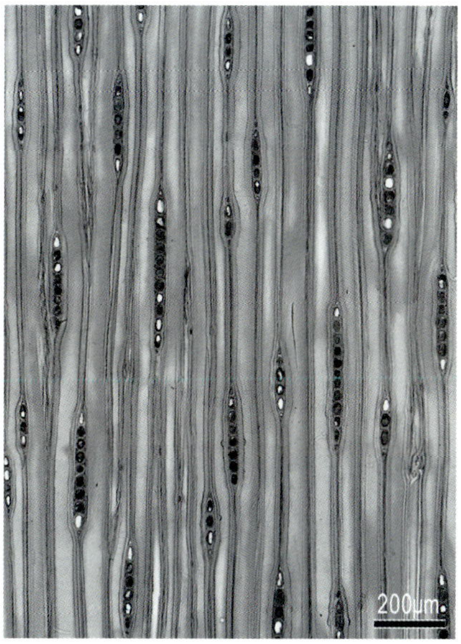

弦切面

微观鉴别要点

早材管胞径壁具缘纹孔通常1列，少数2列。具缘纹孔塞棒状加厚常见。晚材最后数列管胞弦壁具缘纹孔明显。轴向薄壁组织很少，轮界状。木射线通常单列；端壁节状加厚明显；具射线管胞。交叉场纹孔式为柏木型，1～6个，1～3横列。

木材主要性质

结构中而匀，气干密度0.50g/cm³左右。强度中等，耐腐。加工容易，握钉力强。

木材主要用途

地板、门、窗、柱子、百叶窗、家具等。

中文名索引（按拼音排序）

E

F

G

H

T

W

X

Y

Z

拉丁名索引

C

D

M

N

O

P

Q

R

S

T

U

V

X

Z

国外名称索引

A

B

C

D

E

F

G

H

I

J

K

L

主要参考文献

1. 巴西华西木材工商股份有限公司．巴西热带树种简介（第一册）．北京：1986
2. 巴西华西木材工商股份有限公司．巴西热带树种简介（第二册）．北京：1988
3. 陈嘉宝．马来西亚商用木材性质和用途．北京：中国物资出版社，2010
4. 成俊卿，杨家驹，刘鹏．中国木材志．北京：中国林业出版社，1992
5. 成俊卿，蔡少松．《木材识别与利用》．北京：中国林业出版社，1982
6. 成俊卿等．木材穿孔卡片检索表（阔叶树材微观构造）．北京：科学出版社,1980
7. 郭喜良，冉俊祥，陈旭东等．进口木材原色图鉴．上海：科学技术出版社，2004
8. 江泽慧 彭镇华等．世界主要树种木材科学特性．北京：科学出版社，2001
9. 姜笑梅，程业明，殷亚方等．中国裸子植物木材志．北京：科学出版社，2010
10. 姜笑梅，张立非，刘鹏.拉丁美洲热带木材志．北京：中国林业出版社，1999
11. 罗良才．云南经济木材志．云南：人民出版社，1989
12. 刘鹏，姜笑梅，张立非.非洲热带木材．北京：中国林业出版社，1996
13. 刘鹏，杨家驹，卢鸿俊．东南亚热带木材．北京：中国林业出版社，1993
14. 台北野生物贸易研究委员会，CITES 辨识图鉴----热带木材（中文译本）．台北：2005
15. 汪师孟．中国进口木材．北京：学苑出版社，1991
16. 卫广扬等.东南亚木材----识别与利用．合肥：安徽科学技术出版社.1988
17. 徐峰主编.木材鉴定图谱．北京：化学工业出版社，2008
18. 杨家驹等．国外商用木材拉汉英名称．北京：中国林业出版社，1993
19. 袁克主编．家具装潢木材原色图鉴．上海：科学技术出版社，2008
20. 郑万均等．中国树木材（第一卷）．北京：中国林业出版社，1983
21. 郑万均等．中国树木材（第二卷）．北京：中国林业出版社，1985
22. 郑万均等．中国树木材（第三卷）．北京：中国林业出版社，1997
23. 中华人民共和国国家标准．红木（GB/T 18107—2000）．北京：中国标准出版社，2000
24. 中华人民共和国国家标准．中国主要木材名称（GB/T 16734—1997）．北京：中国标准出版社，1997
25. 中华人民共和国国家标准．中国主要进口木材名称（GB/T 18513—2001）．北京：中国标准出版社，2001
26. Berni．C．A． et al．South American Timber—Characteristics，Properties and Uses of 190 Species．CSIRO: 1979
27. Brizer J．D． and G．L．Franklin．Identification of Hardwood—A Microscope Key．For．Prod．Res．Bul．No．46 London: 1961
28. Bruce H. R. Identifying wood—Accurate results with simple tools.Newtown.：The Taunton Press, 1995
29. Chichignoud M．et al．Tropical Timber Atlas of Latin America．CTFT/ITTO: 1994
30. Chudnoff M．Tropical Timbers of the World．U．S．Department of Agriculture．1994
31. CTFT．Tropical Timber Atlas．Volume one—African
32. Eddowes P．J．Commerical Timbers of Papua New Guinea．Office of Forests．Papua Nes Guinea．1977
33. Eleanor Bolza and W．G．Keating．African Timbers—the Properties，Uses and Characteristics of 700 Species．CSIRO: 1972

34. IAWA Committee. IAWA list of microscopic features for softwood identification. IAWA Journal, 2004, 25 (1): 1-70

35. IAWA Committee. IAWA list of microscopic features for hardwood identification. IAWA Journal, 1989, 10: 219-332

36. Meniado J．A． et al. Wood Identification Handbook for Philippine Timbers Vol． I Government printing office，Manila 1975

37. Meniado J．A． et al. Wood Identification Handbook for Philippine Timbers Vol． II Apo production unit，Inc．Quezon City 1981The Malaysian Timber Industry Board: 100 Malaysian Timbers 1986

38. Menon P．K．B．The Anatomy & Identification of Malaysian Hardwoods．Malayan Forest Records No．27

39. Trade. Timbers of the World．The Costruction Press， Vol．I．1979

40. Willis J．C．Revised by H．K．Airy Shaw:A Dictionary of the Flowering Plants and Ferns．Eighth Edition，Cambridge at the University Press．1973

41. Wong T．M．Dictionary of Malaysian Timbers．FRI．Kepong，Malaysia．1982